KB239714

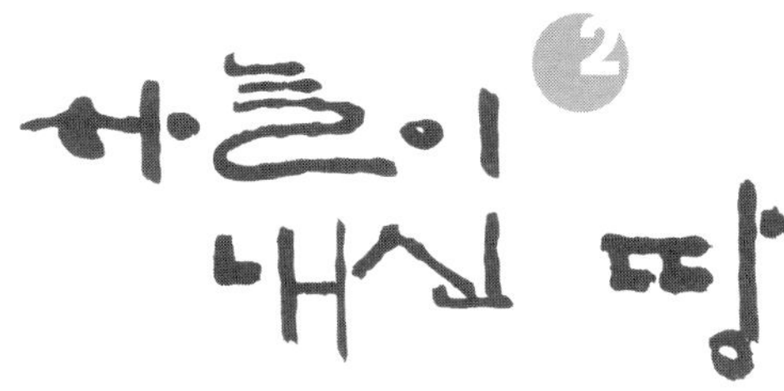

하늘이 내신 땅 ②
– 서울 인근 편

초판 1쇄 발행 2004년 11월 25일
초판 2쇄 발행 2007년 1월 20일

지은이 유영봉
펴낸이 조윤숙
펴낸곳 문자향
신고번호 제300-2001-48호
주소 서울 서대문구 남가좌동 124-313 (2층)
전화 02-303-3491
팩스 02-303-3492
이메일 munjahyang@korea.com

값 10,000원
ISBN 89-90535-14-X 03980
         89-90535-15-8 (세트)

※ 잘못된 책은 본사나 구입하신 서점에서 교환해 드립니다.

유영봉의 풍수답사기

서늘이 내신 땅

②
서울 인근 편

이곳이 왜 명당인가?

문자향

풍수학의 전말과 미래

병자호란 때 남한산성에서 청나라 군대에 포위되어 국가가 누란의 위기에 처했을 당시 인조仁祖는 척화파와 주화파를 향하여, "마음과 말이 다르다(心與口異)"고 갈파한 적이 있다. 말과 마음과 행동이 각각 다른 것은 정도의 차이는 있을지라도 동서고금을 통한 인간의 한 속성이다. 그러나 국가나 사회를 이끌어갈 인물들이 이 같은 면을 지녔다면 그것은 크나큰 불행이 아닐 수 없다.

청군에게 포위된 절박한 상황에서 선조가 "마음과 말이 다르다"고 한 것은 주로 청나라와의 화친은 절대로 불가하다고 주장했던 일부 신료들을 염두에 둔 말이었다. 즉 내심으로는 빨리 화친하여 귀가하고 싶은 마음이 간절하면서도, 백성들로부터 강직한 의리의 인물이라는 평을 듣기 위하여 내세운 명분론에 불과하지 않느냐는 질책이기도 했다. 마음과 말이 다른 심여구이적心與口異的 행태는 지금도 만연하고 있고 앞으로도 지속될 것이다.

속내와 말이 다른 사안 중 대표적인 것이 '풍수학風水學'이다. 풍수학은 풍수지학風水之學 또는 지리지설地理之說이라고도 호칭된 것으로, 우리 민족의 심금을 사로잡는 분야 중의 하나이다. 음택陰宅과 양택陽宅의 길흉을 말하는 것을 일컬어 학學이라 할 수 있느냐는 반론을 펴는 사람이 많은 것으로 안다. 그러나 풍수학을 두고 허무맹랑한 미신에 불과하다고 외치는 사람들 거의 대부분이 자신의 조상 묏자리나 집터를 잡을 때 말과는 달리 풍수학에 근거하여 결정하는 사례를 많이 보아 왔다.

세종조世宗朝에 집현전과 경연에서 풍수학을 논의한 예가 허다했고, 당시 모든 사람들이 정식으로 '풍수학'이라 했으며, 그 근저에는 지리지서地理之書가 있었다. '천·지·인'을 삼재라 하고, 천에는 '천리天理'가 있고 땅에는 '지리地理'가 있으며 사람에게는 '성리性理'가 있는 것은 누구도 부정할 수 없다. 민족의 영명한 통치자인 세종도 지리지설은 전적으로 신봉할 것은 못 되지만 전적으로 폐기할 것도 아니라고 한 후, 소식蘇軾이 숭산에 그의 어머님을 장사하고, 주자朱子가 자신의 장지를 미리 마련한 것을 봐도, 유학에 능통한 대현大賢도 풍수학을 내심으로 숭상한 증거를 찾을 수 있다고 했다.

조선조 초기부터 풍수학은 하나의 학문으로서 존재했고, 최희·정인지·하연河演·김종서·신상申商·허조許稠 능도 국가에 도움이 되는 부문(有補於國家)이라는 견해를 피력했다. 그러나 곡학曲學과 관견管見을 고집하는 무리들에 의해 폐단이 많았음도 광범하게 지적되었다. 살아서 거주하는 주택과 사후의 장지는 양생송사養生送死의 중대사이다. 그러므로 풍수학은 인간의 현실적 삶과 연관된 피부에 와 닿는 학문일 수도 있다. 풍수학을 미신이라고 말하는 사람은 많지만, 서점가를 가 보면 그들이 고상하다고 말하는 책이 진열된 서가보다 풍수학 서가 주변에 사람이 더 많다. 그것은 우리 민족이 내심으로 이를 얼마나 중시하는가를 알 수 있는 단서이다.

풍수학의 묘리와 '풍수학사風水學史'에 대해서 필자는 명확하게 확언할 수 있는 처지에 있지 않다. 풍수학이 고려조에 들어와서 크게 위세를 떨쳤고, 광종이 송나라에 사신을 파견하여 지리서를 요구한 적이 있었으며, 이에 송 태조宋太祖(960~976)가 사본을 보내온 뒤로 더욱 학문적으로 좌정되어 성행했다는 기록이 전한다. 유구한 시간과 싸워서 살아 남은 풍수학을 곡학집일지도曲學執一之徒와 폐습에 젖은 관견자管見者에게만 맡길 것이 아니라, 이제부터는 올곧은 사람들로 하여금 학술적으로 연구하고 검토하게 해야 하는 계재에 와 있다.

그런 의미에서 유영봉 박사가 경기와 삼남 지역의 택장지宅葬地를 두루 섭렵하면서 현장의 지리와 고로들의 전문과 각종 문헌에서 취한 자료를 바탕으로 하여 실증적으로 저술한 『하늘이 내신 땅 1·2』는 풍수학의 격을 높인 저술로 평가된다.

자고로 지리地理는 현묘하여 속배들이 쉽게 알 수 없는 것이기 때문에, 발복發福 운운하며 백성들을 현혹시키는 것을 능사로 했다고 비판받았다. 묘역의 경우 묘지가 좋아서 자손이 흥왕했는지, 자손의 영달로 말미암아 묘소가 명당으로 평가되고 있는지는 아직도 미지수이다.

세종조에 황희를 위시한 많은 인사들이 풍수학을 긍정적으로 인식한 것과 달리, 권제權踶는 허망하여 믿을 수 없는 사설이라 단정하고 배척했다. 주공周公·공부자孔夫子는 대성大聖으로서 제례작악制禮作樂하여 만세에 법을 드리운 분들인데 전혀 이에 대한 언급이 없고, 사마광司馬光·주희朱熹 등 대현大賢 역시 장지선정설에 대해 부정적이었다고 했다. 주공·공부자 등 대성이 부정하는 허망한 풍수설을 집현전에 명하여 해당 서적들을 고찰하라고 한 것은 최양선崔陽善의 탄망誕妄한 사설에 경도되었기 때문이라고 권제는 단정했다.

권제의 이 같은 강경한 풍수학 폄하에 대해, 세종은 말과 속내가 다르다는 현상을 지적하면서 본마음은 긍정하면서 겉으로만 반대하는 것이라고 이를 반박했다. "태종께서 일찍이 이르기를 건원릉健元陵과 경복궁 등도 지리설에 입각하여 조성된 것인데 이를 폐기할 수 있겠으며, 권근權近(권제의 아버지)을 장사 지낼 때 그대는 지리설을 배제하고 물 깊이와 땅의 후박만으로 묘를 썼느냐?" 하고, "과거 유정현柳廷顯은 수륙재水陸齋의 폐단을 극언하며 폐지를 주장하여 이를 폐지했는데, 반대로 그가 죽을 때 수륙재를 해 달라고 유언하여 아들 유장柳璋이 오천여 석의 경비를 들여 재를 치렀기 때문에 웃음거리가 된 적이 있다"고 힐난했다. 세종은 풍수지리설을 반대한 권제를 향하여 아버지인 권근의 묘소를 쓸 때 풍수지리설을 준용했음에도 불구하고 겉으로는 이를 허탄한 것이라 역설하고 있는 것은 위선이라고 반박했다.

풍수학은 세종의 전교를 빌릴 필요도 없이 통시적으로 우리 민족의 뇌리에 깊숙이 각인된 것이다. 그러므로 정당성과 합리성 여부에 관계없이 모두들 가슴속 깊숙이 간직하고 있는 신앙과 같은 정신문화의 한 분야이다. 따라서 속내와 달리 표면적으로 배척하고 폄하하는 따위의 위선적인 태도를 지양하고, 환경과학과 자연보호 차원으로 접근할 필요가 있다.

모르긴 해도 우리 겨레가 존재하는 한 풍수지리설은 면면히 향유되고 전승될 것이다. 왜냐하면 한민족이 살아 왔고 또 살고 있는 국토가 풍수지리설이 배태되어 양성될 여건을 두루 갖추고 있기 때문이다. 풍수지리설은 민족예악民族禮樂의 일환으로 고려조 이후부터 풍수학으로 정립되어 계승된 '생활학술'인 만큼, 현대적 시각으로 재정립하여 발전 · 계승되어야 할 것이다. 그러기 위하여 유 박사의 역저인 『하늘이 내신 땅 1 · 2』가 일조가 되리라고 믿고 감히 강호 제현에게 이를 추천하는 바이다.

甲申年 無射之月 日

成均館大學校 大學院長

李敏弘 志

목차

Ⅰ 물길도 안고 돌아 포천이로세

산천의 정기가 가득한 장소를 골라 그곳에 삶의 터전을 열어 훌륭한 인재를 낳고 기르고자 하는 것이
옛사람들의 지리학이었다. 그래서 그들은 말했다.

1. 한강을 건너며

버스가 광릉光陵을 향해 한강을 끼고 달린다. 너른 강폭에 맑은 물이 일렁이는 한강은 보기에도 시원스럽다. 600년 도읍터 서울을 감돌면서 흐르는 강이다.

얼마 전 서울시사편찬회에서 『한강의 어제와 오늘』이란 책을 기획한 바 있다. 이 가운데에 문학작품 속에 비친 한강의 모습을 조명하는 대목이 있는데, 이는 내가 맡아서 쓴 부분이다. 멀리 삼국시대 백제의 도미都彌 부부 이야기부터 오늘의 시와 소설, 유행가까지 언급을 했는데, 지금 다시 그 한강을 바라보니 감회가 새삼스럽다.

얼마나 긴 세월을 한강은 저렇게 흘렀을까? 영겁의 흐름 앞에 오늘의 내가 잠깐 스쳐간다.

강동대교를 건너자, 몸통이 흰 바위로 이루어진 불암산佛岩山의 그럴듯한 모습이 나타난다. 누워 있는 부처님의 얼굴을 닮은 산이다. 뒤에는 서울을 등진 수락산水落山의 큰 덩치가 서 있다. 끊임없이 흐르는 한강의 물줄기와는 달리 예나 이제나 그 자리에 묵묵히 서 있는 산들이다. 자락 아래로 버스가 달린다.

산은 물을 건너지 못하고, 물은 산을 넘지 못한다. 제 아무리 힘찬 행보를 하던 산도 물을 만나면 그만 기세를 멈추고 서기 마련이다. 아울러 거센 흐름을 보이던 물도 산을 만나면 스스로 몸을 꺾어 흐름을 바꾼다. 이 과정을 거치는 동안, 어느

곳에서는 산하가 저절로 아름다운 모습을 빚어 내며 자신들이 품었던 정기를 그득하게 뿜어 내기도 한다. 어느 곳에서는 흉하고 일그러진 모습으로 험하고 독한 기운을 쏟아 놓기도 한다. 그러면서 그 안에다 제각각의 모습으로 사람들을 길러 낸다.

그런데 산천이 뿜어 낸 정기를 흩어 놓거나 갈무리를 하는 것은 바람의 역할이다. 바람이 어떻게 부는가에 따라, 어떤 곳에서는 정기가 고스란히 갈무리되어 훌륭한 인재를 낳고 기르기도 하며, 어떤 곳에서는 산산이 흩어져 인간의 삶을 저해하기두 한다.

산천의 정기가 가득한 장소를 골라 그곳에 삶의 터전을 열어 훌륭한 인재를 낳고 기르고자 하는 것이 옛사람들의 지리학이었다. 그래서 그들은 말했다. '인걸人傑은 지령地靈'이라고. 이를 풀어서 이야기하면, 땅의 신령스런 기운이 뭉쳐 걸출한 인재를 낳는다는 말이다.

따라서 바람(風)과 물(水)이 얼마나 조화를 이룬 땅과 산인가를 따지고 묻는 것이 옛사람들의 지리학이었다. 이른바 '풍수風水'이다. 풍수는 서양의 지리학과 출발부터가 다르다. 둘 다 인간의 삶을 더욱 풍요롭고 행복하게 한다는 목표 아래 전개된 학문이지만, 서양의 지리학은 자연을 그저 개척의 대상인 무생물체로 보는 데 반해, 동양의 지리학 풍수는 자연을 살아 있는 생명체로 보고 신성시하는 것이다.

그러나 보자! 개척에는 한계가 있다. 유구한 인류의 역사는 앞으로도 자연과 함께 끊임없이 이어질 것임에 분명하다. 그런데 단지 인간의 편의만을 위해 개척이란 명분 아래 자연이 얼마나 훼손되고 망가져 왔던가? 앞으로도 더욱 영원히 공존해야 할 자연은 더욱 아끼고 보호해야 할 일이다.

그러기 위해서는 자연을 개척의 대상으로만 보지 말아야 한다. 차라리 옛사람들의 생각처럼 '인걸은 지령'이라고 인식해서, 자연과의 공존을 모색하며 경외심을 품어야 한다. 가능하면 자연의 원형을 그대로 보존하면서 좋은 자리를 고르고 이용할 수 있는 혜안을 갖출 일이다. 이는 오늘의 현실에서 전통 풍수학이 다시금 필요한 이유의 하나이다.

아무튼 저 한강과 그 지류에다, 불암산·수락산 그리고 관악산·남산·북한산 등등의 수많은 산들이 서로 행보를 나눈 이곳이 서울 땅이다. 그 지령은 아직도 끊임없이 인재를 낳고 기르는 중이다. 1,100만의 인구를 품에 안고 수도의 자리를 굳건히 유지하고 있는 좋은 터이다. 부디 어이없는 개척이, 자연의 정화 기능은 전혀 무시하고 보잘것없는 인공의 힘만을 자랑하는 저 한강의 둔치처럼, 얼굴을 내밀지 않기를 바라는 마음이다 ▪

사대문의 명칭

- 동대문東大門은 흥인지문興仁之門으로, 오행 중 목木에 해당되는 인仁을 이름으로 삼았다. 그리고 지리적으로 보아 허약한 동쪽을 보완해 주기 위해 '지之' 자를 한 자 더 넣었다. 또 옹성을 쌓아 허함을 보강하였다.

- 서대문西大門은 돈의문敦義門으로, 오행 중 금金에 해당되는 의義를 이름으로 삼았다. 서쪽으로 중국과 통하기 때문에 중국과 의리를 더욱 돈독히 한다는 의미다.

- 남대문南大門은 숭례문崇禮門이며, 오행 중 화火에 해당되는 예禮를 이름으로 삼았다. 남쪽 관악산의 화기火氣를 제압하기 위해 세로로 현판을 하였다.

- 북대문北大門은 숙정문肅靖門이며, 숙청문肅淸門이라고도 하였다. 이 문은 사람의 출입을 위하여 사용한 적은 거의 없이 수백 년 동안 닫혀 있었다. 북쪽은 수기水氣 즉 음기陰氣가 많은데, 이 문을 열어 놓으면 장안 부녀자들의 풍기가 문란해진다고 보았기 때문이다. 그래서 이름도 엄숙하게 음기를 다스린다는 의미로 지었다.

그리나 실제로는 이 문이 경복궁의 주신인 북악산과 종묘의 주산인 응봉으로 통하기 때문에, 지맥이 상하는 것을 방지하기 위해서 문을 항상 닫아 놓았다는 것이다.

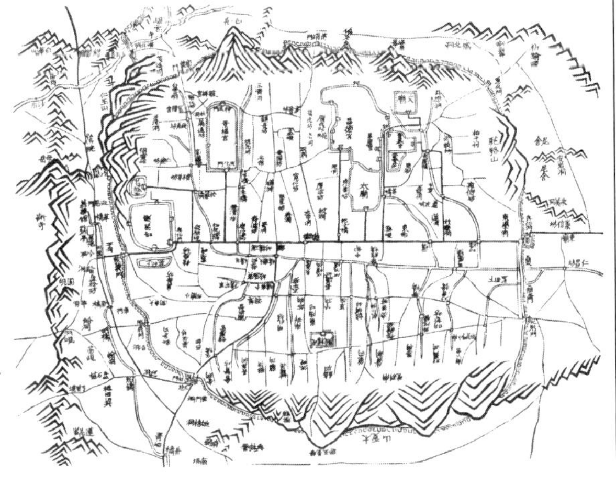

2. 왕실의 능을 검소하게 만든 광릉

조선시대의 왕실이 남긴 수많은 능 가운데 4대 왕릉으로 꼽히는 것은 태조의 건원릉健元陵, 태종의 헌릉獻陵, 세종의 영릉英陵, 세조의 광릉光陵이다. 이 가운데 헌릉을 제외하고는, 모두 남이 잡아 놓은 자리를 빼앗거나 바꾼 자리들이다. 건원릉은 개국공신이자 영의정을 지낸 남재南在와 바꾼 자리로, 오늘날 남재의 자리는 불암산 아래에 **호승예불형**胡僧禮佛形으로 남아 있다. 영릉은 세조 때 우의정을 지낸 이인손李仁孫에게, 일설에는 세조 때 대제학을 지낸 이계전李季甸에게 상납을 받은 자리라고 한다. 그리고 오늘 답사할 광릉은 신숙주申叔舟에게 상납을 받은 자리이다.

진접읍을 지나자마자, 버스는 314번 도로로 바꿔 탄다. 벌써 코스모스가 한들거리기 시작하는 도로이다. 왕복 2차선밖에 안 되는 좁은 길이지만, 상쾌하게 숲을 뚫고 달린다. 수정같이 맑은 물이 굽은 길을 따라 이어지는 시원한 그늘이다. 수목원을 비집고 달리는 길 한쪽에 버스가 선다. 광릉 입구의 주차장이다.

광릉은 조선의 제7대 왕이었던 세조世祖(1417~1468)와 정희왕후貞熹王后(1418~1483)가 묻힌 곳이다.

세조는 세종의 둘째 아들 수양대군首陽大君으로, 타고난 자질이 뛰어나 일찍이 불경의 번역과 국가의 실무에 간여하였다. 그런데 문종이 재위 3년 만에 승하하고 어린 단종이 왕위에 오른 이듬해인 1453년에, 왕권의 회복을

위해 계유정난癸酉靖難을 일으켜 정치의 실권을 장
악하였다. 그리고 2년 뒤인 1455년 스스로 왕위에
올랐는데, 이듬해 단종 복위를 꿈꾸던 집현전集賢殿
중심의 학자들은 형장의 이슬이 되었다. 그리고 이
일을 기화로 1457년 조카 단종을 영월의 청령포淸泠
浦로 유폐시켰다. 섬 아닌 섬 청령포에 갇혀 있던 단
종은 그해에 고의로 보이는 화재로 인해 화마 속에
서 18세의 슬픈 생애를 마쳤다.

　잔혹한 방법으로 왕위에 오른 탓인지, 세조 또한
개인적으로는 많은 불행을 겪었다. 보위에 오른 지
얼마 되지 않아 자신의 얼굴과 몸에 부스럼이
나고 살이 문드러지는 심각한 피부병이 생겨
평생을 앓다가 죽었는데, 일설에는 천형天刑이
라 불리는 문둥병이었다고 한다. 그리고 후일
덕종德宗으로 추존된 큰아들 의경세자懿敬世子
가 20세의 나이에 원인 모를 가위눌림으로 황
망하게 세상을 떴다. 세조의 뒤를 이어 19세의
나이로 왕이 된 예종 또한 1년여 만에 형을 따
라 세상을 등지고 말았다.

　아무튼 세조는 14년간의 재위 기간에 군제

개혁을 통한 국방의 강화, 국가의 재정 수입을 늘리기 위해 직전제로 토지 개혁을 실시하였고, 나라의 기틀이 된 『경국대전』을 찬술하는 등 많은 치적을 남겼다. 만년에는 왕위 찬탈에 대한 후회와 고뇌에 싸여 불교에 귀의해 원각사圓覺寺를 창건하였으며, 불경 간행을 위한 전문 기구인 간경도감刊經都監을 설치하였다.

정희왕후 파평 윤씨는 윤번尹璠의 딸로서, 세종 10년(1428)에 가례를 올렸고, 1455년에 왕비로 책봉되었다. 슬하에 2남1녀를 두었다. 태자가 20세에 요절하고 예종이 즉위한 뒤 1년 2개월 만에 승하하자, 정희왕후는 13세의 나이로 즉위한 성종을 대신하여 7년 동안 수렴청정하였다. 노년에 신병을 치료하기 위해 온양 온천에 머물다 그곳에서 세상을 버렸다.

능을 향해 오르자, 멀리 길 끝에 영문으로는 T자 모양, 한자로는 丁(정)자 모양을 한 정자각丁字閣이 보인다. 왕과 왕후의 능 사이에 최초로 정자각이 들어선 설계로, 주목해 볼 만한 건물이다. 이 정자각은 제향을 올릴 때 사용된다.

정자각을 중심으로 왼쪽에는 세조, 오른쪽에는 정희왕후의 능침이 널찍하게 펼쳐져 있다. 두 능침 모두 마치 여인의 젖가슴처럼 흘러내리다 솟은 자리라고 해서, **쌍유혈**雙乳穴로 널리 알려졌다.

통상 젖가슴 모양의 유혈乳穴은 삼각봉에서 내려온 줄기에 맺히는 자리이다. 삼각형 모양의 산은 **오행**五行으로 보아 나무인 목木에 해당하므로, 목성체木星體라 부른다. 나아가 **탐랑성**貪狼星이라고도 부르며, 특히 군더더기가 없이 깔끔하게 잘 생긴 모양을 지니고 있으면 귀한 후손을 둔다고 해서 **귀인사**貴人砂라고 부른다. 광릉

》》가는 길

서울에서 퇴계원을 거쳐 47번 국도를 타고 진접을 지나면 약 2.6km 전방에 삼거리가 나온다. 이곳에서 광릉수목원을 가리키는 표지판을 따라 좌회전해서 341번 도로에 들어서면 3.6km 가량 전방에 광릉주차장이 나타난다. 중부고속도로를 이용할 때는 퇴계원 IC에서 내려 직접 47번 국도를 이용하면 편리하다.

의 **현무봉**玄武峰 또한 매끈하게 빠진 탐랑성으로, 그 이름 조차 죽엽산竹葉山이다. 현무봉은 좋은 혈을 낳기 위해 지맥을 내려 보낸 뒷산을 가리켜 부르는 풍수 용어이다.

정자각 앞마당에 선 우리들은 두 능을 올려다보면서, 과연 이 중에 어느 것이 정혈定穴일까 가늠해 보기로 하였다. 대부분 세조의 능침을 정혈로 꼽는다. 이유는 **하수사**下水砂 때문이다.

하수사란 묘소 하단부의 경사면에 희미하게 빗기고 있는 지맥을 가리키는 말이다. 좋은 자리가 되기 위해서는 반드시 이 하수사가 있어야 하는데, 이유는 다음과 같다.

멀리 백두산에서 나온 맥은 우리나라 구석구석에까지 뻗어 내려간다. 전통 지리학에 따르면 그 흐름은 백두대간에서 각각의 정간正幹과 정맥正脈으로 나뉘는데, 우리가 기존에 학교 지리 시간에 배운 산맥과는 흐름을 달리 한다. 전통 지리학에는 '산은 물을 건너지 못하고, 물은 산을 넘지 못한다' 는 기본 원리가 담겨 있어, 물과 산의 흐름이 철저하게 분리되어 있다. 이에 비해, 지리 시간에 배운 서양 지리학의 산맥 이론에는 산이 물을 건너고 물이 산을 타고 넘는 오류가 명백하다.

물길을 피해 내려온 맥을 흔히 용龍이라고 하는데, 각각의 용들은 모두 백두산의 정기를 나누어 받아 방방곡곡으로 흐른다. 그러다가 물을 만나면 진행을 멈추게 되는데, 용의 진행을 행룡行龍이라고 한다. 행룡하던 용이 물을 만나 멈춘 곳은 용진처龍盡處라고 한다. 얼마간의 용진처에는 혈이 맺힌다.

하수사는 바로 용이 품은 정기가 새어 나가지 않도록 보호하며 따라 내려오던 물기가 용진처에 다다라 임무를

≈≈ **쌍유혈**(雙乳穴) : 마치 여인의 젖가슴처럼 흘러내리다 솟은 자리에 맺은 혈.

≈≈ **산의 오행**

≈≈ **탐랑성**(貪狼星) : 끝이 뾰족하면서 단정하고 수려한 산.

≈≈ **귀인사**(貴人砂) : 산 정상이 원형이며 산신山身에 지각地脚이 없다.

≈≈ **현무봉**(玄武峰) : 집이나 묘 뒤에 있는 작고 단아한 봉우리.

≈≈ **하수사**(下水砂) : 묘소 하단부의 경사면에 희미하게 빗기고 있는 지맥.

마치면, 이 물기를 잘 흘러내릴 수 있도록 걷어 주는 역할을 하는 지맥을 가리킨다. 하수사는 짧고도 몇 겹으로 이루어져야 좋다. 그래야 혈이 품은 정기를 알뜰하게 보존시키면서 물기가 빨리 빠져나갈 수 있기 때문이다. 길게 흘러내리면 기가 새어 나간다.

세조의 능은 중앙의 위쪽 상단부가 하단에 비해 우뚝 솟았는데, 경사면에 하수 사가 우에서 좌로 빗기고 있다. 정희왕후의 능은 그냥 둥두렷이 흘러내렸다.

오르는 길에, 세조의 능 아래쪽으로 깊이 박혀 있는 바위가 두어 개 눈에 뜨인다. 이런 돌들을 요석曜石이라고 부르는데, 혈에 맺힌 기운을 보존하고 혈을 받쳐 주는 역할을 하는 귀하고도 좋은 돌이다. 그래서 귀석貴石이라고도 한다. 발로 툭툭 차 거나 할 때 흔들리는 돌은 부석浮石이라고 해서 귀하게 여기지 않는다.

묘역에 오르면, 그 자리가 정말 좋은 자리인지 아닌지 쉽게 따져볼 수 있는 혈의 4대 요소가 있다. **혈의 4대 요소**는 입수도두처, 선익사, 순전, 혈토로 구분된다. 이 들을 쉽게 이해하기 위해 손바닥을 펴 보자. 우선 어깨에서 팔목까지 내려오는 팔 을 용이라 치면, 손바닥은 혈이 맺힌 자리인 혈장穴場에 해당한다.

그런데 손목을 지나 손바닥이 시작되는 지점을 보면, 불룩 솟아 있는 것을 알 수 있다. 대부분 생명선이 끝나는 지점인데, 이곳이 **입수도두처**入首倒頭處에 해당한 다. 입수도두처는 입수처入首處라고 줄여 부르기도 한다. 입수도두처는 실제로 혈 의 뒤에 두둑하게 솟아 있는데, 이는 행룡을 하던 용이 물을 만나 더 이상의 진행을 멈추고 땅속으로 머리를 묻은 지점이다. 따라서 정혈은 손바닥의 한가운데 우묵한 부분이라고 말할 수 있다.

선익사蟬翼砂는 입수도두처에서 좌우로 나뉘어 혈을 감싸며 둥글게 흘러내린 두 지맥을 가리키는 말이다. 손바닥에 비추어 보면, 엄지와 약지로 각각 뻗어간 손바 닥 가장자리의 두두룩한 부분에 해당한다. 선익蟬翼이 '매미의 날개'라는 뜻이니, 매미의 몸통을 보호하며 감싼 날개 같은 역할을 하는 두 지맥이 곧 선익사이다. 연 익사燕翼砂라고도 하는데, 연익燕翼은 제비날개란 뜻으로 통상 큰 선익사를 가리 킬 때 쓰기도 한다. 선익사는 혈이 품은 정기가 옆으로 새어나가지 않도록 보호하 며, 혈장 안으로 지표수가 흘러 들어가지 않도록 하는 중요한 역할을 한다. 그런데

자신의 존재를 잘 드러내지 않으므로 자세히 살펴보아야 한다.

순전脣氈은 전순氈脣이라고도 불리는데, 손바닥의 손가락이 시작되는 한가운데의 두두룩한 부분이라고 할 수 있다. 순전은 입수도두한 용이 혈을 맺고 남은 기운이 뭉쳐 생긴 것이다. 대부분 묘의 상석 앞쪽 빈터의 끝 즈음에 해당한다. 이곳 또한 얼마간 솟아올랐는데, 쉽게 얼른 보이지 않음을 염두에 두어야 한다.

혈토穴土는 혈에서 파 내려가면 보이는 흙이다. 대체로 붉고, 누르고, 자줏빛으로 다양한 색깔이 나며 윤기가 도는데, 일견에는 단단한 돌 같지만 손으로 쉽게 부스러진다. 밀가루같이 아주 곱게 부서지는데, 여기에 물을 부으면 이 또한 밀가루에 물을 떨어뜨린 섯처럼 좀처럼 물이 스며들지 않는다. 혈토 또한 용이 품어 온 정기를 보호하며 물기가 스미지 않도록 하는 역할을 하는데, 혈이 맺힌 자리에서 땅을 파 보지 않고는 쉽게 알 수 없다.

세조의 능에는 기가 막힌 선익사가 있다. 묘의 뒤로 올라가 보면, 마치 사람이 일부러 박은 듯한 돌들이 일렬로 줄을 지어 좌우로 묘를 품으며 내려가고 있다. 흙으로 이루어진 선익사도 좋은 것인데, 여기는 돌들이 단단히 박혀 묘소를 물샐틈없이 보호하고 있다. 나 또한 처음 보는, 천

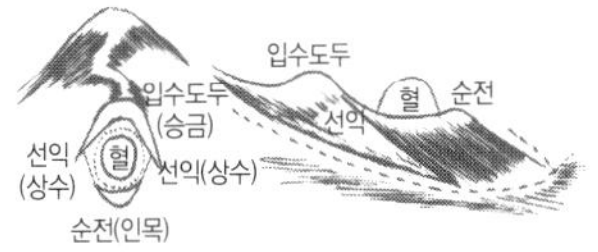

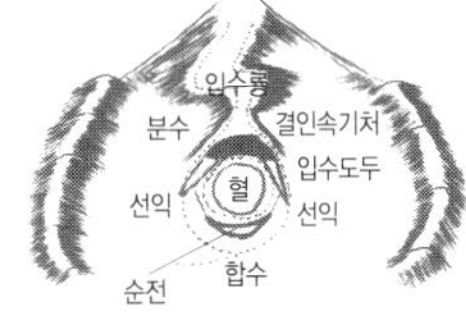

입수도두처(入首倒頭處) : 용에서 공급된 생기를 저장해 놓았다가 혈에서 필요한 만큼의 기를 공급해 주는 역할을 함.

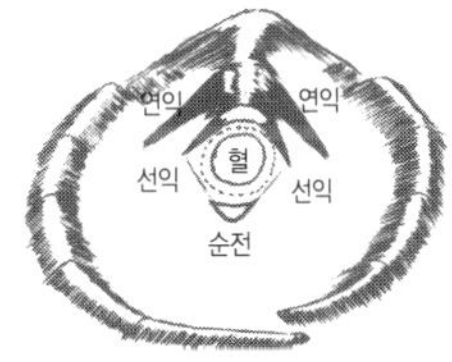

선익사(蟬翼砂) : 입수도두처에서 좌우로 나뉘어 혈을 감싸며 둥글게 흘러내린 두 지맥을 가리키는 말.

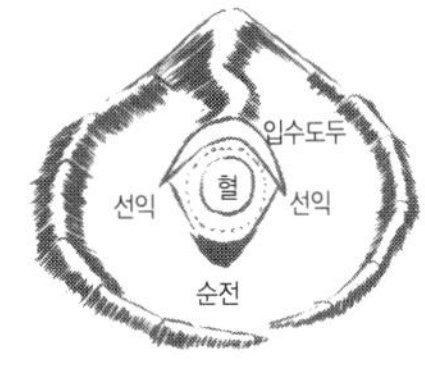

순전(脣氈) : 혈장을 앞에서 지탱해 주고, 생기가 앞으로 설기되지 않도록 해 줌.

혈토(穴土) : 생기가 최종적으로 융결된 곳의 흙으로, 비석비토非石非土이며 홍황자윤紅黃紫潤함.

연적으로 이루어진 기이한 선익사라서 혀가 절로 차졌다. 이는 왕의 처소 뒤쪽으로 펼쳐진 병풍을 뜻하는 **어병사**御屛砂이다. 그리고 그 뒤로도 몇 겹의 선익사가 흙으로 늘어섰다.

또다시 얘기하지만, 좌우의 선익사가 만나는 지점이 곧 입수도두처이다. 여기도 꽤나 불룩하게 솟았다. 힘찬 용의 기세가 엿보인다.

전방을 바라보니, 정자각 앞마당이 명당이다. 흔히 명당을 아주 좋은 혈자리로 알고 있는데, 정확하게 말하면 명당은 혈 앞쪽으로 좌청룡과 우백호가 감싸고 있는 평탄한 공간을 가리킨다. 명당은 평탄하고 넓을수록 좋다. 거기에 비례해서 부富가 기약되기 때문이다. 세조왕릉의 명당은 평탄은 한데 다소 좁고 기울었다. 부귀를 모두 지닌 왕이니, 얼마간 좁다 한들 문제는 될 것이 없다.

다만 걸리는 것이 **안산**案山이다. 안산은 혈에 묻힌 묘가 정면으로 마주한 산을 가리킨다. 이곳의 안산은 일견에 품자品字 모양으로 좋아 보인다. 품자 안산은 봉우리 세 개가 품자 모양으로 겹쳐져 한 개의 봉우리처럼 보일 때 쓰는 용어로, 정승과 판서를 낳는다는 좋은 형상이다.

이곳의 안산은 전체적으로 싸 준다는 분위기보다는 그냥 벌려 있는 형세인데다가, 아래 왼쪽의 봉우리가 슬그머니 등을 돌렸다. 팔을 들어 밀어내는 느낌이다.

혈에서 보이는 산들의 형세를 사격砂格이라고 하는데, 등을 돌리는 것이 있으면 좋지 않다. 모두가 혈을 향해 다정하게 품어 주는 모양을 지녀야 좋은 것이다. 용이 맺은 혈은 개인의 능력이고, 주변의 사격은 당사자와 관련된 주위의 여건이나 환경을 가리킨다. 특히 안산은 부인을 가리킨다.

그런데 이곳의 안산은 부인이 남편을 막고 밀어내는 형국이다. 세조 사후 그의 부인이었던 정희왕후의 수렴청정에서 시작되어, 수많은 왕비와 여인들이 조선 조정의 막후에서 보이지 않게 권력을 휘두른 사실을 우리는 잘 알고 있다. 텔레비전의 드라마 가운데 '여인천하' 라는 제목의 사극이 있었는데, 조선 왕조가 '여인천하' 가 된 이유는 혹 이 안산의 영향 때문은 아닐까?

전체적으로는 왕릉답게 몇 자락 능선들이 멀리까지 웅장하게 펼쳐졌다. 혈의 바로 옆 좌측 능선인 청룡과 우측 능선인 백호도 혈을 감싸며 유순하게 돌아 내렸다. 전방의 왼쪽 끝으로는 삼각봉이 하나 우뚝 솟았다. 훌륭한 문인을 후손으로 둔다는

문필봉文筆峰이다.

세조의 능은 자좌오향子坐午向으로 정남향을 하였다. 물길은 좌에서 우로 흐르는 좌수도우左水到右이다. 물길이 빠져나가는 파구破口 방향은 정미방丁未方이다. 이를 줄여 정미파丁未破라고 한다. 이를 풍수의 향법 이론인 88향법에 대입해 보니, 자왕향自旺向에 해당하는 좋은 향이다.

자왕향은 좌수도우하고, 정미파丁未破에 병오향丙午向이거나 신술파辛戌破에 경유향庚酉向, 계축파癸丑破에 임자향壬子向, 을진파乙辰破에 갑묘향甲卯向이 여기에 속한다. 자손들이 번창해서 남자는 총명하고 여자는 수려하며, 부귀와 장수를 불러온다는 훌륭한 향이다.

정희왕후의 능으로 자리를 옮긴 우리는 또 잠시 참배를 올렸다.

능의 뒤를 보니, 용이 내려오긴 했는데 야무지고 기가 뭉친 느낌이 들지 않는다. 느슨하고 흐트러진 느낌이다. 힘이 있는 용은 행룡 또한 기백이 넘치는 법이다. 쉽게 이야기하면, 몸부림이 심한 것이다. 몸부림은 오르내리는 위이逶迤와 좌우로 몸을 틀고 가누는 굴곡屈曲, 몸통을 홱 꺾어 진행 방향을 바꾸는 박환剝換 등등으로 구분된다. 그런데 왕후의 용은 움직임이 별로 없다. 맥이 빠지고 힘이

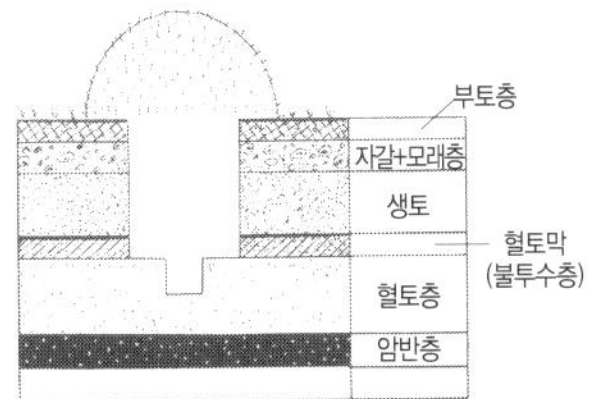

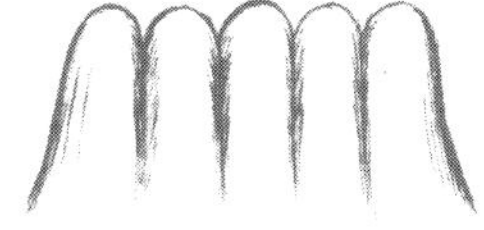

안산(案山) : 혈에 묻힌 묘가 정면으로 마주한 산.

떨어진 행보를 보이고 있다.

그리고 이 용의 용진처는 봉분이 있는 곳이 아니다. 봉분 뒤쪽이 용진처로, 거기에 혈을 맺었다. 아마도 태조의 능과 얼추 높이를 맞추려고 하다 보니, 봉분을 아래로 낮추어 쓴 모양이다.

전방도 시야가 터지고 시원한데, 사격이 산만하다. 능선들이 제멋대로 늘어서서 짜임새가 없다. 보기에도 산만하면, 맺혀야 할 기도 흩어지기 마련이다. 안산도 어떤 것을 겨냥했는지 모호하기 짝이 없다.

향을 재어 보니, 축좌묘향丑坐卯向에 곤신방坤申方으로 물이 나가는 곤신파坤申破이다. 물은 좌수도우左水到右로 왼쪽에서 오른쪽으로 흘러내린다. 이를 88향법에 대입해 보니, 정왕향正旺向에 맞춘 것이다.

정왕향은 좌수도우하고, 정미파丁未破에 갑묘향甲卯向이거나 신술파辛戌破에 병오향丙午向, 계축파癸丑破에 경유향庚酉向, 을진파乙辰破에 임자향壬子向이 여기에 속한다. 자손들 가운데 총명한 영재가 나와 귀하게 되어 이름을 날리고, 자손들이 번창하며 부귀와 장수를 한다는 좋은 향이다. 특히 모든 자손들이 균등하게 발복하는 향으로 꼽힌다. 아마도 향법을 따르다 보니, 안산이 모호해진 모양이다. 그리고 사격들도 왼쪽은 꽉 찬 느낌이 드는데 오른쪽으로는 매우 허전하다. 균형이 깨져 시선이 불안하다. 따라서 여러 가지로 미루어 정혈이라고 보기 어려운 자리이다.

내려오다 보니, 능 주변과 아래로 쌓아올린 흔적이 많다. 일부러 자리를 만들기 위해 인공을 가한 것이다. 능선도 그저 아래로 쭉 내려 뻗었다. 하수사라고도 할 수가 없다.

광릉은 세조가 솔선수범해서 검소를 실천한 능역이다. 세조는 먼저 봉분의 크기를 줄였고, 봉분 안에다 석실을 만들어 시신을 안치하던 이전의 관례를 바꿔 광중을 백회로 채우는 회격灰隔을 채택토록 하였다. 그리하여 무덤 내부의 작업에 6,000명의 인원이 소요되던 것을 3,000명으로 줄이도록 해, 조선조 능제에 일대 혁신을 가져왔다. 그리고 이 제도를 계속 지켜 나갈 것을 유훈遺訓으로 남겼다. 아울러 광릉부터 봉분 곁을 둘렀던 병풍석을 생략하고, 병풍석에 새기던 12지신상을 난간의 동자석주童子石柱에 새기도록 하였다.

세조와 왕후의 능은 공통적으로, 동·서·북 삼면에 굽은 담인 곡장曲墻을 둘렀으며, 봉분의 테두리석은 생략하였다. 다만 봉분의 가장자리에 난간석을 둘렀고, 그 바깥으로는 석호石虎와 석양石羊 네 마리씩을 교대로 배치하였다. 봉분의 전면에는 망주석望柱石과 장명등長明燈, 문인석文人石, 무인석武人石, 석마石馬가 조화를 이루고 서 있다 ▮

3. 백사 이항복 선생의 묘소

축석령 고개 앞 삼거리에서 버스가 우회전을 한다. 이 축석령은 한북정맥이 서쪽으로 뻗어 내려 서울의 도봉산과 북한산으로 향하는 길목이자, 한 줄기가 남쪽으로 나뉘어 수락산과 불암산으로 향하는 분수령이다. 그리고 천보산맥이 갈라져 나와 포천을 향해 북진을 하는 분수령이기도 하다.

버스는 왼쪽이자 북으로 천보산맥을 보고, 오른쪽이자 남으로 한북정맥을 보면서 그 사이를 달린다. 도로의 오른쪽에는 포천천이 한북정맥과 천보산맥을 가르며 북으로 흐른다. 우리나라에서는 참으로 보기 드문 물길 방향인 남에서 북으로 흐르는 포천천이다. 포천천은 더 흘러가다가 영평천을 만나고 다시 또 임진강을 만나 서해로 들어간다.

어느덧 도심이 하나 나타난다. 처음에는 포천읍인 줄 알았는데, 알고 보니 지금은 소흘읍이 된 송우리이다. 소흘읍을 지나자, 이내 포천읍이다. 십여 년 만에 와 보는 포천인데, 그 사이에 엄청나게 커졌다. 하긴 대진대학교와 포천중문대학이 벌써 들어서질 않았던가?

중문의과대학이 들어선 해발 661m의 해룡산을 거쳐 대진대가 들어선 해발 737m의 왕방산이 연이어 포천의 북단을 감싸고 있다. 남단으로는 해발 500m에서 600m를 넘나드는 죽엽산, 국사봉, 수원산, 천주산이 둥글게 포진해서 포천군을 감싸고 있다. 정말 넓은 포천 땅이 그 사이에 포근히 안기어 있다. 여기에 이름조차 '두를 포(抱)'에 '내 천(川)'이니, 정녕 풍수의 묘리가 담긴 포천 땅이다.

지금도 한껏 커졌지만, 남북 통일 후에 필시 중요하게 쓰일 미래의 땅이 포천임에 확실하다. 서해안 쪽을 제외하고, 내륙으로 들어와 이렇게 큰 국세局勢를 지니고 있는 땅이 또 어디에 있던가? 국세란 정기 어린 산들이 너른 평지를 다정하게 두르고 있는 형세를 가리키는 말이다.

분단 이전의 포천은 경기도 최북단에 자리해 금강산으로 향하는 길목이기도 하였다. 그러다가 분단으로 인해 다소 위축되었다가 최근 다시 커졌지만, 그 국세의 크기나 주변의 여건으로 보아 후일 아주 크게 성장할 잠재력을 스스로 지니고 있는 땅이다.

조선조 4대 명재상의 한 사람이자, 우리에게 '오성鰲城 대감'으로 널리 알려진 백사白沙 이항복李恒福(1556~1618) 선생의 묘소는 포천의 가산면 금현리에 있다.

정면 2칸에 측면 1칸의 아담한 사당 뒤 야트막한 동산에 선생과 권율權慄 장군의 딸이자 부인인 안동安東 권씨權氏가 나란히 누워 있다.

선생의 본관은 경주慶州로, 호는 필운弼雲과 백사白沙를 썼다.

우리나라의 이씨는 중국에서 귀화해 온 몇몇의 본관을

제외하면 거의가 신라시대의 인물인 이알평李謁平의 후손으로, 세월의 흐름에 따라 파를 나누며 내려왔다. 이알평은 박혁거세朴赫居世가 6부 촌장들의 추대로 왕위에 올랐을 적에, 아찬阿粲 벼슬을 지내며 군무軍務를 장악했었다. 그리고 유리왕儒理王 9년(A.D. 32)에 이씨 성을 하사받아 경주를 본관으로 삼았다.

경주 이씨는 신라시대 소판蘇判 벼슬을 지낸 이거명李居明을 기세조起世祖로 하는데, 고려 말의 대학자 익재益齋 이제현李齊賢을 배출하면서 삼한의 명족名族으로 그 위치를 공고히 다지게 되었다.

백사는 묘소 인근의 궁말 마을에서 태어났는데, 그의 아버지 이몽량李夢亮은 중종 때 문과에 급제하여 여러 벼슬을 거치다가, 명종이 즉위하던 해에는 광산군廣山君으로 봉해졌다. 그 뒤에도 강원관찰사와 대사헌, 동지중추부사, 형조판서, 우참찬 등의 요직을 두루 거쳤다.

그러나 백사는 그런 훌륭한 아버지를 일찌감치 여의고 어머니 슬하에서 자랐다. 어려서부터 의기롭고 호방한 기질을 지녔던 그는 다섯 살 아래이면서도 성품이 점잖은 한음漢陰 이덕형李德馨(1561~1613)과 매우 가깝게 지냈다. 그들이 어찌나 가깝게 지냈던지, 오늘날에도 '오성과 한음' 하면 누구나 어린 시절 그들의 익살스럽고 재기 넘치는 일화를 떠올리게 된다. 그래서 지금도 포천군에서는 이들의 캐릭터를 재미있는 애니메이션으로 그려, 군의 심볼로 삼고 있는 실정이다.

그러나 따져 보면, 이들이 빚어냈다는 어린 시절의 재미있는 일화는 아마도 뒷사람들이 만들어 낸 이야기일 가능성이 아주 높다. 이들은 고향이 서로 다른데다가 나이마저 다섯 살이나 차이가 나기 때문이다. 따라서 같은 공간에서 나이 어린 그들이 벗으로 어울렸을 가능성은 거의 희박하다고 하겠다. 이들의 운명적인 만남은 성인이 되어 이루어졌다고 여겨진다.

백사는 열다섯에 어머니마저 여의었다. 그리고 3년상을 마친 다음, 곧장 성균관에 들어가 학문에 힘쓰다가, 선조 13년(1580) 25세의 나이로 알성 문과에 급제하였다. 바로 이때 약관 20세의 이덕형도 과거에 급제하여 둘은 홍문관에 들어가 문한文翰을 다루는 일을 했는데, 아마 이 시기부터 둘이 친하게 지낸 것으로 보인다.

그런데 더욱 재미있는 것은 한음과 오성 이 두 사람이 평생 동안 벼슬을 서로 물려주고 물려받았는데, 특이하게도 어린 한음이 항상 한 걸음을 앞서 나갔다는 점이

다. 한음은 31세에 대제
학에 올라 그 후 그 자리
를 오성에게 물려주었으
며, 38세에 우의정이 되
었다가 이어 좌의정이 되
었을 때에는 오성이 그
뒤를 이어받아 우의정에
올랐다. 그리고 한음이
42세에 영의정이 되자

오성이 다시 좌의정 자리를 물려받았고, 마침내는 오성도
한음의 뒤를 이어 영의정에 올랐다.

백사의 벼슬길은 강직으로 일관하였는데, 1589년 예조
정랑 시절에는 정여립鄭汝立 모반 사건을 준엄하게 다스
려 평난공신平難功臣이 되었으며, 사간원의 정언 및 지제
고 수찬에 이어 이조좌랑을 역임하고, 이조판서, 형조판
서, 병조판서, 대사헌 겸 홍문관 제학과 우의정, 좌의정,
영의정 등 거의 모든 요직을 거치며, 안으로는 국사에 힘
쓰고 밖으로는 명나라와의 관계에서 뛰어난 외교관의 임
무를 성공적으로 수행하였다.

임진왜란 때는 한음 이덕형과 명나라에 가서 구원병 요
청을 성사시켰으며, 왕비를 개성으로 호위하고, 이어서
두 왕자를 평양으로 호위하였다. 그리고 선조가 의주로 피
난할 때는 끝까지 왕을 모시고 국사를 도왔다. 이 공로로
인해 그는 영의정으로 승진하여 오성군鰲城君에 봉해지면
서, '오성 대감' 으로 불리게 되었다.

그는 임란중에 병조판서를 다섯 차례나 지내면서 임란
의 수습에 혼신을 다한 명신으로서, 극심한 당쟁 속에서도
당파에 물들지 않고 오직 중립을 지키면서 공정하고도 올

바른 자세를 견지하였다. 그 과정에서 당쟁의 폐해를 공박하다가 많은 비난을 받기도 하였지만 결코 소신을 굽히지 않았다.

1608년 선조가 죽고 광해군이 즉위하자, 정권을 잡은 북인北人들이 광해군의 동생인 영창대군永昌大君을 살해하려 함에 백사는 그를 구원하고자 힘을 썼다. 1617년에는 인목대비仁穆大妃를 왕비에서 서인庶人으로 폐위하려는 폐모론廢母論이 일자, 이를 극력 반대하다가 관직이 삭탈되어 이듬해인 1618년 62세의 나이로 함경도 북청으로 유배되었는데, 그해에 그곳에서 세상을 등졌다. 그러나 그의 명망은 사후에도 시들지 않아 죽은 해에 바로 복관復官되었고, 나아가 청백리淸白吏로 녹선되었다.

백사가 북청으로 유배를 떠나면서 읊은 시조는 오늘날까지 전해져 오고 있는데, 버림받은 신하가 뿌리는 우국충절의 눈물이 서럽게 비친 절창으로 꼽히고 있다.

철령鐵嶺 높은 재에 자고 가는 저 구름아
고신원루孤臣寃淚를 비 삼아 띄워다가
임 계신 구중궁궐에 뿌려 본들 어떠리

유배지 북청에서 상여로 운구된 그의 시신은 할아버지와 아버지 묘가 있는 선산의 오른쪽에 묻혔다.

백사 선생의 묘소에 오른 우리는 줄을 맞춰 참배를 올렸다. 전쟁의 참화에 빠진 민족의 불행을 팔 걷고 나서 수습한 정승 백사는 말없이 누워 있었다. 묘소는 청백리란 명성에 걸맞게 검소한 모습으로 꾸며 있었다.

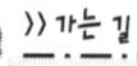

백사 이항복 선생의 묘소는 포천시 가산면 금현리에 있다. 서울에서 의정부를 거쳐 43번 국도를 타고 소흘읍에서 2km 정도를 더 가면 하송우사거리가 나온다. 여기서 가산 방향으로 우회전을 하여 2.5km를 가면 가산면 방축1리 송림주유소에 이른다. 주유소 옆에 선생의 묘소를 알리는 표지판이 있는데, 농로를 따라 2km 정도 들어가면 선생의 묘소가 길가에 보인다.

백사의 묘소는 주산主山인 해발 601m의 죽엽산에서 내려온 용이 만들었다. 죽엽산에서 한가운데로 뻗어 나온 중출맥은 곳곳에서 **개장**開帳과 **기복**起伏, **위이**逶迤의 변화를 보이면서 힘차게 내려왔다. 용이 개장을 해야 좋은 까닭은 좌우로 분맥한 능선들이 주룡主龍을 감싸 주기 때문이다. 그래야만 주룡에 담긴 기운이 새나가지 않을 뿐 아니라, 주룡이 편안한 행보를 할 수 있는 탓이다.

청룡과 백호도 주룡에 가깝게 붙어 호종하며 내려오는 형세이다. 이는 귀인이 출입할 때 전후좌우로 경호원이 따라붙는 것과 마찬가지의 모양과 역할을 한다. 호종하는 맥이 없이 단독으로 행보를 하는 용은 외롭고 쓸쓸하여 혈을 맺지 못하고, 기껏해야 신단神壇이나 사냥터가 될 따름이다.

높다란 죽엽산에서 뚝 떨어지듯이 내려온 용은 앞쪽에 야트막한 산을 솟아올렸다. 넘치는 기운을 순하게 정제하느라 솟아올린 봉우리이다. 그리고는 극히 완만하고도 낮게 깔리면서 묘소까지 내려왔다. 그러면서도 곳곳에 위이와 굴곡을 한 힘 있는 용이다. 이런 용을 **생왕룡**生旺龍이라고 할 수 있다.

용진처龍盡處에 다다른 용은 우선 **결인속기**結咽束氣를 해서 순수한 생기만을 모은 다음, 다시 약간씩 볼록볼록하게 기복하면서 내려와 입수도두처入首到頭處를 만들었다.

입수도두처 좌우의 옆으로 선익이 펼쳐졌고, 앞에는 두둑하게 순전을 만들면서 가운데에 혈을 맺었다. 특히 이 묘소는 순전이 풍만하고 튼튼해서 주목할 만하다. 그리고 혈 앞으로는 하수사가 좌우 양쪽에서 나와 혈을 감아 주고 있는데, 우측의 하수사가 더 발달하였다.

전방을 바라보니, 명당은 넓고도 풍요로운 논이다. 조

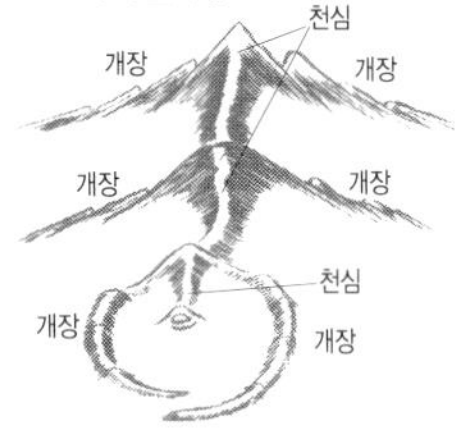

≋용의 개장천심(開帳穿心) : '개장'은 소맷자락으로 몸을 감싸듯 용맥의 좌우로 지맥이 뻗어 주맥을 보호하는 형용, '천심'은 개장한 곳의 가운데서 정룡正龍의 중심맥이 힘차게 앞으로 나가는 것.

≋용의 기복(起伏) : 높이 솟은 봉우리를 '기', 낮게 엎드린 고개를 '복'이라 함.

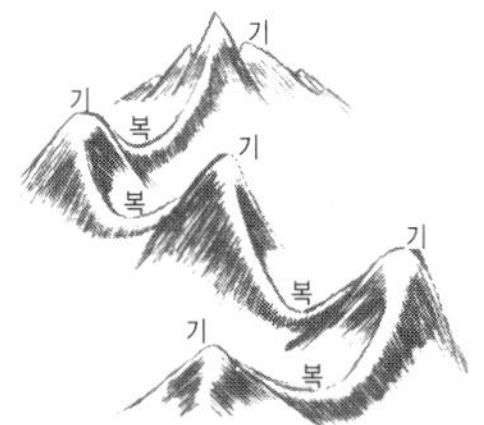

≋용의 위이(逶迤) : 용의 마지막 행룡 과정으로, 뱀처럼 구불구불하게 변화하는 모습.

≋생왕룡(生旺龍) : 살아서 힘과 기세가 왕성한 용맥을 가리키는 말.

≋결인속기(結咽束氣) : 행룡하던 용이 기를 모으느라고 목처럼 잘록해진 부분을 가리키는데, 대부분 혈에서 가까운 곳에 있고 쉽게 눈에 뜨임

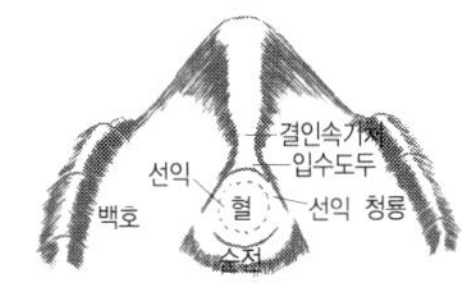

산과 마찬가지로 안산 역시 **아미사**蛾眉砂의 모습으로 명당을 몇 겹이나 감싸 주고 있다. 아미사는 고운 여인의 눈썹을 닮은 반달 모양을 한 산을 가리키는 말이다. 주로 들판에 있는 산으로 맑고 빼어난 기상을 지닌 단정한 자태인데, 그 아래로 항상 물이 흐른다. 아미사는 여자들이 발복을 받는다는 좋은 사격砂格이다. 특히 백사의 묘소처럼 안산이 아미사의 형상이면, 귀한 여인이 자손으로 태어나 왕비가 된다고 해서 **왕비사**王妃砂라고도 불린다.

그리고 이 묘소처럼 아미사가 첩첩으로 늘어선 형상을 상운사祥雲砂라고 부른다. 상서로운 구름의 형용을 한 산이란 뜻인데, 상운사는 정승이 될 후손을 기약하는 매우 길한 사격이다.

그리고 안산과 조산에서 흘러내린 물이 명당에 들어와 모이는 **조입당전**朝入堂前의 형세이다. 조입당전은 부귀를 불러오고 크게 현달하는 자손을 배출하는 좋은 형세이다.

이 묘소의 물은 좌수도우左水到右를 하는데, 혈의 오른쪽에서 작은 물줄기가 나와 합수合水하고 있다. 합수한 물이 빠져나가는 방위가 건해乾亥라서일까, 묘의 향을 술좌진향戌坐辰向으로 놓았다. 88향법向法으로 따지면, 길하다는 정묘향正墓向으로 향을 쓴 것이다.

정묘향은, 물이 좌수도우하고 우측에서 작은 물이 나와 양수협출兩水陜出해야 하며, 곤신파坤申破에 정미향丁未向, 건해파乾亥破에 신술향辛戌向, 간인파艮寅破에 계축향癸丑向, 손사파巽巳破에 을진향乙辰向이 이에 속한다. 정묘향은 부귀를 불러오며 자손들이 번창하고 건강 장수를 한다는 향이다.

이 혈은 죽엽산에서 평지를 향해 쏟아지듯 급하게 내려온 용이 들판에 와서는 몸을 틀어 기복하며 행룡하다가, 여의주를 물고 다시 고개 들어 구름을 타고 하늘로 오르는 모습이라고 해서 **비룡승천형**飛龍昇天形이라 부른다. 이 설명에서 입에 문 여의주는 혈을 가리키고, 전방에 첩첩이 늘어선 아미사는 뭉개구름이 된 것이다.

이 묘역에는 또 다른 한 기의 무덤이 바로 옆에 있다. 백사의 둘째 부인이 '정경부인貞敬夫人 금성錦城 오씨吳氏' 라는 비문을 앞세우고, 백사 부부 묘소의 왼쪽에서 슬쩍 등을 돌리고 서 있다.

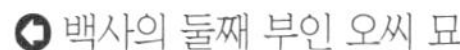
○ 백사의 둘째 부인 오씨 묘

금성 오씨는 본래 평민 출신이었다고 한다. 오씨는 타고난 미모에다가 재주도 명민해서 시와 문장을 잘했는데, 한음과 백사를 위시해 당대의 저명인사들과 폭넓은 교류를 했다고 한다. 아마도 시기詩妓 출신이 아닌가 싶은데, 당당하게 정경부인의 반열에까지 오른 과정에는 다음과 같은 사연이 얽혀 있다.

오씨는 본래 진중하고 의젓한 한음 이덕형을 마음에 두고 있었으나, 보다 적극적이고 호탕한 성품의 백사가 결국 둘째 부인으로 차지하였다. 첩실로 들어앉은 그녀는 평소에도 백사가 어려움에 처할 때마다 뛰어난 기지를 발휘하여 그를 곤경에서 벗어나게 하였는데, 임진왜란이 일어났을 때의 일이다. 백사가 의주로 임금을 모시고 몽진蒙塵 길에 오르게 되자, 본부인 권씨는 남아서 집을 지키고 그녀가 백사를 따라가게 되었다. 오씨는 피난길에서 갖은 고생을 하면서 임금 선조宣祖와 그 측근들의 뒷바라지를 성심 성의껏 해 주었다. 마침내 지루하고도 힘든 전쟁이 끝난 뒤, 선조는 그녀의 헌신적인 희생과 정성을 잊지 않고, 그녀와 그녀의 소생들을 양반 신분으로 격상시켰다. 행복하게도 오씨는 면천免賤이 되

≋ **아미사**(蛾眉砂) : 고운 여인의 눈썹을 닮은 반달 모양을 한 산을 가리키는 말.

≋ **왕비사**(王妃砂) : 백사의 묘소처럼 안산이 아미사의 형상이면, 귀한 여인이 자손으로 태어나 왕비가 됨.

≋ **조입당전**(朝入堂前) : 조회하러 오는 신하들이 임금이 계신 당 앞에 모여들 듯, 혈의 전면에 있는 계곡 물이 유정하게 명당으로 흘러 들어오는 형세를 가리킴.

≋ **비룡승천형**(飛龍昇天形) : 용이 하늘로 날아오르는 형상의 혈.

고, 그의 소생들은 면서免庶가 된 것이다. 그리하여 오씨는 평민 출신의 첩
실이었지만, 마침내 떳떳하게 정경부인이 되어 남은 여생을 마쳤다.

오씨의 묘도 언뜻 보아서는 혈이 아닌 듯하지만, 꼼꼼히 따져 보면 분명한 혈이
다. 백사 부부의 묘소 뒤쪽으로 오르면, 죽엽산에서 내려오던 용이 소나무 부근에
서 몸을 나누는데, 그 중 왼편 자락이 오씨의 무덤으로 들어갔음을 뚜렷하게 볼 수
있다.

묘소의 바로 뒤에는 좌우로 잘 발달한 선익사가 펼쳐져 있다. 이 또한 오씨의 묘
가 혈처임을 보여주는 중요한 증거이다.

그리고 묘 앞으로는 하수사가 분명하게 자신의 존재를 드러내고 있다. 이곳의
하수사는 좌에서 우로 감아 준 다음, 다시 우에서 좌로 감아 주는 모양이다. 생기를
단단하게 융취融聚한 모습이다. 바로 이 하수사도 이 자리가 혈처임을 증명하고 있
다. 옛사람들도 '용을 보기 전에 먼저 하수사를 보라'고 강조했을 만큼, 혈 자리임
을 증명하는 중요한 요소의 하나가 하수사인 것이다.

이 묘는 주산인 죽엽산을 바라보고 혈을 결지하였으므로, **회룡고조혈**回龍顧祖穴
이다.

그런데 후손들의 말로는, 권씨보다 오씨 부인에게서 태어난 자손들이 더 잘되었
다고 한다. 그녀가 생전에 덕을 많이 베푼 탓이 아닌가 여겨진다.

묘역을 빠져나오는 길목에서 보니, 오른쪽 차창 너머로 백사의 조부와 부친 묘
가 스친다. 오랜 세월의 풍상에도 고상한 선비답게 단아하게 서 있다. 이곳도 혈이
된다는데, 시간에 쫓겨 그냥 지나치는 게 못내 아쉽다.

경주 이씨 가문은 조선조에 8명의 정승과 3명의 대제학, 178명의 문과 급제자를
배출하였다. 이씨들의 활약은 특히 조선 중기 이후로 두드러진다. 백사의 후손들
중 이태좌李台佐(1660~1739)는 영조 때 좌의정을 지냈으며, 이광좌李光佐(1674~1740)
는 소윤少尹 4대신의 한 사람으로 숙종과 영조 때 세 번의 영의정과 세 번의 대제학
을 역임하였다. 이태좌의 아들 이종성李宗城(1692~1759)은 영의정을 지냈다 ■

사소문의 명칭

- 동소문東小門은 혜화문惠化門이며, 북대문과 동대문
의 중간인 간방艮方에 위치한다. 혜화란 은혜를 베풀
어 교화한다는 뜻인데, 동소문은 여진족의 사신이 출
입하던 곳이기 때문에 그들을 교화한다는 의미에서
이름한 것이다. 처음에는 홍화문弘化門이라고 하였다가 창경궁의 정문 이름
이 홍화문이어서 혼동을 피하기 위해 바꾸었다. 그런데 이 문루 바닥에는 용
이 아닌 봉황이 그려져 있는데, 이것은 동소문 일대에 새떼가 많아서 그 피해
를 막기 위해 새 중의 왕인 봉황을 그렸다고 한다.

- 서소문西小門은 소덕문昭德門이라 하였다가, 성종 때 부왕인 예종 왕비의 시
호를 휘인소덕徽仁昭德이라 하면서 중복을 피하기 위해 소의문昭義門으로 바
꾸었다. 소의昭義란 옳은 것을 밝힌다는 뜻이다. 서소문은 남대문과 서대문
사이 곤방坤方에 위치하고 있으며, 의주로 넘어가는 길이다. 조선시대 도성
에서 사람이 죽으면 반드시 두 문으로만 관이나 상여가 나가게 되어 있는데,
그것은 남소문인 광희문과 서소문인 소의문이었다.

- 북소문北小門은 창의문彰義門이다. 자하문紫霞門이라고도 하였고, 북문北門
이리고도 불렀다. 북대문은 항상 닫혀 있었고, 대신 이 문을 열어 놓았기 때
문에 북문이라고 불렀던 것이다. 서대문과 북대문 사이의 건방乾方에 위치하
고 있다. 이 문 위에는 나무에 새긴 닭을 걸어 두었는데, 성문 밖의 지형이 마
치 지네와 같으므로 지네의 상극인 닭을 매달아 그 기를 누르기 위함이었다.
창의彰義란 의를 기리고 표창한다는 뜻이다.

- 남소문南小門은 광희문光熙門이다. 속칭 수구문水口門, 시구문屍口門이라고
불렀다. 도성의 청계천 물이 이곳으로 빠져나가므로 수구문이라 하였고, 서
소문과 함께 사람이 죽으면 시신이 나가는 문이라고 해서 시구문이라 불렀
다. 남대문과 동대문 사이인 손방巽方에 위치한다. 광희光熙란 밝게 빛난다는
뜻이다.

4. 조선 8대 명당인 달성 서씨의 발복지

우리나라의 3대 명문가는 광산光山 김씨金氏인 사계沙溪 김장생金長生, 연안延安 이씨李氏인 월사月沙 이정구李廷龜, 달성達城 서씨徐氏인 약봉藥峰 서성徐渻의 후손들이 차지하였다.

우리나라 서씨들의 본관은 일곱으로 나뉜다. 이 가운데 이천利川 서씨徐氏가 신라 때의 아간阿干 서신일徐神逸을 시조로 삼고 있는데, 이 이천 서씨에서 달성 서씨와 대구 서씨가 갈라져 나왔다. 그런데 대구 서씨와 달성 서씨는 고려 때 봉익대부奉翊大夫 판도版圖 판서判書 등을 지내고 나라에 큰 공을 세워 대구의 옛 지명인 달성을 따서 달성군達城君에 봉해진 서진徐晉을 시조로 하는 판도공파版圖公派와, 고려조 조봉대부朝奉大夫로 군기소윤軍器少尹을 지낸 서한徐閈을 시조로 하는 소윤공파少尹公派의 두 계통으로 나뉘어 있다. 이 두 파는 모두 달성에 세거하였으므로 서로 같은 집안인 줄은 알면서 지내고는 있으나, 전하는 문헌이 없어 두 집안의 정확한 관계를 여태껏 밝혀 내지 못하고 있다.

고려조에서 크게 드러나지 못했던 달성 서씨는, 조선조에 들어와서 세종 때 사가정四佳亭 서거정徐居正이 문과에 급제하여 성종 때까지 6대의 왕을 섬기면서, 무려 45년 동안 육조의 판서와 대제학을 지내 가문의 세력을 잠시 떨쳤다. 그러다가 선조와 인조 때 약봉 서성이 나와 5도의 관찰사 및 3조의 판서를 지내면서 가문의 기반을 구축하였다. 그리고 약봉의 자손 중에서 3대 정승과 3대 대제학, 3대 대학자가 연이어 배출되면서, 1백여 년에 걸쳐 가장 현달한 가문의 하나로 자리 잡게 되

었다.

약봉 서성은 본래 아들을 다섯 두었는데, 큰아들 경우景雨는 인조 때 우의정이 되었으며, 넷째 아들 경주景霌는 선조의 딸 정신옹주貞愼翁主와 결혼하여 부마가 되었다. 경우의 아들 원리元履는 현종 때 병조참판을 역임하고 함경도 관찰사가 되었으며, 그의 아들 문중文重은 숙종 때 영의정을 지냈다. 약봉의 둘째 아들인 경수景霈의 증손 종제宗悌의 딸은 영조의 왕비인 정성왕후貞聖王后가 되었다.

서종제의 사촌 종태宗泰는 숙종 때 영의정을 지냈고, 그의 둘째 아들 명균命均은 영조 8년에 우의정과 좌의정을 지냈으며, 명균의 아들 지수志修는 영조 42년에 영의정을 지냈다. 영광스럽게도 서종태의 집안에서 3대를 이어 정승이 배출된 것이다.

또 서지수의 아들 유신有臣이 순조 때 대제학을 지냈는데, 그의 아들 영보榮輔와 손자 기순箕淳도 대제학을 지내, 3대에 걸친 대제학이 배출되었다. 따라서 6대에 걸쳐 3대 정승과 3대 대제학을 배출해 낸 자랑스런 기록을 세움으로써, 달성 서씨 가문의 명성은 세상에 더욱 널리 드날리게 되었다.

서종태의 사촌 형제인 종옥宗玉은 이조판서를 지냈는데, 그의 자손은 3대에 걸쳐 대학자가 나왔다. 아들 명응命

膺이 영조 때 6조 판서와 대제학을 지냈고, 손자 호수浩修가 정조 때 이조판서와 직제학을 지냈으며, 증손인 유구有榘가 현종 때 좌찬성과 대제학이 되었으니, 3대가 거푸 대제학과 직제학을 지낸 대학자 집안이라는 기록을 세운 것이다. 명응의 동생 명선命善은 정조 때 영의정에 올랐다.

또 서경주의 셋째 아들 진震의 4대손 매수邁修는 순조 때 영의정이 되었다. 달성부원군 서종제의 현손인 용보龍輔도 순조 때 영의정을 지냈다.

달성 서씨가 조정의 고관에 가장 많이 진출했을 때는 순조 때이다. 이때 조정에는 유방有防, 유린有隣, 능보能輔, 경보畊輔, 공보公輔, 유보裕輔, 희순憙淳, 형순炯淳, 헌순憲淳 등이 이조와 공조 판서를 비롯하여 6조에 두루 포진하고 있었다. 여기에 유대有大가 도총관을 지냈으며, 좌보徐左輔, 재보在輔, 영순英淳이 형조판서를 역임하였다. 준보俊輔도 이조와 공조 판서를 역임하였다.

야사野史에 의하면, 어느 날 순조가 문득 용상에 앉아 만조백관을 바라보니 고관대작들 거의가 서씨 일문一門이었다. 그래서 농담하기를,

"어미 쥐가 새끼 쥐를 잔뜩 거느리고 나다니는 듯하도다."

하였다고 한다. 그만큼 조정에 서씨 일가가 많았으니, 한 시기 서씨 일문의 영화를 눈으로 보는 듯하다.

그 후 고종 때는 상우相雨가 형조와 공조·예조 판서를 지냈으며 명균의 증손 당보堂輔는 좌의정을 거쳐 영의정이 되었다.

버스가 방축리를 거쳐 다시 포천 입구로 되돌아간다. 멀리 해룡산과 왕방산의 웅걸찬 산세가 차창을 스친다. 버스가 이윽고 설운리의 약봉 묘소를 향해 몸을 꺾는다.

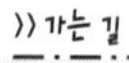

서울에서 의정부를 거쳐 43번 도로를 타고 소흘읍을 거쳐 3.6km를 가면 장승삼거리가 나오고, 여기에 334번 도로가 오른쪽으로 나 있다. 우회전을 하면 900m 전방에 선단초등학교가 나타나고, 곧바로 1291부대의 정문이다. 부대 앞에서 마을을 향해 부대 담장을 따라 돌아가면 설운재雪雲齋란 재실이 나타난다. 설운재를 바라보며 오른쪽으로 약봉의 묘가 있고, 왼쪽으로 약봉의 조부와 부친의 묘가 있다.

버스가 설운재雪雲齋란 현판을 이고 있는 재실 앞에 섰다. 설운리의 설운재이다.

설운재를 바라보며 오른쪽으로 약봉의 묘가 보이고, 왼쪽으로 약봉의 조부 고固와 부친 해嶰의 묘가 앞뒤를 이었다. 조부와 부친의 자리는 모두 혈이 되는 **연주혈**連珠穴의 형세이다.

묘들은 하나같이 부대의 담장 옆에 자리를 잡고 있는데, 특히 조부와 부친의 묘소가 조선의 8대 명당이자 달성 서씨의 발복지로 꼽힌다. 이곳에 자리를 잡은 사람은 약봉의 어머니 고성固城 이씨李氏인데, 여기에는 다음과 같은 재미있는 일화가 깃들이어 있다.

약봉의 할아버지와 아버지는 가난한 살림으로 진사와 참의의 낮은 벼슬을 하였는데, 약봉이 어렸을 때 멀리 유배를 갔다가 배소에서 병으로 죽었다고 한다. 게다가 약봉의 어머니는 앞을 볼 수 없는 소경이었다고 한다. 효부였던 그녀는 시아버지와 남편의 유골을 고향으로 모시기 위해 어린 약봉을 업고 귀양지에 가 유골을 수습하였다. 그리고 경북 안동군 일지면 망호동으로 가는 도중 이곳에 이르렀을 때 날이 저물었다. 쉬어 갈 곳을 찾았지만, 인적이 드문 산중에 인가라고는 한 채도 없어 어쩔 수 없이 노숙을 하게 되었다. 이때 장님의 환상이었을까? 갑자기 커다란 기와집이 눈앞에 보이는 것이었다. 그래서 주인한테 사정을 하고 하룻밤 신세를 졌는데, 아침이 되어 자리에서 일어나니 기와집은 온데간데없이 사라지고 자신은 아들과 함께 야트막한 산자락의 풀밭 위에 누워 있는 것이었다. 이상하기

도 했지만, 다시 길을 떠나기 위해 유골이 든 관을 들려고 하자 관은 그 자리
에서 꼼짝도 하지 않았다. 혼자 힘으로 아무리 애를 써 봐도 움직이지 않아,
마침내 유골을 그 자리에다 모시기로 하였다. 땅을 파 내려가자, 그 안에는
훈훈한 기운이 감돌면서 부드럽고 오색 빛이 감도는 혈토가 나오는 것이 아
닌가? 신께서 눈 먼 며느리의 효성에 감동하여 명당을 잡아 주었구나 생각
하고 장례를 모두 마친 다음, 이씨는 친정이 있는 서울 **약현**藥峴에 올라와
부지런히 술과 떡을 만들어 팔아 어린 자식을 훌륭하게 키웠다.

오늘날까지 전해지는 전통 음식인 약과나 약주의 명칭은 약봉의 어머니 고성 이
씨가 약현에서 만들어 낸 음식에서 비롯되었다고 서씨 문중은 전한다. 약봉이란 호
도 약현에서 기인하였음은 물론이다. 고성 이씨는 이제 남편 옆에 자리를 잡고 편
히 잠들었다.

어머니의 정성어린 뒷바라지로 성장한 서성은 29세 때인 선조 19년(1586)
별시 문과에 급제하여 병조좌랑이 되었으며, 임진왜란이 일어나자 왕을 의
주로 모셨다. 그 후 경상, 강원, 함경, 평안, 경기 각 도의 관찰사를 역임하고
광해군 5년(1613) 영창대군 문제에 연루되어 11년간 귀양살이도 하였다. 인
조반정 후 다시 형조와 병조 판서가 되었고, 이괄李适의 난과 정묘호란 때는
인조를 모시고 피난하는 등 뛰어난 활약을 하다가 인조 9년(1631) 4월 향년
74세로 타계하였다. 할아버지와 아버지가 단명한 반면, 그는 생전에 다섯
아들과 손자 13명, 증손 34명을 두는 등 천수를 다하였다. 그는 할아버지와
아버지 묘소에서 보면 청룡 능선에 해당하는 자리에 부인 여산礪山 송씨宋氏
와 함께 합장되었다.

소경이었던 고성 이씨가 잡았다고 하는 약봉의 할아버지와 아버지 묘는 언뜻 보
아 들판에 있는 평범한 묘 같다. 그러나 올라보면, 과연 천하 대명당大名堂이다.
혈의 기세와 크기는 용에 달려 있다고 하였다. 조부 묘의 주룡은 해룡산에서 내
려온 맥이 오치재 고개에서 과협을 한 다음 동남으로 방향을 돌려 평지로 수많은

변화를 하면서 내려왔다. 그리고 부대 건너편에 현무봉을 수려하고 단아하게 만들었다. 현무봉은 담장 너머로 볼 수 있다.

현무봉 중앙에서 뻗어 내려온 용은 아주 얕게 깔렸는데, 몸통의 좌우에 수많은 지각을 뻗어 몸을 가누고 있다. 완만한 능선으로 내려온 이 용은 부대를 지나 멈춘 다음에 생기를 모아 혈을 맺었다.

조부 묘에서 주룡을 살펴보면, 거대한 산줄기가 앞에서부터 뒤로 한 바퀴 돌아 감싸 주는 모양이다. 주산인 해룡산은 보이지 않지만, 천보 산맥이 저쪽 뒤에서 해룡산을 탄탄하게 받쳐 주고 있음이 보인다. 해룡산에서 나온 용이 험한 살기를 모두 털어 버리고 양순한 모습이 되어 들판으로 내려온 것이다.

이 묘소에서도 혈임을 증명해 주는 입수 도두와 선익, 순전, 혈토를 분명하게 볼 수 있다. 그리고 혈 앞에는 하수사가 우에서 좌로 감돌아 혈의 생기가 더 이상 앞으로 빠져나갈 수 없도록 하고 있다.

좌우의 청룡과 백호는 주룡과 잘 어울리도록 낮은 높이지만, 마치 비단 병풍을 두른 듯 몇 겹으로 감싸며 다가들고 있다. 특히 청룡보다는 백호가 더 발달하였으니, 장손보다는 지손과 여인들이 더 발복하는 자리다. 내백호는 공장이 있는 곳까지 길게 누운 바로 옆 능선이다. 외백호는 야트막하게 혈을 감싸면서 43번 도로까지 뻗어나가 파구破口를 만들었다.

안산인 태봉산은 조금 멀리 앉았다고 여겨지지만, 날개를 펼친 봉황새 모양으로 매우 수려하고 단정한 자태를 뽐

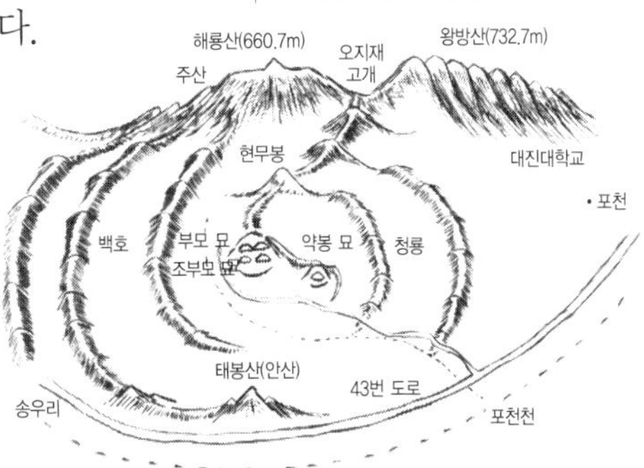

내고 있다. 지금은 왼쪽 날개 쪽으로 아파트가 들어서는 바람에 얼마간 깎여 나가 훼손이 되었지만, 이전에는 더욱 아름다운 모습이었다고 한다.

안산 주변의 능선들도 모두가 유순한 모습으로 혈을 바라보고 있다. 그리고 전방 오른쪽 고층 아파트 군락 옆에 근사하게 생긴 **고축사**誥軸砂가 얼른 눈에 띈다. 저 고축사의 발복으로 수많은 정승들이 달성 서씨 문중에서 나왔다고 여겨진다.

보국 안의 명당은 평탄하고 원만한데다가, 해룡산 자락의 여러 골짜기에서 나온 물이 모여드는 곳이다. 여러 골짜기에서 제각각 흘러 내려온 구곡육수九谷六水들이 명당 앞에서 하나가 되는 당전취합堂前聚合의 형세이다. 대부大富를 불러온다는 구곡육수가 그것도 하나로 모이는 빼어나게 좋은 명당의 모습이다. 이런 형상을 한 명당도 정승을 낳는다.

묘소의 좌향은 계좌정향癸坐丁向이며, 물은 우측에서 나와 좌측으로 흘러 손사巽巳 방위로 빠져나가는 손사파이다. 이는 88향법에서 최고의 길한 향으로 치는 정양향正養向에 해당한다.

정양향은 물이 우수도좌하고 곤신파坤申破에 신술향辛戌向이거나, 건해파乾亥破에 계축향癸丑向, 간인파艮寅破에 을진향乙辰向, 손사파巽巳破에 정미향丁未向이 이에 속한다. 정양향은 자손과 재물이 왕성하게 늘어나 번창하고, 공명현달功名顯達한 자손이 나오는 향이다.

이 혈의 형국은 해룡산의 목마른 해룡이 높은 산에서 평지로 기어 내려와 물이 있는 곳으로 들어간다는 뜻을 지닌 **해룡입수혈**海龍入水穴이라고 부른다.

참으로 아쉬운 것은, 천하의 대명당이라는 이 묘역도 세월의 흐름과 아울러 개발이라는 미명 아래 상당히 훼손되고 있다는 점이다. 평지로 내려온 해룡의 주 능선을 파헤쳐 도로로 만들었고, 아파트를 짓는다고 안산을 까내렸으며, 특히 군부대가 들어서서 주룡의 지기를 짓누르고 있는 안타까운 형편이다. 모두 조상들이 남겨준 전통지리학에 대한 몰이해에서 나온 결과이다 ■

귀신에게 얻은 명당

전라남도 진도군 진도면 남동리에 곽郭씨라는 유명한 부자가 있다. 그 집안에는 조상 하나가 귀신에게 명당을 얻어 묘를 쓰고, 부자가 되었다는 전설이 얽혀 있다.

본래 곽씨의 선조는 지독하게 가난하고 직업도 없어 여기저기 떠돌아다니며 살았다. 어느 날 읍내 장터에서 일을 마치고 집으로 돌아가기 위해 산허리에 이르렀을 때, 술에 취한 귀신들이 누워서 잠을 자고 있는 것을 보고, 곽씨는 깜짝 놀라 기절하고 말았다. 그 소리에 눈을 뜬 귀신들은 사람이 죽어 있으니 매장하는 것이 좋겠다고 의논한 후, 그를 걸머지고 산꼭대기로 올라갔다. 귀신들이 흙을 파고 파묻으려 할 때였다. 실신 상태에서 깨어난 그는 원하는 것을 모두 들어줄 테니 살려달라고 애원하였다. 귀신들은 술과 안주를 가져오라면서 그를 살려주었다. 워낙 가난한 탓에 돈이 없던 그는 솔개를 잡아 안주를 만들고, 어떻게 해서 겨우 술을 받아 가지고 가 귀신들을 대접했다. 귀신들은 매우 기뻐하며, 좋은 묏자리 하나를 가르쳐주겠다면서 그를 안내했다. 그는 귀신들이 알려준 자리에 돌을 쌓아 표시를 하고 돌아왔다. 그 후 3년쯤 지난 뒤에 그가 병이 들어 죽게 되니, 아들들에게 귀신을 만났던 일을 이야기하면서, 자기가 죽으면 그곳에 매장하도록 유언을 남겼다. 마침내 아들들은 아버지가 쌓아 놓은 돌무더기 자리에 장례를 지냈다. 그랬더니 얼마 되지 않아 곽씨들은 군에서 제일 가는 거부가 되었다. 그리고 그 비밀은 마침내 세상에 알려지게 되었다. 그러자 진도 사람들은 귀신을 대접해야 부자가 된다며 한밤중에 산속에서 솔개를 기름에 튀기기 시작했다. 귀신에게 솔개 고기를 주면 그 사례로 귀신들이 소원을 모두 들어준다고 믿었기 때문이니, 이는 마침내 진도 지방의 민간 신앙으로 굳어지게 되었다.

5. 철종이 옮긴 전계대원군의 묘소

다시 43번 도로로 나온 버스가 포천 도심을 향해 400m 정도 진행하다가 장승거리 사거리에서 좌회전을 한다. 포천중문의과대학 표지판도 그곳에 있다. 또 500m 정도를 전진하던 버스가 선단다가구주택 앞에 섰다. 오른쪽으로 한아름어린이집이 보인다. 그 너머 산자락에는 깨끗하게 손질이 된 묘역이 펼쳐져 있다.

전계대원군의 묘역으로 오르기 전에 산세를 훑어보니, 주산인 왕방산이 우람하게 솟아 고축사로 보인다. 앞쪽에는 현무봉이 모습을 보이는데, 그 한가운데에서 능선이 뻗어 내렸다. 제법 기세가 좋은 용으로 일견된다. 묘역으로 뻗은 길 좌우에는 은행나무가 2열 종대를 하고 있다.

전계대원군全溪大院君의 이름은 이광李㼁으로, 서럽게 죽은 사도세자思悼世子의 장남인 은언군恩彦君 인祒의 아들이다.

정조 3년(1779)의 일이다. 은언군은 벽파僻派로부터 홍국영洪國榮과 역모를 꾀했다는 무고에 휘말려 강화도 옆의 조그만 교동섬으로 쫓겨나, 빈농으로 불우하게 일생을 보냈다. 그런데 1849년 후사가 없던 헌종이 승하하자, 광의 셋째 아들 원범元範이 순식간에 후사로 지목되었다. 나무꾼으로 소일하던 20세의 어린 소년이 곧바로 보위에 올랐으니, 그가 바로 철종이다.

전계대원군의 묘는 본래 양주군 신혈면 진관리였는데, 철종 7년(1856)에 현재의

위치로 이장되었다.

이 자리는 통상 **해복혈**蟹伏穴로 일컬어지는 곳이지만, 내게는 별로 실감이 나질 않는다. 해복혈은 게가 엎드려 있는 형국을 하고 있는 혈을 가리킨다. 그래서 대체로 좌우의 청룡과 백호 줄기가 중앙의 몸통에 해당하는 주룡보다 약간 높은 형세를 하고 있기 마련이다. 이 두 능선은 힘 있게 나아가려고 둥글게 좌우로 뻗친 게의 집게발을 의미하기 때문이다. 그리고 주룡은 당연히 게의 등딱지처럼 원만하고 널따란 모습을 지니기 마련이다.

오르며 보니, 묘소의 하단 경사면에 하수사가 우에서 좌로 선연하게 흐르고 있다. 처음에는 기대가 슬금슬금 일어나는 곳이었지만, 나중에 보니 결과적으로 실망스러운 자리였다.

우선 용맥이 아니었다. 봉분의 바로 뒤가 입수처인데, 너무 길다. 흔히 길게 들어오는 입수를 **장입수**長入首라고 하는데, 장입수는 그 길이만큼 변화가 따라야만 귀한 것으로 친다. 여기처럼 변화가 없이 그냥 밋밋하게 들어오면 힘이 다한 용으로 치는 것이다. 맥 빠진 용이다.

50m쯤 뒤에 결인속기처로 보이는 곳이 있는데, 이곳도 그냥 길기만 해서 맥이 풀린 느낌이다. 좋은 결인속기처들

≋**해복혈**(蟹伏穴) : 게가 엎드려 있는 형국을 하고 있는 혈.

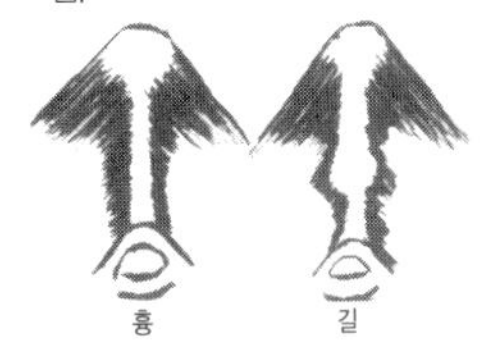

≋**장입수**(長入首) : 길게 들어오는 입수를 가리키는데, 그 길이만큼 변화가 따라야 귀하게 여김.

은 저절로 팽팽한 긴장감이 감도는 법이다. 힘찬 기세로 풍만하게 내려오던 용이 기를 모으기 위해 잘록하게 허리를 조이며 힘을 쓰는 모습이 전혀 보이질 않는다. 되돌아 나오며 보니, 묘소의 5m 뒤쪽도 결인처럼 보인다. 그러나 여기서도 별다른 힘을 쓰지 못하고 그냥 내질러 빠졌다.

이 용은 기세가 약한 힘없는 용이다. 좌우 전방으로 늘어선 능선들이 지닌 크고 작은 여러 기세를 감당해 낼 수 있는 그런 용이 아니다. 오히려 주변에 치이고 말 용이다. 자신의 능력보다도 주변의 여건이 턱없이 좋은 형세라서 이를 쉽게 감당해 내지 못하는 초라한 용이 되고 만 것이다.

더 따져 보면, 전방의 사격들도 다양하고 힘이 넘치지만 짜임새는 전혀 없다. 서로 긴밀한 유대를 맺어 이 용을 효율적으로 보호해 주는 그런 사격들이 아니다. 모두 제각각 툭툭 튀어나와 어수선한 모양으로, 도와준다고는 하지만 도와줄 수 있는 힘이 맞물리지 않고 흩어지는 형상이다.

우선 안산은 오른쪽으로 주저앉은 둥그스름한 모양이다. 왼쪽이 늘어져서 마치 표주박을 엎어 놓은 듯한 형상이다. 이런 모양의 산은 크게 길격吉格과 흉격凶格 둘로 나뉘는데, 혈이 되는 자리에서는 부를 기약하는 형용이다. 이곳저곳에서 곡식을 바가지로 퍼 담아 오는 형상이 되는 것이다. 그러나 천박한 자리에서는 걸인의 바가지로 의미가 격하되어 아주 좋지 않게 해석된다.

안산의 바로 우측으로는 **관대사**官帶砂가 보인다. 관대사는 벼슬아치들의 요대를 연상시키는 능선을 가리킨다. 관대사는 전체적으로는 눈썹 모양의 아미사와 같은데, 다만 아래쪽에 물이 없기 때문에 관대사가 되는 것이다. 관대사는 말 그대로 높은 벼슬아치를 낳는 좋은 사격이다.

관대사 뒤로는 뾰족한 삼각봉이 붓끝으로 솟았다. **문필봉**文筆峰으로, 이는 후손

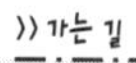

서울에서 의정부를 거쳐 43번 국도를 타고 소흘읍에서 3.6km 가량을 더 가면 장승삼거리가 나온다. 여기에서 우회전을 해서 334번 도로를 타고 300m 정도 가면 장승거리 사거리가 나온다. 다시 우회전을 해서 500m 정도 가다가 선단다가구주택 앞에 서면, 오른쪽으로 한아름어린이집이 보인다. 그 너머 산자락에는 깨끗하게 손질이 된 전계대원군의 묘역이 펼쳐 있다.

중에 문장가를 약속하는 귀한 사격이다.

왼쪽 하늘 아래로는 길게 늘어선 능선이 병풍의 모양이다. 따라서 어병사御屛砂라고 할 수 있는데, 이는 신분이 귀한 사람의 탄생을 예고한다. 본디 병풍이 귀인을 감싸고 보호하는 역할을 하기 때문이다.

하나씩 보면 이렇게 좋은 형상의 능선들인데, 전체적으로 보면 그 균형이 깨졌다. 왼쪽은 조밀한 데 비해, 오른쪽이 허전한 느낌이다. 그리고 청룡과 백호도 튼튼한 모습이 아니라, 왠지 늘어져 힘이 빠진 모양이다.

양주군에 있던 전계대원군의 본래 자리가 어떤 모양이었는지 모르겠지만, 잘한 이장이라고는 할 수 없는 자리이다. 게다가 철종 또한 후사를 두지 못했으니, 외로운 이 자리로 부친을 이장한 일을 안타깝다고 아니할 수가 없다 ■

≋**관대사**(官帶砂) : =옥대사玉帶砂. 벼슬아치들의 유대를 연상시키는 능선. 전체적으로는 눈썹 모양의 이미지와 같으니, 산 아래 물이 없는 높은 곳에 있음.

≋**문필봉**(文筆峰) : 붓 또는 죽순과 같이 끝이 뾰족하고 수려하게 생긴 산.

6. 회암사지와 무학대사 부도비

버스가 회암사檜巖寺를 향한다. 56번 도로에 올라선 버스가 덕정을 바라보며 달리는데, 포천과 양주 사이를 투바위 고개가 막고 있다. 제법 가파른 고개로 정상 즈음에 이르자, 포천의 전경이 한눈에 들어온다. 어느덧 고개를 내려가던 버스가 회암사지 안내문을 보고 우회전을 한다. 발굴 작업을 하느라고 파헤쳐진 모습이 멀리 보인다.

회암사 터에 이르렀을 때이다. 명지대 대학원에서 사학을 전공한다는 여학생 하나가 안내를 자청하면서, 꽤 많은 얘기를 전해 주었다. 여기서는 그 설명 가운데 필요한 부분만을 간추렸다.

넓이가 1만 평이나 되는 회암사는 여말선초麗末鮮初의 최대 국찰國刹이었다. 정확한 기록이 없어서, 보통은 고려 충숙왕 15년(1328)에 인도에서 온 지공指空 화상이 창건한 것으로 알고 있는데, 잘못된 것이란다.

『고려사高麗史』의 기록에 따르면, 이보다 앞서 1174년에 회암사에서 금金나라 사신을 맞았다는 것이다. 이로 미루어 보면, 이 사찰의 건립은 최소한 고종(1213~1259) 이전으로 소급된다. 그 후 1376년 우왕 때 크게 중창을 하였다는 기록이 남아 있다.

조선을 건국한 이성계李成桂는 회암사에 대한 관심이 각별하여 나옹懶翁 화상의 제자이자 자신의 스승인 무학無學 대사를 머무르게 하였으며, 큰 불사佛事가 있을 때마다 대신大臣들을 보내 참례토록 하였다. 노년에는 스스로 이곳에 머물러 수도

○ 회암사 터

를 하였으며, 손자인 효령대군孝寧大君을 이곳에서 공부하도록 하였다.

회암사는 성종조에 이르러 다시 중창이 되었다. 이때 건물의 배치는 그대로 놔두고 목재와 석재 등의 부재만을 교체한 것으로 알려졌다.

명종 때에 이르러서는, 수렴청정을 하던 문정왕후文定王后가 불심이 깊어 이 회암사를 중심으로 불교중흥 정책을 폈다. 보우普愚를 등용시켜 이곳에서 무차대회無遮大會를 열기도 하였다. 그러자 전국적으로 유생들의 상소가 빗발치고, 보우는 제주도로 유배를 가게 되었다. 명종 21년(1566)에는 유생들이 회암사에 몰려들어 불을 지르려 하자, 명종이 이를 고민했다는 기록이 있다.

그 후로는 회암사와 연관된 기록이 보이질 않다가, 선조 28년(1595)에 이르러 회암사의 종이 불에 탔으니, 이걸 녹여 무기를 만들자는 상소가 나타난다.

회암사의 폐사 시기는 정확히 알 수 없다. 그러나 명종 21년과 선조 28년 사이에 불에 타 없어진 것으로 확인이 된다. 각각 1566년과 1595년에 해당하니, 대략 이 30년 사이에 회암사가 사라진 것이다.

그리고 발굴 결과, 폐사를 목적으로 한 의도적인 방화

의 흔적이 분명하게 나타난다. 먼저 위쪽으로 난 담장 부근에서 부처의 머리가 잘린 채 발굴되었으며, 동쪽 한 곳에서는 수많은 사기 조각이 집중적으로 출토되었다. 훼손과 방화의 손길이 느껴지는 대목이다.

발굴 단지를 훑어보니, 이곳은 여느 사찰과 상당히 다른 모습을 지니고 있다. 먼저 기울기를 따라 7개의 단으로 석축을 쌓아서 8구역으로 구분이 된다는 점이다. 이는 대동강 변의 만월대滿月臺와 같은 축조 기법이라고 한다. 이 8구역은 매우 밀집된 건물 배치를 보이고 있는데, 이는 건물과 건물 간격을 뚝뚝 떼어 시원스럽게 배치한 일반 사찰의 모습이 아니다. 중앙의 보광전寶光殿을 중심으로 둘러 선 건물들이 대부분 요사채의 용도라는 것이다. 그만큼 많은 신도와 손님이 드는 사찰이라는 증거이다. 아래의 다음 증거로 보면, 아마도 그 신도나 손들은 왕실과 관계가 깊은 사람들이었음이 분명하다.

발굴품을 보면, 대부분 궁궐과 관련 깊은 물건들이라는 것이다. 궁에서만 쓰는 태극 문양이 계단석 곳곳에 새겨져 있으며, 궁궐에서 주로 쓰던 청기와 조각과 잡상雜像이 발굴된 것이다. 잡상은 지붕의 용마루를 따라서 붙이는 동물 모양의 장식품을 지칭한다. 또 가장 중요한 것으로는, 둥근 몸통에서 나팔 모양으로 목을 빼낸 분청향원粉靑香源이 이곳에서 유일하게 발굴된 점이다. 이런 물품들로 보아 회암사가 고려나 조선 조정과 얼마나 밀접한 관계였는지 쉬이 알 수 있다.

그리고 한편으로 구들 시설이 상당히 많이 발견되었는데, 무척이나 과학적이고 치밀한 계산에서 놓인 구들이란다. 지리산 칠불사七佛寺의 아자방亞字房처럼 전혀 색다른 구조인데, 아마도 열효율이 퍽 높았을 것이라는 추측이다. 이 구들은 양쪽에서 불을 때면 연기가 T자 모양으로 감돌다가 중앙의 굴뚝으로 빠져나가도록 독특하게 설계가 되었다고 한다.

발굴 구역 안에 온전한 모습으로 남아 있는 것은 동쪽의 부도탑 1기이다. 일설에

》》가는 길

소흘읍에서 43번 국도를 따라 포천 방향으로 2km 가량 직진하면 하송우사거리이다. 여기서 56번 국도를 따라 우회전을 해서 덕정을 바라보며 4.9km 정도 고개를 넘어가면 오른쪽에 회암사를 가리키는 안내판이 나온다. 여기서 우회전을 해서 700m 가량 올라가면 회암사 터가 보인다.

는 허응당虛應堂 보우普雨(1515~1565)의 사리탑이라고 하는데, 보우가 배소에서 제주목사 변협邊協에게 처형되었던 점이나 당시 유생들의 반발로 미루어보면, 보우의 사리탑이 이곳에 안치될 가능성은 실로 희박하다고 한다. 오히려 성종 때 불사를 담당했던 처안處安 스님의 부도로 여겨진단다. 아무튼 우리나라 부도탑 가운데 가장 큰 규모로 시선을 끈다.

성이 이씨였던 그 여학생의 친절하고도 상세한 안내에 우리는 고마움을 표했다. 그리고 돌아서는 우리에게 정경연 선생이 문제를 냈다. 왕실의 복전福田으로 전폭적인 지원을 받던 거찰 회암사가 왜 역사의 뒤편으로 사라졌을까? 풍수학적으로 풀어 보라는 문제였다. 답은 셋으로 귀결되었다.

먼저 용맥이 의심스럽다는 답이다. 지금은 지형이 많이 바뀌어 정확하지는 않지만 용맥이 과연 중앙의 보광전에까지 내려왔는지 의심스럽다는 것이다. 만약 용맥이 정확하게 내려왔다면, 그렇게 쉽사리 망하는 법이 아니기 때문이다.

두번째로는 중심 건물인 보광전 자리가 너무 내려서 써졌다는 점이다. 잘 보면, 왼쪽의 청룡 능선이 내려오다 말고 멈추어서 보광전의 옆구리를 찌르는 형세이다. 보광전을 조금만 올려 썼더라면 포근하게 감아 주는 형세가 될 터인데, 그렇게 하질 않은 것이다.

세번째로는 안산의 형세이다. 여기서는 정면의 하늘 아래로 북한산이 보이는데, 마치 화염이 이는 형세이다. 서울에서 내다보는 관악산의 형국에 진배없다. 본래 이런 모양의 산을 화성체火星體라고 한다. 화성체를 안산으로 삼

으면 운세가 일시에 피어올랐다가 지는데, 언제
나 화재가 근심스런 법이다. 회암사가 화재로 망
한 것이 꼭 우연만은 아니리라.

우리는 칠봉산七峰山 자락을 타고 오르기 시작
하였다. 칠봉산은 천보산의 한 자락으로 해발
506m이다. 발치봉·응봉·석봉·깃대봉·투구
봉·솔치봉·돌봉의 일곱 봉우리가 모여 이루어
져 칠봉산이라고 부르는데, 옛날에는 금병산錦屛
山으로 불리기도 하였단다.

전설에 따르면, 세조가 만년에 이르러 젊은 날 저질렀던 왕위 찬탈과 단종 시해
에 대해 참회를 하고 산수를 찾아다닐 때 이 산에도 올랐단다. 그래서 한때 어등산
御登山으로 불리기도 하였다는 얘기이다.

무학 대사의 사리탑을 보려고 산길을 오르는 도중에, 홀연 왼쪽으로 냉기가 훅
끼친다. 어느 틈에 아주 좋은 계곡이 하나 나와서 길을 따라 이어진다. 유명한 사찰
터에 이만한 계곡이 없을쏘냐 하면서 기세 좋게 힘찬 소리로 흐르는 물이다. 그 주
변에는 늦여름의 끝자락에 매달려 더위를 식히는 사람들의 모습이 드문드문 보인
다.

포장도로가 끝나는 지점에 이르자, 근래에 세운 회암사가 보인다. 일견에도 계
곡을 메우고 세운 옹색한 절이다. 필시 신도도 늘지 않고 사세도 펴지지 않을 그런
자리이다. 옛 회암사의 명성에 부끄러울 지경이다.

오르면서 물이 만나는 합수처合水處를 보았는데, 역시 그 능선 위쪽으로 부도탑
과 석등들이 늘어서 있다. 제일 앞에는 무학 대사의 비가 자리를 잡았다. 그런데 비
면碑面이 풍상에 시달려 육안으로는 판독하기가 힘들다. 그 옆자리에 비신碑身은
사라지고 받침석 위로 비의 갓만이 덜렁 얹혀 있는 것이 눈에 띈다. 꽤나 큰 비신으
로 짐작되는데 어디로 갔을까?

무학(1327~1405) 대사의 속명俗名은 박자초朴自初이다. 그는 18세에 출가

하여 소지小止 선사에게 머리를 깎고, 그 후 용문산의 혜명慧明 국사에게 불법을 배웠다. 그리고 묘향산에 들어가 수도에 전념하다가 공민왕 때 북경으로 가 인도에서 온 승려 지공指空 선사에게 불법을 구하였다. 이어 법천사法泉寺의 나옹 선사를 찾아갔다가 여러 곳을 순례한 다음 공민왕 5년(1356)에 귀국하였다. 조선이 들어서던 1392년에는 왕사王師가 되어 도읍지를 물색하기도 하였는데, 그 후 회암사에서 주석駐錫하다가 금강산의 금장암金藏庵에서 입적하였다. 이곳에 있는 무학 대사의 비는 그가 입적하고 난 뒤 태종 10년(1410)에 세워졌다.

무학 대사의 비 뒤에는 고려 특유의 방형계方形系 쌍사자 석등이 보물 389호로 지정되어 있다. 그리고 그 뒤쪽으로 1407년에 세워진 무학 대사 부도탑이 보물 388호로 서 있다.

이 부도탑이 있는 자리가 정혈인데, 멀리 북한산이 역시 화염으로 타오른다. 그 아래쪽에 큰 시가지 하나가 바깥 명당이 되어 벌려 있다. 그리고 안쪽 명당은 **교쇄명당**交鎖明堂이라고 부를 만한 모습이다.

교쇄명당은 명당의 좌우에 있는 산이 톱니바퀴가 맞물

❶ 무학대사
❷ 무학대사비
❸ 무학대사 부도탑과 쌍사자 석등
❹ 무학대사 부도탑에서 보이는 북한산

≋**교쇄명당**(交鎖明堂) : 명당의 좌우에 있는 산이 톱니바퀴가 맞물려 엉키듯이 서로 교차하면서 혈을 중첩으로 감싸 주는 형국을 가리킴.

러 엉키듯이 서로 교차하면서 혈을 중첩으로 감싸 주는 형국을 가리킨다. 이는 기를 흩뜨리는 바람을 가두기에도 좋고, 명당에 모여드는 물을 가두기에도 좋은 모양이다. 또 혈이 지닌 정기가 전혀 새어 나갈 틈이 없어 명당 중에서 최상격으로 치는 명당이다. 대부大富와 대귀大貴를 불러오는 명당인 것이다.

오른쪽으로는 도봉산이 우뚝 서서 멀리 바람을 막아 주고 있다.

그리고 이곳은 현무봉에서 내려온 용이 혈을 만들기 위해 몸을 튼 **곡입수**曲入首의 형상이다. 길지만 힘이 넘쳐 몸을 비튼 용이 만든 입수도두처이다.

여기는 예로부터 좋은 자리로 소문이 나서 수없이 많은 훼손을 겪었던 곳이다. 이 자리를 탐낸 지방의 토호들이 부도를 쓰러뜨린 다음, 이곳에 묘를 쓰기를 일삼았던 것이다. 그래서 급기야는 왕명으로 수색을 해서 도장盜葬한 자를 찾아내 삭탈관직을 시키고 귀양을 보내기도 하였다는 것이다. 부도 자리치고는 매우 보기 드문 명혈名穴이라서 겪은 수모였던 모양이다.

위쪽의 계단을 따라 오르면, 나옹 화상의 부도와 석등이 나타난다.

나옹 화상(1320~1376)의 본명은 혜근惠勤이고 시호는 선각禪覺이다. 그는 충혜왕 복위 5년(1344)부터 회암사에서 좌선 수행으로 정진을 하다가 1347년에 북경에 가서 지공 화상에게서 공부를 하였다. 공민왕 때는 오대산의 상두암象頭庵에서 수행을 하고, 회암사의 주지가 되었다가, 여주의 신륵사神勒寺에서 입적하였다.

뒤편을 바라보니, 삐죽삐죽 솟은 바위산이 현무봉이다. 현무봉에서 나온 중출맥 하나가 뚝 떨어지듯이 내려와 험한 기운을 털고는 다시 완만하고도 힘찬 행보를 하고 있다. 그리고는 여기에 와 물을 만나 행룡을 멈추고, 품은 정기를 뱉어 좋

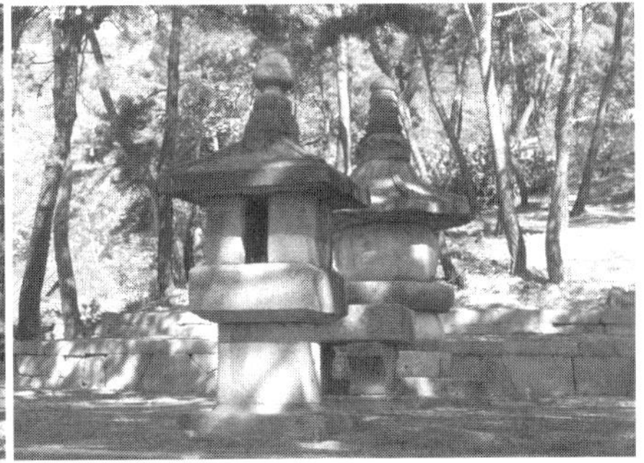

은 혈을 맺었다. 전방의 모습은 무학 대사 부도탑에서와 똑같다.

사실 나옹 화상과 무학 대사는 우리나라 풍수학의 역사에 커다란 족적을 남긴 인물이다. 그런데 오늘 여기에 와 보니, 그들은 명성에 걸맞게 퍽도 좋은 자리에 부도탑을 남겼다.

능선의 제일 윗자락에는 인도 출신의 승려 지공 화상의 부도와 석등이 자리를 정했다. 역시 좋은 자리이다.

이제 모두들 더위에 지쳤다. 능선의 왼쪽 비탈로 내려오니, 아래쪽에 시원한 약수터가 물을 뿜는다. 달고도 상쾌한 물맛이다. 모두 한 모금씩 목들을 축이고는 개울물에 세수를 한다. 하늘에는 아직도 뙤약볕이 따끔거리는 화살이 되어 사정없이 내리 쬔다.

오늘의 일정이 끝나 가는 시점이다. 계곡의 맑은 물들도 산을 등지고 아래쪽 속세를 찾아 내달린다. 우리들의 마음도 물살에 실려 바삐 흘러내린다 ▮

〰곡입수(曲入首) : 곡선으로 입수하는 용맥으로, 골골 활동이 활발하여 가장 귀함.

예로부터 '두물머리'로 불려온 양수리는 남한강과 북한강이 만나 하나로 합쳐지는 합수처合水處이다.

북한강에서 내려온 뗏목이 남한강에서 내려온 뗏목과 서로 만나, 줄지어 서울로 흘러 들어가는 물길이었다.

1. 퇴촌과 팔당호

남한산성 아래의 광주IC를 빠져나온 차는 45번 국도를 타기 시작하였다. 대략 90년대 이후 전원카페에 전원주택들이 가득 들어 찬 퇴촌면退村面을 지났다. 별로 달갑지 않은 경관들이 스쳐간다.

복잡한 도심을 벗어나 살고픈 그네들의 욕구는 깊이 이해가 된다. 그러나 그네들의 그 욕구 이면에는 거꾸로 도심을 지향하는 마음이 깊숙하게 깃들여 있음도 똑똑히 알아야 할 일이다. 언제라도 쉽게 도심으로 다시 들어갔다가 쉽게 다시 나올 준비가 항상 되어 있기에, 서울 가까운 퇴촌은 이처럼 북새통이 되었다.

퇴촌이 퇴촌다우려면 진정한 '退(물러날 퇴)'를 한 사람들이 모여 들어야 한다. 웬만하면 도심과의 인연은 끊고 몸과 마음이 함께 이곳에 머무는 사람들을 위한 퇴촌이 되어야 한다. 몸은 이곳에 있으면서 마음은 서울 도심을 향한 사람들이 사는 곳이 되었기에, 국적 불명의 건물들과 유흥업소들이 퇴촌 본래의 풍광과 분위기를 저렇게 흐리는 것이리라.

자신의 평생 업에서 물러난 이들을 위한 공간이라고 이름을 내걸었던 퇴촌은 이제 이름이 무색해졌다. 그저 서울의 베드타운으로 전락하고 말았다. 빛바랜 그리운 고향 사진 한 장을 잃은 그런 기분이다.

떨떠름한 기분은 팔당호가 나타나면서 저절로 풀렸다. 차창 앞으로 아침 안개가 자욱이 내려앉은 수면이 꿈결 같은 분위기를 그려 낸다. 농담 처리를 한 먹물 빛으로 섬들이 드문드문 떠 있다. 아이러니컬하게도 팔당댐이라는 인공의 힘으로 빚어

낸 원시의 풍광이다.

　잠시 차를 세웠다. 고운 경치를 마음에 한 장의 사진으로, 한 폭의 수묵화로 남기고 싶어서였다. 눈길이 가는 곳마다 운무雲霧에 싸인 넓고 넓은 팔당호의 경치는 그야말로 선경仙境이 되었다. 그저 닻을 풀고 안개를 헤치며 신선들이 산다는 봉래섬을 찾아가는 어부가 되고픈 심정이었다.

　예로부터 '두물머리' 로 불려온 양수리兩水里는 남한강과 북한강이 만나 하나로 합쳐지는 합수처合水處이다. 북한강에서 내려온 뗏목이 남한강에서 내려온 뗏목과 서로 만나, 줄지어 서울로 흘러 들어가는 물길이었다. 그리고 충주산 오석이나 마차로 문경새재를 넘어온 영남의 봉물들을 가흥 나루에서 가득 실은 남한강의 돛배가 물살따라 내려와서는, 강원도 산물로 넘쳐나는 북한강의 돛배를 만나기도 하고, 쉬어 가기도 하는 그런 곳이었다.

　실제로 교통이 불편하던 40년 전만 해도 양수리에 다다른 나그네들은 배를 타고 서울로 진입하였다고 한다. 강물의 흐름에 몸을 맡기고 반나절 정도가 지나면, 지금의 한남동 일대를 가리키던 '한강' 의 한강 나루와 '동작강' 의 동작 나루를 거쳐, '용산강' 의 용산 나루나 '마포강' 의 마포 나루에 편안히 도착했다는 것이다.

　그런데 이제는 그 물길도 다 사라지고 없다. 대신에 한강의 물줄기를 따라 구불구불 뻗은 옛 도로로도 모자라, 새롭게 고가도로가 되어 곧게 뻗은 널따란 물길이 팔당댐 곁에서 또 눈높이 위로 지나고 있다 ■

2. 청학포란형의 김사형과 신효창 묘역

버스가 양수리의 터미널을 지나자마자, 양서면의 목왕리를 향해 좌회전을 한다. 조선시대에 정승을 지낸 아홉 분이 묻혀 있다는…. 그래서 예로부터 명당으로 유명한 양서면 목왕리와 부용리 일대에 걸쳐 있는 '구정승골' 로 가기 위해서이다.

양수리를 벗어난 버스의 앞쪽으로 가을걷이가 끝난 들길이 펼쳐진다. 마을 여기저기에는 은행나무가 곱게 물들었다. 이 일대는 벌써 가을걷이도 끝났고, 은행나무도 노란 불꽃으로 타오른다.

얼마나 형세가 좋은 곳이기에 아홉 정승을 위한 자리가 있다는 말인가? 살펴보니, 동쪽으로는 완만하고 유순한 산세들이 들판에 다다라 천천히 몸을 세웠다. 서쪽으로는 얼마간 먼 곳에서 급하고 험한 산세들이 연이었다. 그 한편에는 펼쳐든 두루마리 모양으로 정상 부분이 평평하고 양쪽이 들린 형상을 한 봉우리인 고축사가 얼른 눈에 뜨인다. 정승을 낳는다는 고축사이다. 필시 저 고축사가 어느 곳에서나 잘 보이기에, 이 좁은 골짜기에 아홉 자리나 있으리라.

지나치는 개울의 맑은 물속에는 단단하게 박혀 있는 돌들이 보인다. **수구사**水口砂이다. 수구사가 나타나면, 그 위에 좋은 혈처穴處가 있다는 증거이다. 수구사는 혈을 싸고 내려온 물의 흐름을 더디게 하는 기능을 한다. 유속을 더디게 하는 만큼 기氣의 유출을 지연시키는 것이다.

친절하게도 길가에는 우리가 추후 방문할 묘소들을 알리는 표지판이 계속 스쳐간다. 꿈틀대며 달리던 버스가 '구정승골' 의 제일 안쪽을 차지하고 있는 익원공翼

元公 김사형金士衡 선생의 묘소 입구에 섰다. 목왕리 버스 정류소 앞이다.

묘역으로 오르기 전에 주산主山의 모습을 보니 멀리 하늘을 이고 있는 봉우리 청계산이 보인다. 그리고 그 아래 현무봉은 중앙 부분이 평평한 듯하다가 좌우로 둥그스름하게 흘러내렸다. 산의 모양으로 보아 **녹존성**祿存星으로 분류된다.

녹존성은 둥두렷이 퍼진 모양을 한 봉우리에다 곁가지 같은 능선이 많다는 특징을 지니고 있다. 특히 지면으로 내려올수록 곁가지에 해당하는 능선이 많아지고 튼튼해진다. 이를 하생다각下生多脚이라고 한다.

녹존성의 한가운데에서 나온 산줄기 중출맥中出脈 또한 처음에는 흐릿하지만 아래로 내려올수록 더욱 굵어지면서, 어느 즈음에서 자그마한 둥근 산봉우리를 솟아올린다. 이를 소원봉小圓峰이라고 하는데, 바로 이곳에 혈이 맺힌다. 녹존성이 맺는 혈의 모양은 언제나 **소치혈**梳齒穴에 속한다.

이곳의 현무봉은 녹존성이다. 그 앞으로 송림이 검푸른 모습을 하고 있다. 이 송림 가운데 소원봉이 숨었고, 그 소원봉에 묘소가 자리하고 있다.

수구사(水口砂) : 물이 흘러나가는 파구에 있는 작은 산이나 바위를 가리키는데, 크게 한문捍門·화표華表·북신北辰·나성羅星으로 분류한다.

·**한문** – 보국의 대문인 수구의 양쪽에 서 있는 바위나 산.

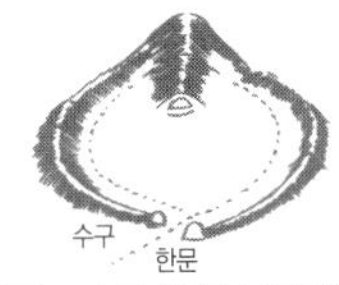

·**화표** – 수구처 물 가운데에 박혀 있는 바위.

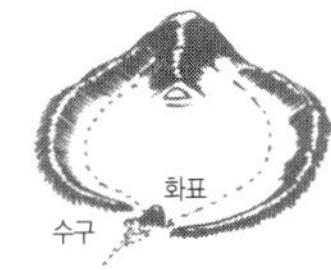

·**북신** – 물 가운데에 있는 바위가 용, 거북, 잉어 등의 형상을 하고 있는 것.

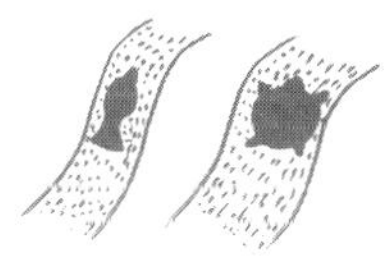

·**나성** – 수구처에 돌, 흙 등이 퇴적하여 생긴 작은 섬.

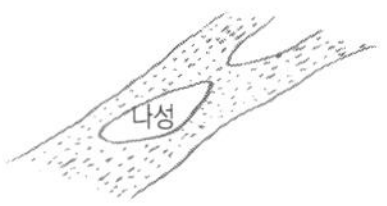

녹존성(祿存星) : 둥두렷이 퍼진 모양을 한 봉우리에 곁가지 같은 능선이 많다는 특징이 있음.

청계산의 왼쪽 능선에는 사람의 손길이 선연하다. 살펴보니, 그곳에 공원묘지가 들어선 모양이다.

마을의 앞뒤로 제실祭室 두 곳이 눈에 뜨인다. 입구의 제실이 더 우람한데 평산平山 신씨申氏의 신추당愼追堂이다. 누구의 묘가 이곳에 있기에 저토록 거대한 신도비 셋을 앞세우고 위용을 자랑할까? 궁금증이 솟아올랐다.

기실 우리는 이곳에 김사형 선생의 묘소만 있는 줄 알고 찾아왔다. 그런데 나중에 알고 보니, 신효창申孝昌 선생도 같은 묘역을 차지하고 있었다. 장인인 김사형이 부인 죽산竹山 박씨朴氏와 함께 뒤에서, 사위 신효창은 홀로 앞에서 잠들어 있는 것이었다.

따라서 앞쪽의 신추당은 신효창 선생을 기리기 위해 조성된 제실이오, 뒤쪽의 낙포재洛圃齋는 안동 김씨 문중에서 김사형 선생을 기리기 위해 조성한 제실이다. 신추당은 『논어論語』의 한 귀절인 '신종추원愼終追遠'에서 따온 이름이고, 낙포재는 김사형 선생의 호였던 '낙포'에서 나온 것이다.

쌉싸름한 내음이 풍겨 나는 송림으로 들어서자, 앞쪽에 작은 동산의 아랫둥치가 나타난다. 크기에 비해 제법 우뚝 솟은 둥근 산이다. 단정하면서도 기품이 어린 매끈한 산세이다.

송림을 지난 오솔길은 광주光州 김씨金氏의 묘가 있는 즈음에서 좌측으로 몸을 꺾어 동산을 타고 오른다. 이제 경사도 제법이다.

숨이 찰 만하자, 오솔길이 끝나면서 신효창 선생의 묘가 먼저 나타난다. 동산의 정상 부분 치고는 꽤 너른 묘역이다. 그리고 김사형 선생의 묘가 이어진다. 두 묘소는 한결같이 육각형으로 테두리석이 둘리어졌다. 보기 드문 모습인데, 이는 조선

초기 상류 계층에서 유행하던 묘의 전형적인 형태이다.

우리나라의 장묘법을 보면, 고려 말에서 조선 초기까지 귀족 계층의 묘소는 대체로 장방형을 하고 있다. 그러다가 조선 초기에 육각형으로 잠시 모양을 바꾸다가, 이내 원형으로 다시 모양을 바꾸었다. 따라서 육각형으로 테두리석이 둘린 묘소는 그만큼 희귀하다.

용맥을 보기 위해 김사형 선생의 묘소 뒤로 오르는데, 잠시 후 신수붕申壽鵬의 묘가 계단 위에 모습을 드러낸다. 이 계단 바로 앞이 **과협처**過峽處이다. 멀리 백두산에서 내려온 이 용은 설악산과 오대산을 거쳐 용문산을 지나 유명산을 통과한 다음 좌측으로 청계산을 타고 내려왔는데, 이 지점에 이르러 험한 기운을 털어 버리기 위해 목을 조이고 있다. 아주 힘이 좋은 용인데, 앞에다가 혈을 쏟아 내기 위해 풍선목처럼 잘록해졌다.

과협처는 용의 실제 면모를 먼저 보여주는 곳이다. 과협처가 왼쪽으로 튼 형상이면 혈은 분명 왼쪽에 있다. 아울러 과협처가 오른쪽으로 틀었으면 혈 또한 오른쪽에 있는 것이 자명하다. 또 과협처가 길면 혈은 먼 곳에 맺히고, 짧으면 가까운 곳에 혈이 맺힌다.

따라서 과협처가 부드럽고 아름다워야 좋은 혈이 맺히고, 과협처가 이지러지거나 깨져 있으면 혈 또한 맺지 못하는 법이다. 특히 호위하는 지맥들이 과협처의 좌우에서

○ 김사형 선생 묘
○ 김사형 선생 묘의 입수도두처

〰**소치혈**(梳齒穴) : 얼레빗이나 어금니처럼 약간 우묵하게 생긴 곳에 맺는 혈.

〰**신종추원**(愼終追遠) : 부모의 상에는 슬픔을 다하여 장례를 극진히 하며, 조상의 제사에는 공경을 다하라는 뜻.

〰**과협처**(過峽處) : 달리는 용의 허리에 해당하는 부분으로, 중간에 잘록한 모양을 하고 있음.

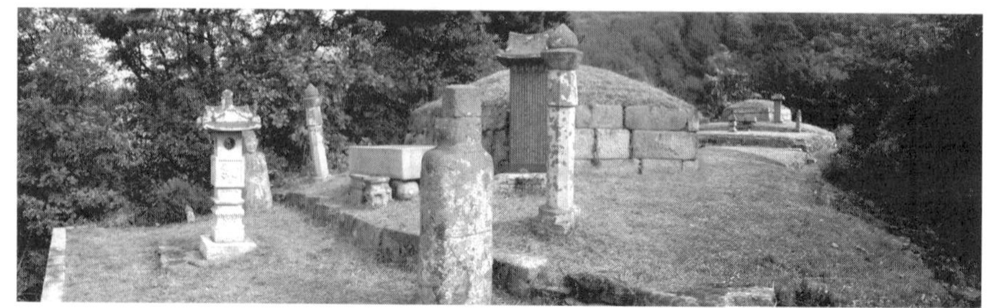

조밀하게 흘러내리고, 물길이 좌우로 나뉘어 흘러내리는 것이 분명해야 하며, 바람을 막아주는 **영송사**迎送砂나 **공협사**拱夾砂가 있어야 매우 길하다고 본다.

이곳은 잘 생긴 과협처이다. 좌우 양쪽의 원근에 있는 지맥들이 부드러운 곡선으로 흐른다. 과협처의 정중앙에 물 한 바가지를 부으면 물이 좌우로 잘 나뉘어 흐를 형세이다. 좋은 분수령分水嶺인 것이다. 계단의 좌우와 앞뒤로는 영송사가 선명하다. 그리고 혈에서 내청룡과 내백호 역할을 하는 지맥이 좌우 저만큼에서 공협사가 되어 허리에 드는 바람을 막아 주고 있다. 두 손으로 풍선목을 감싸 바람을 막아 주듯 기가 새어나가지 않도록 에워싸는 형세이다.

과협처를 지난 용은 몸을 좌우로 흔들며 앞으로 더 나아갔다. 혈을 만들기 직전에 마지막으로 남은 살기殺氣를 털어 내기 위해 용이 몸통을 좌우로 가볍게 흔드는 이런 움직임을 위이逶迤라고 한다.

이곳은 손질을 너무 많이 한 묘소라서 세심하게 살피지 않으면 입수도두처와 선익이 잘 보이지 않는다. 입수도두처는 묘의 바로 뒤이다. 그리고 그곳에서 선익이 양쪽으로 팔을 벌려 묘를 껴안고 있다.

김사형 선생과 신효창 선생의 묘소 사이는 네모반듯하고 평탄한 공터가 차지하였다. 그런데 신효창 선생의 묘도 혈이 분명하다. 따라서 이곳은 구슬을 꿰듯 한 자리에 혈이 두 개 이상 맺혔다는 의미를 지닌 연주혈連珠穴에 해당하는데, 그것도 녹존성이 낮은 소원봉의 꼭대기에 맺혀 있어 더욱 특이하고 남다른 주목을 끈다. 보통은 소원봉의 중턱이나 하단부에 통상 하나의 혈이 맺히기 때문이다.

여러 모로 보아 신효창 선생의 자리가 더 좋다. 생기가 뭉친 정도도 그렇고 전망도 그렇다. 자리도 **천심십도**天心十道에 정확히 맞추었다. 천심십도가 정확하면 발

복이 크고 오래 간다고 한다.

이곳은 분명 소원봉의 정상이다. 그런데 이상하게도 산 꼭대기라는 기분이 전혀 들지 않는다. 그저 포근하고 편안한 느낌만이 생겨난다.

전방을 내다보면, 청룡과 백호가 겹겹이 싸여 혈과 명당을 보듬고 있다. 내청룡은 낙포재 앞으로 감쌌고, 외청룡은 신추당 앞의 신도비가 있는 곳까지 둥글게 감아 내렸다. 내백호는 마을 앞에까지 유순하게 흘러 마을을 싸안았고, 외백호는 신추당의 신도비 앞쪽으로 감돌았다. 따라서 두 제실과 마을이 있는 공간이 내명당이 되고, 도로 건너 들판은 외명당이 되는 셈이다. 꽤 넓고도 평탄한 명당이니, 부와 귀를 꿈꾸어 볼 만도 하다.

안산도 다정하게 혈을 바라본다. 능선의 흐름도 일그러지거나 각이 진 부분 없이 유순하다. 그리고 오른쪽 솔가지 너머로는 잘 생긴 귀인봉이 하나 단아하게 숨어 있다.

묘역의 끝에 서서 전방을 관찰하는데, 한 회원이 예의 장난끼 가득한 표정을 하고 다가온다.

"유 선생, 목욕하고 싶지 않아? 여기서 한번하고 가지. 여기 물이 가득하네. 들어가기만 하면 되겠어. 어서 뛰어들어가 봐!"

≋**영송사(迎送砂)** : 호랑이 허리처럼 잘록하면서도 힘이 담긴 과협처의 양쪽에서 각각 바람을 막아 주는 아주 작은 지맥둘을 통틀어 일컫는 말.

≋**공협사(拱峽砂)** : 과협을 바람으로부터 보호하기 위한 영송사 밖의 산 또는 바위.

≋**천심십도(天心十道)** : 사방의 산을 십자형으로 이어 교차되는 곳.

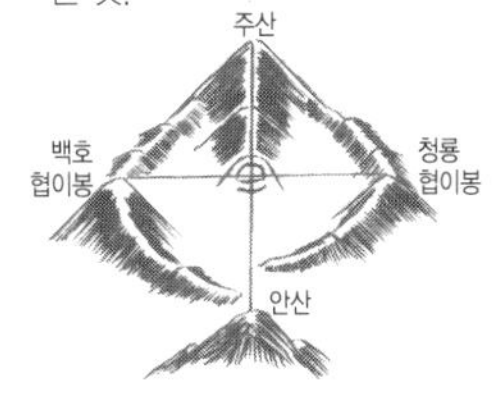

그가 가리킨 곳은 신효창 선생의 묘소 앞 축대 아래쪽에 자리 잡은 두 기의 묘였다. 농담이지만 맞는 말이다. 그곳은 두 개의 혈을 감싸고 내려온 물기가 한데 모이는 자리이다. 따라서 항상 물기로 축축한 곳이니, 결코 묘를 써서는 안 되는 자리이다. 아니나 다를까? 두 묘소의 사이로 물풀이 새파랗다. 저러니 유골인들 편안하시겠나?

축대는 후일 사람들이 쌓은 것인데, 주변 곳곳에 천연석이 혈장穴場을 따라 박혀 있는 것이 눈에 뜨인다. 그러고 보니 축대를 쌓은 돌들도 제멋대로 생긴 천연석들이다. 아마도 근처에서 눈에 뜨이는 대로 주어다가 쌓은 듯 여겨진다. 그렇다면 '신효창 선생의 자리는 돌이 많은 곳을 비집고 맺는다는 **석중혈**石中穴이 아닐까?' 하는 생각이 번뜻 머리를 스친다. 석중혈도 보기 드문 괴혈怪穴의 하나인데….

이곳은 물형物形으로 보아, **청학포란형**靑鶴抱卵形이라고 불리는 자리이다. 주산인 청계산靑溪山이 좌우에 날개처럼 생긴 능선을 거느리고 있어, '청계'란 이름과 함께 청학을 연상시키는데다가, 두 개의 혈이 알을 상징하기 때문이다.

두 묘소는 공통적으로 을좌신향乙坐辛向의 향을 보았다. 물길은 좌측에서 우측으로 흐르는 좌수도우左水到右로써, 건乾의 방향으로 빠져나가는 건파乾破이다. 88 향법에 따르면 정묘향正墓向에 속하는 길한 방위이다.

정묘향은, 물이 좌수도우하고 우측에서 또 작은 물이 나와 양수협출兩水陝出해야 하며, 곤신파坤申破에 정미향丁未向, 건해파乾亥破에 신술향辛戌向, 간인파艮寅破에 계축향癸丑向, 손사파巽巳破에 을진향乙辰向이 이에 속한다. 정묘향은 부귀를 함께 불러오며 자손들이 번창해서 건강하게 장수를 한다는 향이다.

김사형(1333~1407)은 본관이 안동으로, 자는 평보平甫이며, 호는 낙포이

》가는 길

서울에서 구리를 거쳐 6번 국도를 타고 조안IC에서 내려 구 도로를 이용해 양수리로 가거나, 올림픽대로를 이용해서 미사리를 거쳐 팔당대교를 건너 구 도로를 이용해 양수리로 간다. 중부고속도로는 강일IC에서 내려 미사리를 거쳐 팔당대교를 건너는 편이 좋다. 양수리버스터미널에 이르면 오른쪽으로 난 목왕리 행 길을 택해 4.3km 가량 직진하면 김사형의 묘역을 가리키는 표지판에 오른쪽에 서 있다.

다. 상락후上洛侯 영후永煦의 손자이며, 부지밀직사
사를 지낸 천藏의 아들이다. 음관蔭官으로 앵계관직
鶯溪館直에서부터 벼슬을 시작하였지만, 공민왕 때
문과에 급제하여 여러 요직을 두루 지냈다. 그러다
가 위화도에서 회군을 한 이성계를 추대해서 조선
을 건국하는 데 일익을 담당하여 개국 일등 공신이
되었다. 태조 때 대마도 정벌에 참여하고, 정종 때
는 등극사登極使가 되어 명나라에 가 외교적 임무를
완수하기도 하였다. 1401년 좌정승이 되었다가, 이
듬해에 영사평부사領司平府使로 부원군이 되어 벼슬
에서 물러났는데, 특히 벼슬길에서 단 한 번도 탄핵
을 받지 않은 인물로 유명하다.

신효창은 고려말 공민왕 13년(1364)에 태어나 세
종 2년(1440)에 세상을 등진 문신이다. 자는 성대聖
大, 호는 화봉華峰이다. 증조부는 문학사대언文學士
代言을 지낸 중명仲明이며, 조부는 진현학사進賢學士
를 지낸 군평君平이고, 부친은 이조참의를 지낸 수
璿이다. 1383년 우왕 때 진사시에 합격하여, 1389
년 사헌부지평으로 벼슬을 시작하였다. 그 후 조선
이 개국하자, 음관으로 사헌시사司憲侍史에 임용되
어 상장군, 호조전서, 대사헌, 충청도관찰사, 좌군
도총제 등의 내외직을 두루 거쳤다. 그러다가 1418
년에 탄핵을 받아 무주茂州에서 7년의 귀양살이를
하였다. 그의 손녀가 세종의 다섯째 아들 광평군廣
平君과 혼인하고, 남지南智의 딸이기도 한 외손녀가
세종의 넷째 아들 임영군臨瀛君과 혼인하게 되어 삭
탈된 관직을 환수받았다 ▪

≋**석중혈**(石中穴) : 돌무덤이나
바위 가운데에 있는 혈.

≋**청학포란형**(靑鶴抱卵形) : 학이
알을 품고 있는 형상으로, 봉황
포란형과 비슷하나 봉황에 비
해 용혈이 다소 약하고 국세도
다소 작은 것을 말함.

3. 한음 이덕형 선생의 묘소

버스가 오던 길로 되짚어 내려간다. 올라올 때 길가의 유일한 사찰로 얼른 눈에 뜨이던 지장사地藏寺 바로 아래에 버스가 선다. 한음漢陰 이덕형李德馨(1561~1613) 선생의 묘역임을 알리는 표지판이 그곳에 서 있고, 개울을 건너기 위해 세운 아치형 철제 다리가 하늘색으로 누워 있다.

다리를 건너자 한음 선생의 영정을 봉안한 영정각影幀閣이 먼저 나타난다. 입구에는 경중문敬重門이란 현액이 걸려 있다.

선생의 영정은 전신을 그린 전신 영정으로, 호피虎皮로 장식한 의자에 앉아 있는 모습이다. 이조 후기 영정이 지니고 있는 전형적인 구도에다 소도구이다.

본래 선생의 영정은 1590년에 이신흠이 처음 그렸다고 한다. 그런데 이신흠은 선생이 재상이 되면서 덩달아 영정 화가로 주가를 높이게 되었다는 일화가 전해진다. 그 후 1846년 이의익李宜翼은 궁중 화가 이한철李漢喆을 시켜 자신이 보관하던 이 영정을 모사하도록 하였다. 이때 몇 벌의 모사본이 그려졌는데, 지금까지 이 진본과 모사본이 모두 전해온다고 한다.

영정각은 1981년에 세워졌는데, 매년 음력 10월 3일이면 문중에서 영정제를 올린다고 한다.

한음 선생의 본관은 광주이다. 그런데 자신의 호를 한음으로 삼은 것으로 미루어보면, 스스로도 자신의 집안에 커다란 자부심을 갖고 있었던 것으로 사료된다.

본래 강을 기준으로 음양을 논하면, 북쪽은 양陽이 되고 남쪽은 음陰이 된다. 한강의 본래 이름은 순수 우리말 '한가람'이다. 이를 한자로 표기하면 부득이 한강(漢水)이 된다. 따라서 오늘의 서울 사대문 안을 가리키는 조선의 수도 이름은 '한강의 북쪽을 차지한 고을'이란 뜻에서 '한양漢陽'이 되었다. 거꾸로, 광주는 한강의 남쪽을 차지하고 있는 고을이니, 자연스럽게 '한음漢陰'이 되는 것이다. 한음 선생은 이처럼 자신의 본관을 호로 삼은 셈이다.

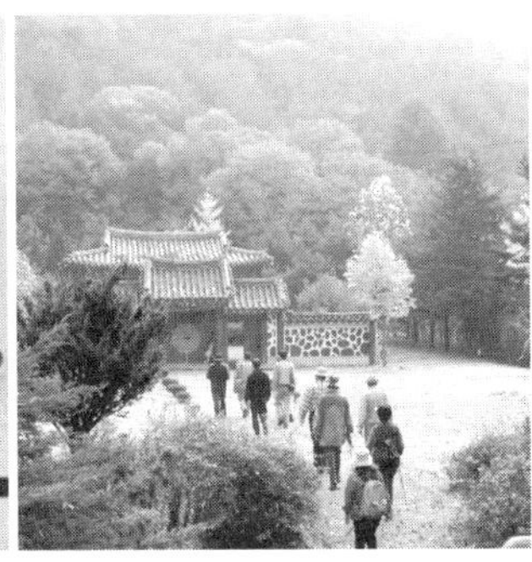
○ 한음 이덕형
○ 영정각

　광주 이씨는 본래 지금의 경상남도 함안咸安의 칠원면에 해당하는 칠원성漆原城에서 일종의 부족 사회를 이루며 살았다고 한다. 그 후 왕건王建이 삼국을 통일했음에도 그들은 여전히 신라의 마의태자麻衣太子를 왕으로 모셨다. 이에 화가 난 왕건이 칠원성을 함락시키고, 이때 포로로 잡힌 이씨들을 회안淮安(오늘날의 경기도 광주) 지방의 관헌들에게 나누어주었다.

　이 사건으로 인해 이씨들은 광주 땅의 노비로 전락하고 말았는데, 그들은 재주와 덕망을 두루 갖추고 있어 관리들의 동정을 사게 되었다. 그래서 차츰 노비의 신분에서 벗어나 고려 말기에는 더러 벼슬을 하는 사람도 생겨났다고 한다. 그러나 모든 기록은 민멸되어 전하지 않고, 기록이 확실한 사람은 오늘날 시조로 모시는 이당李唐과 그의 아들 1대조 이집李集(1314~1387)이다. 이집은 고려 말의 유명한 학자이자 문신으로, 그가 남긴 『둔촌유고遁村遺稿』가 현전한다.

　광주 이씨를 조선 초기 명문가로 발돋움시킨 사람은 둔촌의 손자 이인손李仁孫(1395~1463)과 그의 다섯 아들들이다. 그런데 여기에는 세종의 영릉과 연관된 흥미진진한 풍수 야화가 전해온다.

　　이인손은 태종 때 문과에 급제하여, 세조 때는 벼슬이 우의정에까지 오른 인물이다. 그는 슬하에 다섯 아들을 남기고 1463년 세상을 떴는데, 맨 처음 그가 안장된 곳은 지금의 여주에 있는 영릉 자리였다.

　　이때 자리를 점지해 준 지관은 다음과 같은 말을 남겼다고 한다.

　　"이 자리를 쓰면 자손들은 모두 고관대작이 될 것이고, 후손들 또한 연이어 높은 지위에 오를 것이다. 그러나 명심할 것은, 여기에 절대로 제각을 짓지 말 것이며, 또 이곳으로 건너오는 다리를 놓아서는 아니 될 것이다."

　　그러나 후손들은 지관의 말을 흘려들었다. 그래서 묘 앞에 제각을 짓고, 개울마다 다리를 놓아 묘역을 근사하게 꾸몄다.

　　이 무렵 조선은 예종이 세상을 다스리고 있었는데, 왕실은 왕손들의 계속되는 불행과 병약함, 단명으로 고민하고 있었다. 따져 보면, 세종의 사후 그 뒤를 이은 문종은 몸이 약해 재위 3년 만에 세상을 등졌다. 단종 또한 세조의 왕위 찬탈로 18세의 어린 목숨을 잃었으며, 세조의 원자 의경세자는 20세에 낮잠을 자던 중 가위에 눌려 죽었다. 세조를 뒤이은 예종 또한 병약한 몸으로 당시 보위를 지키고 있었는데, 그 또한 재위 1년 2개월 만에 20세의 나이로 세상을 뜨고 말았다.

　　그래서 대두된 것이 당시 헌릉의 서쪽에 있던 세종 능침의 개장改葬 문제였다. 이곳에 물이 들어 왕손들의 불행이 계속된다는 지관들의 건의 때문이었다. 이에 지난날의 죄과를 반성하며 불교에 귀의하고 있던 세조가 발 벗고 나서, 전국의 지관들을 시켜 명당을 찾도록 하였다.

　　그런데 여주 일대를 책임진 일단의 관료들과 지관들이 여주의 북성산에 올랐을 때였다. 사방을 둘러보니, 이인손의 자리가 있는 방향에서 해맑은 정기가 뿜어져 나오고 있었다. 이에 그쪽으로 방향을 잡은 일행은 산길을 내려오다 그만 비를 만나 길을 잃게 되었다. 우선 비를 피할 곳을 찾아 헤매던 그들에게 어느 틈엔가 제각 한 채가 퍼득 눈에 뜨였다. 제각을 향해 달리던 그들은 또 다리 몇 개를 만나 편안하게 흙탕물 넘치는 개울을 여럿 건널

수 있었다. 그런데 지관의 경고처럼 바로 이 제각과 다리는 이인손의 묘소를 잃게 하는 빌미가 되었다.

얼마 후 날이 개자, 정신을 차린 일행은 자신들이 비를 피한 곳이 충희공忠僖公 이인손의 묘역임을 알았다. 이에 재미 삼아 묘역을 둘러보던 그들은 깜짝 놀랐다. 이곳이야말로 그들이 목매게 찾던 제왕을 위한 자리였기 때문이었다.

이 사실을 보고 받은 예종은 고심 끝에 평안관찰사를 지내는 인손의 큰아들 극배를 내직으로 불러들였다. 그리고는 극배를 만날 때마다 용상에서 걸어 내려와 선친을 좋은 자리에 잘 모신 것을 경하한다는 말만을 거듭하였다. 이러기를 수차례 반복하자, 마침내 극배는 예종의 의중을 알아채고 선친의 묘역을 내 줄 수밖에 없었다.

이장을 하던 날이다. 광중을 파내려 가던 사람들은 일설에 도선道詵 국사가 미리 써서 묻어 두었다고 하는 두 편의 글귀를 발견하게 되었다. 하나는 "三年 權操之地 短足大王 永窆之地(삼년권조지지단족대왕영폄지지)"란 문구로, 이를 풀이하면 "삼 년은 재상을 위한 자리지만, 다리가 짧은 대왕께서 영원히 쉬실 자리이다"라는 뜻이다. 전하는 말에 따르면 세종은 한쪽 다리가 짧아 절룩거렸다고 하니, 이곳이 세종을 위한 자리였음을 내다본 문구라고 아니 할 수 없다.

또 하나는 여기에서 연을 높이 날려 연줄을 끊은 다음 연이 날아 내리는 곳을 찾아 이장하라는 글귀였다고 한다. 사람들은 이 글귀대로 연을 날렸는데, 연은 이곳에서 서쪽으로 10리 정도 떨어진 곳에 착지를 하였다고 한다. 그래서 이인손을 그곳으로 옮겨 모셨는데, 지금의 여주군 신지리에는 이인손의 묘소가 전설과 함께 남아 있다. 신지리는 연이 떨어졌다고 해서 연주(연줄)리로도 불린다.

아무튼 이 묘소의 발복으로, 이인손이 타계한 뒤 그의 다섯 아들은 모두 관운이 트여 높은 벼슬을 지냈다고 한다. 큰아들 극배克培는 예종 때 영의정을, 둘째 극감克堪과 셋째 극증克增은 성종 때 형조판서와 병조판서를, 넷째 극돈克墩과 다섯째 극균克均은 연산군 때 좌찬성과 좌의정을 지내, '오극자손五克子孫' 으로 명성을 떨쳤다고 한다. 또 이들 5형제가 살던 지금의 서울 정동과 신문로 일대를 '오군五君고을' 이라고 불렀다는데, 다섯 대감이 사시는 동네라는 뜻이다.

그런데 전하는 말에 의하면, 이 자리를 내주었기 때문에 광주 이씨 일문의 영화는 뒷날의 동고東皐 이준경李浚慶과 한음 선생으로 그치고 말았다고 한다. 나아가 일각에서는 세종이 이곳으로 자리를 옮겼기 때문에 조선의 국운이 백년 가량 더 연장되었다고까지 말하고 있는 형편이다.

실제 조선시대의 광주 이씨의 영화는 한음으로 화려하게 마감했다고 해도 지나친 말이 아니다. 이씨 일문은 조선 후기의 치열한 당쟁 속에서 가장 열세였던 남인南人의 계보에 적을 두어 오랫동안 벼슬길에 나서지 못했다. 다만 영조의 탕평책蕩平策 이후 몇 명의 당상관을 배출한 정도라는 것이다.

한음 선생은 오성 이항복과 함께 임진과 병자의 양란을 겪으면서 풍전등화 같은 국운을 지켜 낸 겨레의 인물이다. 선생은 명종 17년(1561) 서울에서 탄생하여 주로 서울에서 일생을 보내다가, 노년에 양수리에서 북으로 2km가량 떨어진 용진龍津 나루 인근의 사저에서 1613년 53세의 아까운 일기로 타계하셨다.

선생의 명민함은 어린 시절 많은 일화를 남겼는데, 특히 당대의 기인 토정土亭 이지함李之函 선생은 어린 한음을 보고 그가 장차 나라를 지탱할 큰 재목임을 알아봤다고 한다. 그래서 그는 17세의 나이에 네 살 연하의 한산韓山 이씨李氏를 부인으로 맞아들이는데, 그 혼인의 배경에 토정 선생의 입김이 배어 있다. 일찍이 한음의 인물됨을 알아본 토정이 당대의 세력가 영의정 이산해李山海에게 딸을 주라고 간곡히 권했기 때문이었다. 그 둘은 처남과 매부의 사이였다.

부인 한산 이씨는 임진왜란이 일어나자, 1592년 28세의 나이로 둘째와 막내인 여덟 살 배기 여벽如璧과 세 살 배기 여황如黃을 데리고 시아버지가 계신 강원도 안협安峽으로 피난을 갔다가 순절을 하였다. 이씨는 왜적이 쳐들어오자 백암산白岩山으로 피신을 하였지만, 마침내는 몸을 더럽히지 않기 위해 바위 위에서 몸을 던진 것이다. 이씨는 이때 산기슭에 임시로 묻혔다가 1603년 오늘의 한음 선생 자리로 이장되었다. 난이 끝난 뒤 선조는 이씨의 정절을 기려 묘 앞에 정려문을 세워 주었는데, 이 정려문은 일제 때 유실되어 지금은 보이질 않는다. 후손들의 아쉬운 마음은 하나가 되어, 1981년에 선생의 영성각과 정려문을 함께 세웠다.

부인을 이장하면서 동시에 한음은 또 1594년 임진왜란 중 지금의 김포인 통진通津에서 작고한 어머니의 유해를 부인의 윗자리에 모셨다. 그 후 2년 뒤에 한음은 모친과 부인의 묘가 마주 보이는 용진 나루에 따로 사저를 마련하여, 바쁜 공무중에도 틈틈이 이곳에 들러 두 묘소를 돌보는 따뜻한 인간미를 발휘했다고 한다. 지금도 용진 나루 인근에는 선생의 자취가 남아 있다.

한음 이덕형 선생의 묘는 양평군 양서면 목왕리에 있다. 김사형 묘역에서 600m쯤 아래쪽이자, 양수리버스터미널에서 3.7km 가량 되는 곳으로, 지척에 지장사가 있다. 지장사 바로 아래에 한음 이덕형 선생의 묘역임을 알리는 표지판이 서 있고, 개울을 건너기 위해 세운 아치형 철제 다리가 있다. 다리를 건너면 한음 선생의 영정을 봉안한 영정각이 먼저 나타나고, 묘역은 그 위쪽이다.

　단구短軀로 알려진 한음은 덕망과 인품을 두루 갖추어, 일본과 명나라에서도 존경하고 흠모하는 이들이 많았다고 한다. 또한 선생의 뛰어난 문학적 재능은 조선 왕조 500년 동안 31세에 문형文衡을 잡은 최연소 기록을 낳았다. 선생의 기록은 이뿐만이 아니다. 선생은 중국에 원병을 청하러 간 최초의 외교 사신이었으며, 왕실의 외척이 아닌 신분으로 38세의 나이에 정승의 반열에 오른 가장 젊은 정승이었다.

　1613년 선생은 정인홍鄭仁弘과 이이첨李爾瞻의 발호로 지기지우知己之友 오성 대감이 파직을 당하자, 미련 없이 벼슬을 버리고 용진 나루로 내려왔다. 그리고는 나라의 앞날을 근심하며 통곡으로 날을 지새다 한 달 만에 홀연히 세상을 등졌다.

　한음의 부음이 세상에 알려지자, 온 나라의 백성들은 한음의 죽음을 애석해 하였다고 한다. 두 차례의 전란을 수습하면서 백성들을 친부모, 형제나 자식처럼 보듬었던 그의 온화한 성품과 자애로운 행적을 잊지 못하였기에, 저절로 애도의 눈물을 뿌렸던 것이다.

　영정각 뒤로 해서 지장사 뒤편을 지나자, 가파르지만 잘 닦인 길이 나있다. 좌우로 낙엽이 곱게 물들어 운치를 보인다. 얼마쯤 오르니 선생의 묘역이 나타난다. 앞쪽에 선생 부부가 함께 잠들어 있고, 그 뒤에 부친 이민성李民聖과 모친 문화文化 유씨柳氏가 합장되었다.

　문중 사람들의 얘기로는, 한음 선생의 가계는 우리나라 명문가 가운데 순수한 장자 세습이 현대까지 이어지는 몇 안 되는 가문이라고 한다. 이런 현상은 대가 끊어져서는 절대로 안 되는 그런 자리를 잡아야 한다는 한음 선생께서 손수 이 자리를 잡은 결과라고 한다. 그런데 안타깝게도 여기는 그렇게 좋은 자리로 볼 수가 없다. 죄송하게도, 혈조차 맺지 못한 그저 그런 자리이다. 선생이 남긴 공적 때문에,

문중의 전언 때문에 한껏 기대를 했던 자리인데…. 참으로 민망하고 송구스런 자리이다.

안타까운 이유는 크게 세 가지로 들 수 있다. 우선 용맥이 그냥 쏟아져 내린 까닭에 기가 뭉치지 못했기 때문이다. 둘째 전방의 한가운데를 지른 물길도 그냥 쭈욱 내질러 빠져서 전혀 용맥을 감싸거나 보호해 주지 못하는 때문이다. 셋째 좌우의 능선들도 중앙의 물길을 따라 비주飛走를 하고 있으니, 산자락 끝단을 보면 용맥을 감싼 모습이 아니다. 등을 돌리고 외면하면서, 물길과 행보를 같이하고 있는 것이다.

묘역에는 효종 4년(1653)에 세워진 신도비가 늠름하다. 전액篆額은 정규상鄭奎祥의 붓을 빌렸고, 비문은 조경趙絅이 찬撰했다.

이 묘역에서 주의를 끄는 것은 퍽이나 잘 생긴 문인석文人石과 동자석童子石이다. 아쉬운 마음에서 찾아낸 구경거리이다. 얼굴 중앙에 복스럽게 생긴 코를 번듯하게 달고 있는 문인석은 앞에서 보아 왼쪽의 것이 훨씬 운치가 있다. 소박하고 정성스런 손길이 느껴지는데, 선생의 생전 모습이 이랬을까? 매우 인자하고 덕성스런 모습이다. 동자석은 오른쪽의 것이 더욱 고졸하면서도 재미있다. 돌이끼가 겉면에 달라붙었지만 동자 나름대로의 표정은 마냥 진득하다 ▪

4. 만대영화지지라 할 이준경 선생 묘소

　한음 선생의 묘소에서 조금만 내려오면, 이준경李浚慶 선생의 묘역 안내판이 나타난다. 행정구역으로는 양서면 부용리이다. 안내판을 따라 산기슭으로 250m를 올라가면 묘역이 나타나는데, 콘크리트 포장이 끝나는 묘역 아래쪽 계단 앞에는 '善悅之墓(선열지묘)'란 아주 작은 빗돌을 앞세운 초라한 묘가 있다. 그러나 글씨만큼은 정성을 들여 단정하게 썼다. 작은 비에 단 네 글자의 비문이지만, 이것을 쓴 사람의 고운 심성이 살풋 느껴진다.

　묘역 입구에는 노수신盧守愼이 찬한 신도비가 서 있다. 본래의 비는 임진왜란 때 파손되었다고 알려졌는데, 지금 남아 있는 것은 1984년에 세번째로 세웠다는 비이다. 묘역의 위쪽에 자리를 잡은 선생의 묘소는 일견 밝고도 환하다. 기대가 되는 자리이다. 가장 먼저 눈에 뜨인 것은 이 묘소의 선익사인데, 무척이나 큰 선익사이다. 왼쪽의 선익사는 아래쪽의 묘소에까지 펼쳐졌고, 오른쪽 것은 내백호에까지 흘러내렸다. 그래서 매우 큰 혈장을 이루었다.

　용맥을 찾아 오르다 보니, 일행들이 따라오질 않는다. 그러나 오솔길을 호젓하게 걷는 일은 색다른 맛이 난다. 발바닥에 포근한 감촉으로 와 닿는 낙엽 소리도 좋고, 부드럽게 몸을 싸는 바람결도 싱그럽다. 한가한 기분으로 이리저리 용맥을 구경하노라니, 어느 틈엔가 정 선생이 일행들을 이끌고 올라왔다. 그리고는 묻는다.

　"유 선생님, 보시기에 어떤 용맥입니까?"

이곳의 용은 몸집이 거대한 용이다. 그러나 급하게 서두르지 않고 멀리 조산에서부터 육중한 몸을 천천히 이끌며 점잖은 행보를 한 용이다.

"글쎄요, 후덕하면서 매우 점잖은 용이라고 할까요?"

그리고 묘소에서 대략 30m쯤 올라오니, 앞쪽에 오솔길 하나가 능선을 따라 가로질러 흐른다. 이곳이 박환처이다. 능선의 위쪽에서 힘 있고 거칠게 내려오던 용이 몸을 나누어 꺾은 곳이다. 주산에서부터 받아온 넘치는 기운을 순탄하고도 고르게 정제시키기 위해 박환을 한 것이다.

박환을 하지 않고 곧바로 오솔길을 등에 업고 뻗어간 앞쪽의 능선은 다소 험하고 흐트러진 모습이다. 그러나 몸을 나누어 꺾은 뒤, 이준경 선생의 묘소를 향해 내려간 용은 단정하고 기품 있게 일신을 하였다.

되짚어 내려오며 보니, 거대한 이 용은 묘역에 이르러 급경사로 떨어지면서 개장천심을 하고 있다. 갑자기 머리를 땅속으로 박고는 진혈처眞穴處로 정기를 품고 들어간 모양인데, 머리 윗부분의 허전함과 바람을 막기 위해 좌우에 소매처럼 지맥을 벌려 놓았다.

　그리고 이 용맥은 **좌우선룡법**左右旋龍法으로 결지를 하였다. 좌우선룡법이란 혈을 토해낸 용이 혈에 쌓인 정기를 온축시키기 위해, 혈장穴場의 바로 앞에서 몸을 좌측이나 우측으로 꺾어서 마무리하는 형세를 가리키는 말이다.

　묘역으로 내려와 묘역의 끝단을 보면, 용맥은 우측에서 좌측으로 몸을 감아 행보를 마무리하고 있다. 이를 우선룡右旋龍이라 한다. 묘역 아래쪽 경사면 왼편으로는 몇 개의 요석瑤石이 눈에 뜨인다. 이 또한 혈에 쌓인 정기가 빠져나가지 못하도록 하단을 여미는 역할을 하는 귀한 돌들로써, 야무지게 박혀 있다.

　좌우의 사격砂格들도 정답고 유순한 표정으로 묘역을 두르고 있다. 특히 외청룡은 능선이 부드럽게 출렁거리면서 **천마사**天馬砂 둘을 그려 내고 있다. 이곳의 외청룡에는 천마사가 두 개나 있으니, 이는 형제가 연달아 문과에 급제하는 좋은 형상이다. 내청룡은 그 앞에서 명당 안쪽을 향해 끝자락을 가지런히 모으고 있다. 백호 또한 커다란 덩치로 서서 다정하게 명당을 품고 있다.

　전방 또한 시선이 멀리 가면서 상쾌하다. 게다가 짜임새가 좋으니, 생기가 이곳에 응축되는 형국이다. 오른쪽에서 내려온 전방의 능선들은 왼쪽으로 갈수록 사실 작아지면서 낮아진다. 게다가 왼쪽으로 뻗어 가면 갈수록 혈에서 더욱 멀어지기도 한다. 그러나 작고 얕아지면서 멀어진 왼쪽의 능선 뒤로는 멀리 높다란 산봉우리들이 좋은 모습을 하고 곳곳에서 허전한 배경을 채워 주고 있다. 그래서 아주 짜임이 좋은 구도로 탈바꿈을 한 것이다.

　전면의 사격들은 다양하기도 하다. 좌측으로는 구정승골 입구에서부터 보이던 예의 그 고축사가 우뚝 솟아 자태를 뽐낸다. 그러나 지나치게 먼 것이 좀 그렇다. 한가운데쯤에는 약간은 이지러진 **일자문성**一字文星과 깔끔하게 생긴 귀인봉이 눈에 쉽게 뜨인다. 오른쪽으로 천마사 가운데에 귀인봉이 솟은 **마상귀인봉**馬上貴人峰이 보인다. 말 등에 올라탄 귀인을 닮은 고운 자태이다.

　이곳은 전체적으로 보아, 대체로 편안하고 단아한 사격이다. 그리고 뜯어 보면 봉우리가 삼각꼴인 목성체木星體, 평평한 토성체土星體, 둥그스름한 금성체金星體가 골고루 섞여 있는 곳이다. 순식간에 발복하는 화성체火星體나 변화무쌍한 수성체水星體가 보이지 않는 곳이다. 그래서 두루두루 모난 데가 없이 다 좋은 곳이다. 특별한 부귀와 권력은 양보했지만, 아쉬울 것도 모자랄 것도 없이 넉넉하고 편안한 보국이다.

묘소의 향은 손좌건향巽坐乾向으로, 물은 좌에서 우로 흐르는 우수도좌右水到左에 신술파辛戌破이다. 이는 자생향自生向에 속하는 대단히 좋은 향이다.

자생향은 물이 우수도좌하여야 하며, 정미파丁未破에 곤신향坤申向이거나, 신술파辛戌破에 건해향乾亥向, 계축파癸丑破에 간인향艮寅向, 을진파乙辰破에 손사향巽巳向이 이에 해당한다. 자생향은 고립무원의 어려운 지경에서도 살 길을 만나 스스로 일어서는 향이다. 아침에는 가난해도 저녁이면 곧 부를 이룰 정도로 발복이 매우 빠르고, 자손이 번창하며 부귀를 이룬다는 향이다.

이준경(1499~1572)의 자는 원길原吉, 호는 동고東皐이다. 어린 시절 갑자사화甲子士禍의 화를 입은 조부와 부친을 따라 충북 괴산에서 성장했는데, 중종반정 뒤 풀려나 황효헌黃孝獻·이연경李延慶에게 수학하였다. 뒤늦게 중종 26년(1531)에 문과에 급제하여 부수찬으로 등용되었다. 1533년 사경司經 벼슬을 지내면서 기묘사화 때 죄인으로 몰렸던 사람들의 무죄를 논했다가 김안로金安老의 미움을 사 파직되었다. 1537년 김안로가 처형된 뒤 다시 복직되어 직제학·대사성·한성부우윤 등등의 벼슬을 거쳐 형조참판이 되었다. 1545년 을사사화 때는 마침 평안도 관찰사로 나가 있어 다행히 화를 모면하였다. 그 후 병조판서가 되었는데, 당대의 권력자 이기李芑의 벼슬 청탁을 거절했다가 모함을 받아 보은에 유배되었다. 이듬해 이기가 파직되자 다시 등용되어 지중추부사·전라도순찰사·우찬성 겸 병조판서 등등의

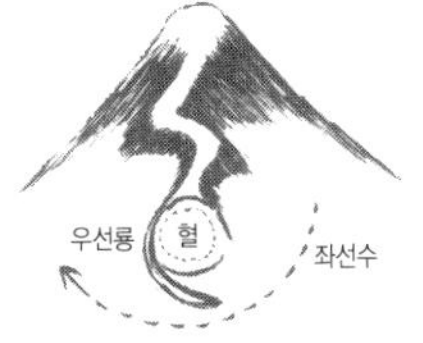

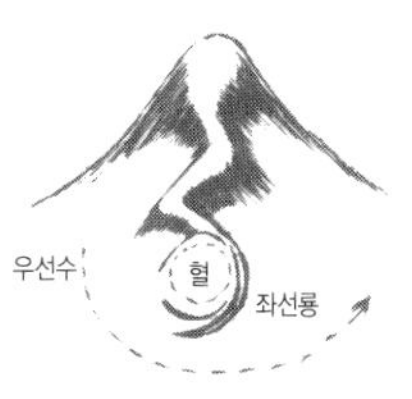

천마사(天馬砂) : 말의 어깨에서 엉덩이 부분을 잇는 말 등처럼 부드럽게 오르내린 물결 모양의 능선을 가리킴.

일사문성(一字文星) : 산 정상이 일(一)자 모양으로 평평한 것.

마상귀인봉(馬上貴人峰) : 천마사 위에 귀인봉이 있어, 말을 타고 있는 모양.

내외직을 역임하고, 우의정과 좌의정을 거쳐 1565년 영의정이 되었다. 선조가 즉위한 뒤에는 신진사류新進士類와 기존 사림 사이의 알력을 조정하다 신진사류의 표적이 되어, 기대승奇大升 등의 공격을 받고 스스로 사임하였다. 선생은 죽음을 앞두고 붕당朋黨 정치의 대두를 예언하여 많은 이들의 규탄을 받았지만, 얼마 뒤 선생의 우려대로 동서분당東西分黨이 도래하였다.

이곳에 자리를 잡은 이는 바로 이곳의 주인 동고 선생이라고 한다. 그는 한미하던 문중이 '오극자손' 때에 불같이 일어났지만, '오극자손' 중에 막내 이극균이 연산군의 학정에 마주 서서 여러 차례 간언도 하고 비판도 하다가 미움을 받게 되어, 마침내 극균은 물론 30명의 광주 이씨들이 처형되고, 무려 200명에 가까운 광주 이씨들이 귀양살이를 하고 박해를 받았던 사실을 잘 알고 있었다. 한음은 동고 선생보다 한 세대 뒤의 인물이다.

아무튼 동고 선생은 벼슬길의 험난함을 몸소 겪어 누구보다도 잘 알고 있는데다가, 당파 싸움의 싹을 미리 내다본 인물이었다. 그래서 선생은 후손들만은 넘치지 않으면서도 부족함 없이 편안하게 명철보신明哲保身하기를 바랐다. 이에 그럴 수 있을 만한 자리를 스스로 골라 이곳에 묻혔던 것이다.

그래서인지, 선생의 뒤를 이은 후손들 또한 대체로 모가 나지 않은데다 안손한 성품이었다고 한다. 그 결과 한음 선생을 제외하고는 광주 이씨 집안에서 남보다 특출한 인물이 더 이상 나오지 않았지만, 자손들은 별 탈 없이 번성하여 오늘에 이르렀다는 문중의 얘기이다. 그런데 한편으로는 광주 이씨들이 당색黨色으로 따져 정치적으로 소외되고 핍박받던 남인의 계보에 속한 탓이기도 하였다.

결론적으로, 이곳은 '만대영화지지萬代榮華之地'라고 이를 만한 자리이다. 자손들이 별 탈 없이 무난한 삶을 살아갈 수 있는 자리이다. 거창한 부귀영화가 꼭 뒤따

 》》가는 길

한음 선생의 묘소에서 조금만 내려오면, 이준경 선생의 묘역 안내판이 나타난다. 행정구역으로는 양서면 부용리이다. 양수리버스터미널에서 목왕리 방향으로 대략 2.6km쯤 되는 곳이다. 안내판에 따라 산기슭으로 250m 정도 올라가면 묘역이 나타난다.

르지는 않을지라도, 험난한 세파를 피해 안분자족安分自足
하며 태평스럽게 천수天壽를 누릴 수 있는 그런 자리이다.

　이곳에도 약점은 있다. 우선 안산이 약간은 불분명하다
는 점이다. 그리고 안산 상단부의 좌측 지맥이 우측으로
흐르면서 혈을 밀어 내는 모양새를 하고 있다. 이는 부인
이 오른팔을 들어 남편을 밀어 내는 형국이다. 여인들의
극성과 그로 인한 소란이 다소 근심스럽다.

　선생의 비는 극히 단촐하고 검소한데, 비의 뒷면이 여
덟 글자 밖에 없어서 좀 이상하다. 비문의 뒷면은 “道德功
烈昭見國史(도덕공렬소현국사)” 단 여덟 글자뿐이었다. 그
러나 새겨 보면 이 얼마나 자랑스런 표현인가?

　먼저 비문을 번역하면, ‘도덕으로 세운 공렬이 우리 역
사에 밝게 드러났다’ 는 뜻이다. 그런데 옛사람들은 역사에
영원한 이름을 남기는 방법은 세 가지라고 하여, 이를 ‘삼
불후三不朽’ 라고 통칭하였다. ‘삼불후’ 는 덕행德行·공업
功業·문장文章으로 나뉜다. 덕행은 도덕군자로 세상의 거
울이 되는 일이오, 공업은 나라에 큰 공을 세우는 일이며,
문장은 좋은 글로 한 세상을 이끄는 것을 말한다. 이 가운
데 최고로 치는 것이 덕행이니, 극도로 짧은 이 비문의 여
덟 글자는 참으로 자랑스런 표현이라 히겠다. 제 아무리
길고 멋들어지게 쓴 비문이라 할지라도, 단 여덟 글자로
남은 이 비문의 내용을 결코 따라올 수는 없을 것이다.

　내려오는 길에 생각하니, 역시 대단한 광주 이씨들이
다. 삼불후 가운데 문장은 진작에 둔촌 선생이, 덕행은 동
고 선생이, 그리고 공업은 뒷날의 한음 선생이 차지하였으
니, 광주 이씨 일문에서 삼불후가 모두 나왔다는 자부심이
이 여덟 글자 속에 슬그머니 숨어 있는 것이다 ■

5. 새로 조성된 정창손 묘소

사람은 누구나 어떻게 한 세상을 살아갈 것인가 고민을 하기 마련이다. 나 역시 예외가 아니지만, 답사기를 쓰면서부터 그런 생각이 더욱 자주 든다. 동고 선생처럼 역사에 아름다운 이름을 남기는 것도 하나의 삶의 방편이다. 그리고 동고 선생의 유훈遺訓처럼 이름을 남기지 않고 조용히 한 세상을 살다가 가는 것도 한 방편이다. 어느 쪽이 더 옳은 것일까? 정창손의 묘소를 찾아가는 내 머릿속에 새삼 떠오른 문제였다.

정창손鄭昌孫(1402~1487)은 생전에 조선시대 최고의 벼슬인 영의정을 두 번씩이나 지냈으며, 공신功臣의 반열에 오른 인물이다. 게다가 문장과 서예에도 뛰어난 재주를 가지고 있었다고 한다. 그러나 사후에 부관참시剖棺斬屍되어 두 번을 죽었다가, 뒷날 다시 신원되어 청백리에 오른 인물이다.

그가 우리의 역사에서 부정적인 인물로 비추어지게 된 것은 크게 다음의 세 가지 이유 때문이다.

첫째, 한글의 창제를 반대했다. 그는 세종 26년(1444) 집현전에서 응교應敎로 재직중 최만리崔萬里·신석조辛碩祖와 함께 한글 제정을 반대하다가 파직, 투옥된 바 있다.

둘째, 단종의 복위 거사를 밀고했다. 그는 자신의 사위였던 김질金礩을 통해 얻은 정보를 고변하여, 성삼문成三問을 위시한 사육신死六臣을 형장의 이슬로 사라지

게 하였고, 뜻있는 선비들을 초야로 내몰았다.

셋째, 유자광柳子光의 모함으로 투옥된 남이南怡 장군의 결백을 밝히지 않고, 자신의 정치적 득실만을 계산해 역모로 몰았다. 게다가 이 일로 공로를 인정받아 자신은 익대공신翊戴功臣에 올랐다.

❶❷ 정창손 묘
❸ 동래 정씨 조상들을 모신 단

이곳은 동래東萊 정씨鄭氏들이 1970년에 조성한 아주 큰 묘역이다. 본래는 광주군에 속했다가 지금은 서울의 방이동으로 행정구역이 개편된 지역 일대에 소재했었는데, 서울의 도시 개발이 진행됨에 따라 할 수 없이 자리를 내주고 이곳으로 옮겨 온 것이다.

묘역의 입구인 아래쪽에는, 묘소를 잃은 선대의 조상들을 모시기 위해 설치한 단壇들이 횡으로 늘어섰다. 모두 네 군데로, 단마다에는 해당하는 분들의 이름 뒤에 '망제지위望祭之位' 라고 쓰여 있다. 그리고 단 위쪽으로 대여섯 기의 봉분들이 자리를 잡았는데, 가장 윗쪽은 정창손이 차지했다.

봉분들 앞에는 옛스런 석물石物과 새로 세운 비들이 뒤섞여서 그다지 좋은 그림이 되질 않는다. 풍상에 닳고 이끼에 덮인 고풍의 석물들 사이에 낀 번듯한 새 비들이 영 편치가 않다.

　　전방을 바라보니, 예의 그 고축사가 안산이 되어 치솟았다. 주변의 사격砂格들도 일견에는 그럴 듯한 모양이다. 그러나 따져 보면, 이곳은 진혈처가 아니다. 가화假花이다.

　　먼저 용맥이 없다. 이곳은 좌측으로 내려간 용맥의 몸통을 받쳐 주는 곁가지인 **요도지각**橈棹枝脚에 터를 잡은 것이다. 요도지각은 정기를 품은 주맥이 아닌 곁가지이니, 혈을 맺지 못하는 게 상례이다.

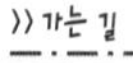 정창손 묘 앞의 고축사

　　그리고 주변의 사격들도 희한하게 생겼다. 능선의 흐름만을 보면 거의가 이 묘역을 다정하게 감싸 준 듯하지만, 시선을 낮추어 평지와 맞닿는 와지선臥地線을 보면 하나같이 묘역을 등지고 있다. 특히 산자락의 끝단을 보면 모두 다른 쪽을 보고 내밀었다.

　　물길 또한 반배反背를 하고 있다. 이 묘역을 향해 둥글게 감싸 준 모양새가 아니라, 나 몰라라 무정하게 등을 보이며 제 갈 길을 가고 있다. 기를 모아 주는 것이 아니라 흩트리는 형국이다.

　　아울러 명당도 없을 뿐더러, 시선도 답답하다. 앞쪽의 좌우가 꽉 막힌 탓이다.

　　풍수학에서는 이런 곳을 가화라고 부른다. 얼핏 보면 그럴 듯하지만, 따져 보면 결코 혈이 되지 못하는 자리를 그렇게 부른다. 모양새가 꽃은 꽃이로되 자세히 살펴보면 생기가 전혀 없는 조화造花라는 것이다.

　　내려오는 길에 보니, 어느 봉분 곁이던가 철을 잊은 제비꽃이 단 한 송이의 꽃을 피우고 서 있었다. 기우는 가을 햇살에 처연한 보랏빛이었다 ▪

》가는 길

　이준경의 묘소에서 아래쪽으로 1km 가량 내려오면 안내판이 친절하다. 양수리버스터미널에서 목왕리 방향으로 1.5km 가량 떨어진 곳이다.

풍수 기인 남사고

조선 중기의 학자인 남사고南師古는 본관이 영양英陽이고, 호는 격암格庵이다. 그는 역학, 풍수, 천문, 복서, 관상의 비결에 도통하여 많은 예언을 하였는데, 모두 들어맞았다고 한다. 특히 그는 풍수지리학에 조예가 깊어, 전국의 명산을 찾아다니며 많은 일화를 남겼다. 문집으로는 『격암일고格庵逸稿』가 있다.

남사고가 묘결妙訣을 얻은 데에는 진위를 가릴 수 없는 다음의 일화가 하나 전해온다.

≋**요도지각**(橈棹枝脚) : 물살을 헤치고 나아가는 배의 노처럼, 용의 진행 방향에 따라 몸통의 좌우에서 앞으로 뻗은 작은 지맥.

그가 어린 시절 서당에 다닐 때다. 언젠가부터 그는 별다른 이유 없이 자꾸 야위어 갔다. 이를 이상히 여긴 훈장이 까닭을 묻자, 서당에 올 때마다 여우목 고개에서 예쁜 여자가 나타나 입맞춤을 하자면서 자신을 희롱한다고 하였다. 그런데 그 묘령의 여자는 입맞춤을 할 때마다 입 속에 구슬을 가지고 논다고 하였다. 훈장은 여우가 여자로 둔갑한 것임을 알고, 추후에 다시 입맞춤을 할 때면 여자 입 속의 구슬을 빼앗아 삼킨 다음, 얼른 도망치라고 일러주었다. 다음날 남사고는 또 예쁜 여자가 입맞춤을 하자면서 따라오자, 스승이 시킨 대로 얼른 여자 입 안의 구슬을 빼앗아 삼키고 도망치기 시작했다. 깜짝 놀란 처녀가 구슬을 내놓으라고 뒤쫓아오자, 남사고는 너무 당황한 나머지 땅에 넘어지고 말았다. 그러자 처녀는 늙은 여우로 변해, 슬피 울다가 되돌아갔다. 허겁지겁 서당에 온 남사고를 본 훈장은 넘어질 때 어디를 제일 먼저 보았냐고 물었다. 이에 남사고는 땅을 제일 먼저 보았다고 대답하였다. 그러자 훈장은 길게 탄식을 하면서, "아깝구나! 넘어질 때 하늘을 먼저 보았더라면 천문에 능했을 텐데, 땅을 먼저 보았으니 너는 지관으로 머물겠구나" 하였다 한다.

6. 마현의 ‘여유당’과 다산 선생 묘소

양수리로 내려온 버스가 ‘용늪’을 지나 양수교를 건넌다. 다산茶山 정약용丁若鏞 (1762~1836) 선생의 생가와 묘소를 찾기 위해서이다. 표지판을 따라 좌회전한 버스가 마현馬峴을 넘는다. 멀리 한강 물의 번득임에 다시 눈이 부시고, 이제는 유적지로 잘 단장된 선생의 생가가 물가에서 자태를 드러낸다.

내게는 다산 선생하면 꼭 떠오르는 시가 한 편 있다.「애절양哀絶陽」이란 작품인데, 참담하고도 처절했던 조선 후기의 현실을 아주 리얼하게 그린 내용이다.「애절양」이란 ‘생식기를 자른 것을 슬퍼한다’는 뜻이다. 이 시는『목민심서牧民心書』에 수록되어 있는데, 먼저 작시의 배경을 살펴보자.

이 작품은 청나라의 연호가 가경嘉慶이던 계해년(1803) 가을에 내가 강진에 있으면서 지었다. 이때 갈밭 마을 백성이 아이를 낳은 지 3일밖에 아니 되었는데, 그 아이 이름이 군보軍保에 등재되어 이정里丁이 소를 빼앗아 갔다. 그러자 백성은 칼을 뽑아 스스로 자신의 생식기를 자르고 말하기를, “내가 이 물건 때문에 이런 곤궁과 횡액을 받았구나!” 하였다. 그러자 그의 아낙이 잘린 그걸 들고 관아의 문에 이르렀는데, 그때까지 피가 뚝뚝 떨어졌다고 한다. 아낙은 한편으로 곡을 하고 한편으로 하소연을 하였는데, 문지기가 그녀를 막았다는 것이다. 나는 이 이야기를 듣고 이 시를 지었다.

임·병 양난을 겪고 난 조선 후기 정부의 재정은 궁핍하기 그지없었다. 백성들의 삶 또한 고난의 역사 바퀴 아래 가난하고도 모진 삶을 이어 가고 있었다. 이 시기 조선 정부의 난맥상과 부정은 흔히 삼정三政의 문란으로 요약되는데, 이 가운데 가장 극심한 것이 군정軍政의 문란이었다.

황구첨정黃口添丁·백골징포白骨徵布 등등으로 표현되는 군정의 문란은 백성들의 삶을 피폐할 대로 피폐하게 몰아갔고, 이 학정에 견디지 못한 백성 하나가 마침내는 자신의 생식기를 잘랐다. 태어난 지 삼일밖에 되지 않는 갓난아이의 이름을 군포 납부의 대상자 명부에 올린 뒤, 이를 핑계로 소를 앗아가자 가혹하고도 통한스러운 현실에 격분한 백성 하나가 있을 수 없는 일을 저지른 것이다. 처참한 조선 후기의 현실이 이 사건을 통해 적나라하게 그 단면을 드러내자, 다산 선생은 붓끝을 달렸다. 작품의 전반부만을 소개하도록 한다.

○ 다산 정약용

갈밭 마을 젊은 아낙
곡소리 길고 긴데
관청 향해 곡하다가
하늘 향해 울부짖었다.

"전쟁 나가 죽는 일은
있을 수 있다지만
그러나 자고로 제 손으로
그걸 자른 사낸 없었는데,

시아버지 벌써 죽고
갓난 것 배냇물도 안 씻었는데
남편까지 세 사람 이름으로
군포를 바치라고 해,

관에 가 하소연하려 해도
호랑이 문지기가 막더니만
이정이 악을 쓰고
우리 소를 뺏어 가서,

칼 갈아 방에 든 그이가
방바닥을 피바다로 만들고는
'애 낳아서 이런 꼴 당했어!'
울며 한탄하더라구….”
-하략-

우리의 통념으로 비추어 이 작품은 참으로 충격적인 내용을 지니고 있다. 나아가 현대의 참여시 계열 작품으로도 상상조차 안 되는 처절하고도 슬픈 내용이다. 바로 이런 극한 상황이 다산이 살던 시대상이었다.

대부분의 당시 지배 계층이 서로 내 책임이 아니다 하면서 발뺌하던 시기에, 다

>> 가는 길

경기도 남양주시 조안면 능내리 마현마을에 있다. 서울에서 망우리 고개를 넘어 구리 도농삼거리에서 우회전하여 덕소를 지나거나, 올림픽대로를 타고 미사리를 지나 팔당대교를 건너 양평 쪽으로 가다 보면, 우측으로 팔당댐에서 양수리로 가는 2차선 45번 도로가 나온다. 팔당댐에서 양수리 쪽으로 약 2.8㎞를 가다 보면, 능내리에 한확 선생 묘가 좌측에 있고, 조금 더 가면 철교가 보인다. 철교 아래를 지나자마자 '다산 정약용 선생 유적지 1.2㎞'라고 쓰인 표지판이 나오는데, 여기서 오른쪽으로 들어가면 다산마을이라고도 불리는 마현리다. 또는 중부고속도로 광주IC로 나와 팔당댐을 건너 마현마을로 진입한다.

산은 그 애달픈 현실을 냉엄하게 받아들여 사실적인 시로 형상화하였다. 자신이 살아가던 서러운 시대를 시라는 증거물로 남겼다. 나아가 백성들의 아픔과 한을 자신의 문제로 받아들여, 이를 해결하려고 나섰다. 그러나 긴 세월에 걸친 정치적인 좌절이 또 그의 답답한 현실이었다. 그러나 그는 유배라는 자신의 한계를 뛰어넘어, 지치지 않는 자세로 현실 타개책을 끊임없이 모색하고 제시하였다. 고난과 질곡의 시대를 살아가던 몰락한 지식인이었지만, 세상을 버리는 날까지 새파란 눈을 뜨고 민족의 갈 길을 제시하던 선지자였던 것이다.

솔직히 다산 선생은 내가 존경하는 인물의 한 분이다. 그래서 나는 선생과 관련된 이 부분을 앞에 두고 열흘이 넘게 한 글지도 쓰질 못했다. 무일 어떻게 써야 할지 엄두가 나질 않아시였다. 페을 잡으면 왠지 나른한 무력감이 물밀듯이 밀려왔다. 그래서 나는 결국 정 선생의 신세를 지기로 하였다. 전화를 통해 내 고민을 들은 정 선생은 고맙게도 흔쾌히 허락을 해 주었다.

다음은 정 선생이 홈페이지에 올렸던 글이다. 다만 내가 몇 군데 문맥을 다듬고, 필요에 따라 설명을 덧붙였음을 밝혀 둔다.

조선 후기에 실학을 집대성하여 불멸의 업적을 남긴 위

대한 사상가이며 학자인 다산 정약용 선생의 생가와 묘는 경기도 남양주시 조안면 능내리 마현 마을에 있다. 서울에서 망우리 고개를 넘어 구리 도농 삼거리에서 우회전하여 덕소를 지나거나, 올림픽대로를 타고 미사리를 지나 팔당대교를 건너 양평 쪽으로 가다 보면, 우측으로 팔당댐에서 양수리로 가는 45번 도로가 나온다. 팔당댐에서 양수리 쪽으로 약 2.8㎞를 가다 보면, 능내리에 한확 선생 묘가 좌측에 있고, 조금 더 가면 철교가 보인다. 철교 아래를 지나자마자 '다산 정약용 선생 유적지 1.2㎞'라고 쓰인 표지판이 나오는데, 여기서 오른쪽으로 들어가면 다산 마을이라고도 불리는 마현리다.

담장을 두르고 새롭게 단장한 넓은 유적지의 오른쪽에는 생가 여유당與猶堂과 사당이 있고, 왼쪽에는 기념관이 있다. 여유당은 마음가짐과 행동을 조심하라는 깨우침을 담은 당호堂號이다. 기념관 옆으로 난 돌계단을 오르면, 다산 정약용 선생과 부인 풍산豐山 홍씨洪氏 합장 묘가 팔당호를 굽어보고 있다. 묘 앞에 한눈으로 보이는 팔당호는 경관이 수려한 곳으로, 주말이면 가족 나들이와 연인들의 데이트 장소로 유명하다.

묘역에 서면, 북한강과 남한강의 두 물줄기가 양수리에서 하나로 합수하여 흐르는 한강이 마치 손에 잡힐 듯 아름답게 펼쳐진다. 다산 선생이 태어나고 죽어 몸을 누인 이곳은 선생께서 18년이라는 긴 귀양살이에서 돌아와 강변을 거닐며 묵상을 하는 등 유유자적하게 만년을 보낸 곳이다.

다산 선생의 본관은 나주羅州다. 신라 때 당나라 조정의 대양군大陽君 정덕성丁德盛이 우리나라 서해 남부에 있는 압해도押海島에 유배된 후 사면되었으나, 돌아가지 않고 신라에 귀화하여 정씨丁氏의 시조가 되었다고 한다. 나주 정씨는 조선 숙종과 경종 때까지만 해도 압해押海로 관향을 써오다가 압해가 나주로 부속되자, 그들도 관향을 나주로 바꾸었다.

나주 정씨는 문행과 학덕으로 나라 안에 널리 이름을 날렸는데, 적은 수의 씨족임에도 문과 급제자가 64명이나 나왔고, 9대에 걸쳐 홍문관과 예문관 학자가 배출되었다. 조선조에 9대 옥당玉堂이 나온 집안은 나주 정씨뿐이다. 이를 보고 정조는 "옥당은 정가지세전물丁家之世傳物이로고" 했는데, 이를 풀이하면 문필을 관장하는 홍문관은 정씨 집안이 대대로 전하며 독차지한다는 내용이다.

○ 다산 정약용 선생 묘

　다산 선생은 영조 38년(1762) 아버지 재원載遠과 어머니 해남海南 윤씨尹氏 사이에서 넷째 아들로 이곳에서 태어났다. 그가 태어나던 해는 사도세자가 끔찍한 죽음을 당하는 사건이 일어나는 등 민심이 흉흉하던 시절로, 아버지가 벼슬을 버리고 낙향해 있을 때다. 위로는 이복형 약현若鉉과 동복형 약전若銓, 약종若鍾이 있는데, 이들 또한 문한文翰으로 세상에 널리 알려진 인물들이다.

　약현은 조선 천주교사상 최초의 영세자領洗者인 이승훈 신부의 처남으로 세례를 받았고, 약전은 왕명으로 『영남인물고嶺南人物考』를 편찬하였으나 천주교에 입교하여 전교에 힘쓰다가 신유박해 때 흑산도에 유배되었다. 그는 유배지에서 『자산어보玆山魚譜』 등 여러 책을 저술하다 그곳에서 죽었다. 약종 역시 천주교에 입교하여 우리나라 최초의 천주교 회장으로 진교에 힘쓰다가 신유사옥 때 처형당하였다.

　다산은 어려서부터 재능이 뛰어나고 글 읽기와 학문을 좋아하여 부친에게서 글을 배웠다. 16세 때 아버지가 호조좌랑에 임명되어 서울에 이사를 했는데, 22세 때 생원에 합격하여 오늘날의 국립대학인 태학太學(성균관)에 들어갔다. 28세 때인 정조 17년(1789)에 전시殿試에 급제하여 예문관 검열이 되었다. 그는 새로운 학문으로 유입된 서학 곧 천주교에 관심을 가지게 되면서 실학實學에 눈뜨게 되었고, 정치와 경제적인 측면에서 실학 정신을 응용하여 그릇된 현실을 개선하려 하였다. 이러한 노력은 화성華城 축성을 비롯한 정조시대에 빛나는 업적을 쌓는 데 기여한 바가 크다.

정조의 특별한 사랑을 받던 다산은 서학을 믿는 신서파信西派로 분류돼 벽파闢派의 공격을 받아 충청도 해미로 유배를 당한다. 그러나 그를 아끼는 정조의 배려로 열흘 만에 풀려나 충청도 금정찰방, 황해도 곡산부사 등으로 나가 반대파의 화살을 피하게 되었다. 40세가 되던 해인 1800년 다산을 아끼던 정조가 세상을 뜨고 11세의 어린 순조가 즉위하자, 벽파는 천주교 대 탄압 사건인 신유사옥을 일으켜 천주교에 관련된 인사들을 대량 검거하였다. 이때 많은 사람들이 옥사하거나 처형과 유배를 당했는데 다산 3형제도 붙잡혀 약종은 처형을 당하고, 약전은 흑산도로, 약용은 전라도 강진으로 유배되었다.

북풍한설이 몰아치는 겨울날인 순조 1년(1800) 11월 강진에 도착한 다산은 장장 18년 동안 긴 유배 생활에 들어갔다. 처음에는 강진읍 동문 밖 허름한 주막집에 기거하면서 주막 뒷방에 사의재四宜齋라는 당호堂號를 붙이고 마을 아이들을 모아 글을 가르치면서 4년 동안을 보냈다. 그 후 보은산 고성암과 제자 집에서 4년을 더 보낸 다음 만덕산 남쪽 자락에 있는 귤동 마을로 갔다.

귤동 마을은 다산의 외가인 해남 윤씨 집안의 터잡이 땅이다. 다산의 외증조부는 고산孤山 윤선도尹善道의 증손자인 공재恭齋 윤두서尹斗緖로, 그는 조선의 삼재三齋로 일컬어지던 당대의 유명한 화가였다. 삼재는 현재玄齋 심사정沈師正, 겸재謙齋 정선鄭歚, 그리고 공재를 가리킨다. 다산은 귤동 마을 뒤 다산 기슭에 초당을 짓고 거처를 하였는데, 호를 사암俟庵에서 이곳의 지명인 다산茶山으로 바꾸었다.

다산은 이곳에서 만덕산 백련사 스님인 혜장, 초의 스님과 차와 선禪을 통해 승속을 초월한 교유를 하면서, 제자들을 가르치고 학문 연구와 저작에 몰두하였다. 그리고 외가를 드나들며 그곳에 소장되어 있었던 경제서와 실용서 등 수 많은 책을 탐독했다. 다산이 철학, 정치, 경제, 법률, 음악, 국방, 언어학, 지리학, 역사, 천문 등 500여 권의 책을 저술할 수 있었던 것은 그 장서들을 탐독할 수 있었기에 가능한 일이었다.

다산의 대표적 저서 중 『목민심서』는 인간의 존엄성과 평등성을 중시한 인본주

의 사상이 가득 담긴 책으로 다산의 정치, 경제, 사상의 집합체이며 반계磻溪 유형원柳馨遠 (1622~1673)과 성호星湖 이익李漢(1629~1690)의 실학사상을 집대성한 불후의 명저로써, 오늘날까지 우리에게 유익한 지침서가 되고 있다.

순조 18년(1818)에 18년간의 귀양살이에서 풀렸을 때, 다산은 57세의 노인으로 이곳 마현 생가에 돌아왔다. 생가에는 백형 약현만 남아 있을 뿐, 부모나 형제도 모두 세상을 떠나고 집안은 쇠락해 있었다.

그 후 다산은 몇 차례 조정의 부름이 있었지만, 다시는 벼슬길에 나가지 않았다. 다산은 저술과 묵상의 일과 속에서 인근의 학자들과 교유하며 조용히 18년을 더 살다가, 헌종 1년 (1835) 2월 22일 향년 74세로 세상을 떠났다. 그는 운명하기 전 두 아들 학연學淵과 학유學遊 에게 검소하고 간소하게 장례를 치르도록 하고, 너희들은 결코 벼슬길에 나서지 말라고 유언하였다.

○○ 다산 초당과 현판
○ 초의 스님

그런데 다산은 실학자로서 풍수지리의 폐단을 비판하면서 풍수 부정론을 폈다. 조선 중기 이후 풍수지리는 양택보다는 음택에 치중하면서 오직 명당을 찾아 부모를 묻고 부귀영달하려는 이기적인 분위기가 팽배해졌다. 그만큼 묘지를 둘러싼 폐단도 많아져, 남의 소유지에 몰래 시체를 묻는 암장暗葬과 투장偸葬을 비롯하여 권세를 업고 남의 묘지를 강제로 뺏는 일이 성행하였으며, 이장의 성행으로 경제적인 부담도 막중하였다.

이에 다산은 죽은 사람의 뼈가 기운을 얻어 후손에게

음덕을 준다는 것은 근거 없는 미신에 불과하다고 주장하였다.

> "죽은 사람의 뼈는 썩어서 아픔도 가려움도 모르고 오랜 세월 겪으면 흙이나 먼지로 변하거늘, 어찌 생존한 사람과 서로 느낌을 통하여 화복을 전할 수 있겠는가?"

하면서 풍수지리에 현혹되어서는 안 된다고 강조하였다. 또 풍수의 성행으로 산에서뿐만 아니라 농사지어야 할 양전옥토良田沃土까지도 묘지로 만들어 날로 토지가 줄어든다고 지적하였다.

풍수지리를 부정했던 다산 선생 묘의 주산은 예봉산이다. 한북정맥이 서울로 향하는 도중에 포천 운악산(935.5m)에서 수원산으로 넘어가기 전 동쪽으로 산맥을 뻗어 주금산(813.6m)을 만든다. 여기서 철마산(711m), 천마산(812.4m), 마치고개, 백봉(589.9m), 수리넘어고개, 먹치고개, 갑산, 적갑산을 거쳐 한강을 바라보고 예봉산(879m)을 기봉한다.

예봉산에서 내려온 주룡은 팔당 천주교 공원묘지 뒷산을 만들고, 동쪽으로 방향을 바꾸어 봉덕암 암자가 있는 202.8m의 봉우리를 다시 기봉한다. 여기서 크게 낙맥한 주룡은 개장천심과 과협, 요도지각, 박환, 기복 등의 기세 있는 변화를 하면서 행룡하여 능내 마을에 있는 한확의 묘에 혈을 결지한다. 한확 묘의 현무봉에서 개장한 청룡이 길게 뻗쳐 한확의 묘혈을 보호하기 위하여 팔당호까지 내려가는데, 이 청룡 줄기가 다산 묘에서는 주룡이 되었다.

만약 이 능선이 혈을 결지하려면, 수려하고 단정한 봉우리를 기봉하고 좌우로 청룡과 백호를 뻗어 혈을 감싸주도록 해서 보국保局을 만들어야 하는데, 아무런 변화가 없다. 묘 뒤로 난 능선을 따라가 보면 용이 일자로 축 늘어져 마치 죽은 뱀과 같다. 더 가다 보면 결인속기처 비슷하게 잘록한 부분이 있는데, 자세히 살펴보면 기를 묶어 주는 결인속기처가 아니고 맥이 끊어진 곳이다. 이러한 용을 절룡絕龍 또는 사룡死龍이라고 하는데, 절대로 혈을 결지하지 못한다.

다산 묘에서 보면, 좌우측에 청룡과 백호가 있는 것 같아도 그 끝이 묘를 향하여 감싸 주지 못하고 밖으로 향하여 혈을 배반했다. 특히 청룡 능선 끝에는 날카롭고 뾰족한 능선이 묘의 옆구리를 향하여 찌르는 형상이 되었다. 이를 능침살陵寢殺이라고도 하는 청룡찬회靑龍鑽懷로서, 인상재패人傷財敗가 우려되는 매우 흉한 살이다. '청룡찬회'란 청룡이 날카로운 끝 모양으로 한가운데 가슴을 찌르는 형국을 말한다.

주변은 낮은 지대임에도 묘지가 있는 곳은 높게 느껴지며, 골짜기 또한 깊게 느껴진다. 이러한 곳을 산고곡심山高谷深이라고 하는데, 혈의 결지가 불가능한 지형의 하나이다. 다산 생가 역시 경관은 수려하나 주룡이 허약하여 지기地氣를 받지 못하고, 청룡과 백호가 배반해 집을 보호해 주지 못하므로 물과 바람의 침범을 받는 곳이다. 그리고 지도를 펴 놓고 보면, 북한강이 일직선으로 뻗어 다산 묘와 생가가 있는 곳을 긴 창으로 찌르는 형상을 하고 있다. 이것은 매우 흉한 것으로 수살水殺이라고 한다. 실제로 지금의 다산 생가는 1925년 여름 홍수로 모두 무너지고 떠내려가 다시 복원한 것이다.

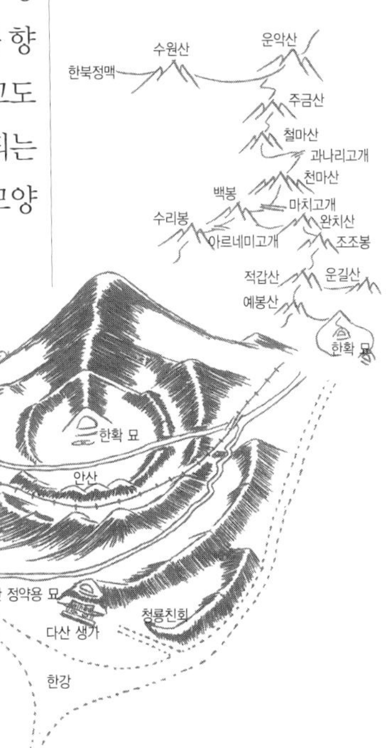

'실학자로서 실용주의적 학문을 추구했던 다산이 왜 미신적 요소로만 풍수지리를 대하고 부정했을까? 풍수지리의 진정한 의의는 존재하는 자연지리의 요건을 인간 생활에 유용하게 활용하는 가장 실학적인 것임에도 왜 이를 간과했을까? 하는 의문과 아쉬움이 생긴다. 다산과 다산 형제들이 탁월한 재주와 능력에도 불구하고 온갖 고통과 수난을 당한 것은 생가 터와 무관하지 않다는 생각이 든다 ■

7. 모란반개형의 한확 선생 묘소

45번 도로로 빠져 나온 버스가 팔당댐을 향해 1km 남짓 진행하다가, 우측의 커다란 묘역을 보고 몸을 세운다. 조선 성종의 외조부이자, 명나라 성조成祖의 처남이었던 한확韓確 선생을 모신 곳이다. 여느 왕릉 못지않게 꽤 넓은 공간을 차지한 묘역으로, 곡장曲墻만 두르지 않았을 뿐이다.

이 근방이 능내리로 불리게 된 배경은 바로 이 묘역에 있다. 워낙 큰 묘역이라서 누구나 쉬이 아는 탓에, 앞쪽 능선 자락의 마을을 부르기 쉽게 '능안 마을'이라고 칭하였던 것이다. 그 후 '능안'이 '능내陵內'로 바뀐 것이다.

입구에 들어서자, 보호각 안에 엄청나게 큰 어세겸魚世謙 찬撰의 신도비가 우리 일행을 압도한다. 선생 사후 39년 만이자 연산군 즉위 첫해인 1495년에 건립된 비이다. 그런데 신도비의 돌 빛이 허연한 게 특이하다 싶은데, 아니나 다를까? 중국에서 가져온 돌이란다.

선생의 큰누이는 명나라 성조의 후궁이 되었고, 작은 누이는 선종의 후궁이 되었다고 한다. 그런데 세조의 왕위 찬탈을 양위讓位란 명분으로 명나라를 설득하고 돌아오던 중 선생은 그만 사하포沙河浦에서 53세의 일기로 객사客死하고 말았단다. 이에 명나라에서는 처남 한확 선생의 죽음을 애도하여 빗돌을 하사하였다고 한다.

그런데 이 빗돌은 대략 높이 258cm, 폭 129cm, 두께 35cm로 매우 크고 무거워 우마로는 도저히 옮길 수가 없었던 까닭에, 급기야 코끼리 등에 실어 보냈다고 한다. 이때 우리나라에 들어온 코끼리는 양주군 은현면 용암리에 있는 선생의 부인 남양

한확 묘

南陽 홍씨洪氏의 묘소 옆에 묻혔다는 것이다. 덧붙여서 부인의 묘가 훨씬 좋은 대지大地인데, 그곳에도 이 신도비와 같은 크기에 같은 종류의 돌이 비가 되어 서 있다고 한다.

묘역에 오르면서 보니, 몇 겹의 하수사下水砂가 희미하게 좌에서 우로 흐르고 있다. 하수사 또한 이곳이 혈이라는 하나의 뚜렷한 증거인데, 백호 쪽이 더 발달하였다. 일견에 청룡보다 허술해 보이는 백호를 보완해 주는 모양새라서 순간 반가운 마음이 일었다. 묘 앞 중앙에는 긴 세월의 풍상에 찌들어 판독이 불가능한 고비古碑가 자리를 잡았고, 그 왼쪽에 1978년에 중수한 비가 새롭게 서 있다. 비석의 전면에는 다음과 같이 선생의 벼슬이 길게 나열되어 있다. 나로써도 처음 보는 아주 긴 비석의 전면인데, 명나라에서 받은 것과 우리나라에서 받은 벼슬이 함께 나열된 탓이다.

한확 선생 신도비와 비각

　　宣授奉議大夫光祿寺少卿 輸忠協贊衛社同德靖難功臣大匡輔國崇祿大夫議政府左議政兼領經事監春秋館事西原府院君贈諡襄節淸州韓公諱確之墓(선수봉의대부광록시소경 수충협찬위사동덕정난공신대광보국숭록대부의정부좌의정겸영경사감춘추관사 서원부원군증시양절청주한공휘확지묘)

본래는 띄어쓰기가 아니 된 비문인데, 내가 편의상 두

곳을 띄어 썼다. 띄어 쓴 앞부분은 명나라에서 하사받은 벼슬이다. 가운데 부분은 우리나라에서 하사받은 벼슬이고, 뒷부분은 선생의 봉호封號와 시호, 본관, 성명 등이다. 참고로, 봉호가 된 '서원西原'은 청주의 옛 이름이다.

청주 한씨의 기원은 멀리 고대로 소급된다. 중국 은殷나라의 신하였던 기자箕子가 단군조선을 무너뜨렸다. 기자의 후손들이 41대에 이르도록 929년 동안 나라를 다스렸는데, 후일 위만衛滿에게 쫓겨 남쪽으로 내려가 마한馬韓을 세우게 되었다. 그 후 마한이 백제에게 망하자, 망국의 세 왕자는 뿔뿔이 흩어졌다. 우평友平은 고구려로 귀의하여 북원北原 선우씨鮮于氏가 되었고, 우성友誠은 백제로 가 행주幸州 기씨奇氏가 되었으며, 우량友諒은 신라에 귀의하여 청주 한씨가 되었다. 그래서 이 세 성씨들은 지금도 한 핏줄이라고 해서 통혼을 하지 않고 있다.

시조 우량의 후손이며, 청주 한씨의 1세조가 된 한란韓蘭은 후삼국 시대의 인물이다. 그는 당시 청주의 방정리方井里에 무농평務農坪을 개척했던 큰 호족 세력으로써, 고려 태조 왕건이 후백제의 견훤을 토벌하러 이곳에 이르렀을 때 군량미를 풀어 힘을 보태 주었을 뿐 아니라, 일족을 거느리고 직접 참전하여 큰 공을 세우기도 하였다. 통일 후 왕건은 그에게 '삼중대광 문하태위 개국벽상공신三重大光 門下太衛 開國壁上功臣'을 서훈하였다. 청주 한씨는 고려조에 명인 14명을 배출하였으며, 조선조에는 정승 13명, 왕비 6명, 부마 4명, 공신 24명을 위시해 수많은 고관대작과 문인, 예술가를 배출하였다.

오늘날에는 여섯 개 파로 나뉘어진 청주 한씨가 조선의 명문가로 발돋움한 데에는 한명회韓明澮와 한확의 힘이 컸다. 정치적 기반을 마련한 사람은 역시 한명회였지만, 그는 생전이나 사후에도 고운 시선을 받지 못했다. 이에 반해, 아름다운 이름을 남긴 인물은 한확 선생이다.

>> 가는 길

경기도 남양주시 조안면 능내리에 있다. 서울에서 망우리 고개를 넘어 구리 도농삼거리에서 우회전하여 덕소를 지나거나, 올림픽대로를 타고 미사리를 지나 팔당대교를 건너 양평 쪽으로 가다 보면, 오른쪽으로 팔당댐에서 양수리로 가는 2차선 45번 국도가 나온다. 팔당댐에서 양수리 쪽으로 약 2.5km를 가면, 왼쪽에 한확 선생의 묘가 커다랗게 보인다.

사방을 둘러보니, 이곳이 **모란반개형**牧丹半開形의 명당임이 실감난다. 전후좌우로 둘린 산세들은 모두가 둥두렷한 모양으로 포진하였다. 작은 봉우리 하나하나가 반쯤 벌린 모란의 꽃잎이다. 만일 사방이 더 크고 벌어진 반원형의 봉우리로 둘렸다면, 이 곳은 모란만개형牧丹滿開形이 된다. 봉우리들이 만개한 꽃잎으로 달리 해석되기 때문이다.

모란의 별명은 '화왕花王'이다. 꽃나라 왕으로 불리는 모란은 풍성한 꽃잎과 화려한 빛깔로 인해 부귀영화를 상징하는 탓에, 문인화文人畵의 주된 소재가 되기도 한다. 나아가 풍수학에서도 모란형 명당은 부귀영화를 기약하는 길지로 여겨진다.

그런데 모란형 명당은 만개보다는 반개를 더 쳐 준다. 만개는 절정을 뜻하지만, 점차 시들어 가는 미래가 내다보이기 때문이다. 만개한 꽃잎은 시드는 일밖에 더 남아 있지 않은가? 그래서 앞날의 만개를 내다보는 반개 형상의 자리를 더 좋은 혈로 치는 것이다. 만개든 반개든 모란의 형상을 한 혈은 반드시 한가운데에 해당하는 화심花心에 자리를 잡아야 한다. 그리고 주변의 작고 둥근 산들이 봉긋봉긋 감싸고 있어야 진혈이 된다.

전방을 바라보니, 45번 국도기 명당을 빗기고 그 앞으로 경춘선 철로가 가로지른다. 백호는 한 줄기가 도로까지 내려갔고, 청룡은 왼쪽 순두부를 파는 식당 옆으로, 그 너머로 겹겹이 흘러내렸다. 그래서 청룡은 스스로 안산이 되었다.

그리고 도로와 철로 사이에 눈썹 모양을 한 아미사蛾眉砂의 자태가 썩 곱다. 좌측에서 감싸고 있는 청룡의 끝자락인 듯싶은데, 그만큼 명당을 포근하게 감싸고 있다. 명당은 평탄하고 원만한 모습으로, 밝고 깨끗하다.

도로까지 내려간 백호의 품안에 철조망이 둘러쳐진 비닐하우스가 보인다. 그 앞에 뾀락 말락 자그마한 연못이 몸을 숨기고 있는데, 이는 묘역을 감싸 주고 내려간 물기들이 모인 진응수眞應水이다. 예전에는 더 큰 모습이었는데 많이 줄어들었다고 한다.

이곳은 첩첩의 산줄기들이 먼 곳에서부터 감싸고 도는 매우 좋은 지형이다. 게다가 안산 뒤쪽의 한강 물까지 이곳을 품에 안고 흐르는 모양이다. 이렇게 보이지 않는 곳에서 혈을 감싸 주는 물줄기를 **암공수**暗拱水라고 한다. 이곳의 암공수는 곧 한강이니, 이는 아주 큰 물줄기인 대강수大江水에 해당한다. 대강수가 암공수로 되어 멀리 외부에서 혈을 보호해 주는 형세를 풍수학에서는 뛰어나게 좋은 길격吉格으로 친다.

그런데도 이곳이 천하의 대길지大吉地가 되지 못하는 이유는 단 하나, 용맥에 있다. 한북 정맥의 묘적산과 예봉산을 지나온 용은 이곳의 현무봉에 다다라 청룡과 백호로 팔을 벌린 뒤, 그 중심맥은 그대로 급하게 쏟아지듯 내려와 이곳에 혈을 맺었다. 그래서 기백 넘치는 장엄한 움직임을 보일 만한 거리를 전연 확보하지 못하고, 얼결에 혈을 맺고 만 것이다.

이곳은 자신의 능력보다는 주변의 도움과 협조를 많이 받는 자리이다. 그리고 전체적인 국세로 보아, 지손보다는 장손이 잘 되고, 딸보다는 아들들이 잘 풀릴 자리이다.

묘소의 향은 자좌오향子坐午向으로 정남향이다. 물은 좌에서 우로 흐르는 좌수도우左水到右로 물이 빠져나가는 파구破口 방위는 정미파丁未破이다. 이는 88향법 가운데 자왕향自旺向에 해당하는 향법이다.

자왕향은 좌수도우하고, 정미파丁未破에 정오향丁午向이거나 신술파辛戌破에 경유향庚酉向, 계축파癸丑破에 임자향壬子向, 을진파乙辰破에 갑묘향甲卯向이 여기에 속한다. 자손들이 번창해서 남자는 총명하고 여자는 수려하며 부귀와 장수를 불러온다는 훌륭한 향이다.

한확(1402~1456)의 자는 자유子柔이다. 호는 간이재簡易齋로, 군수郡守 영정永町의 아들이다. 그는 명나라 후궁이 된 누이를 따라 1417년 21세의 나이로 명나라에 들어가 광록시소경光祿寺少卿의 벼슬을 하사받았다. 이듬해 세종이 즉위하자, 그는 또 명나라로 들어가 태종의 부음訃音을 전하고 시호를 하사받아 돌아왔다. 그 후 경기도관찰사·이조판서·병조판서·함길도관찰사 등의 내외 요직을 역임하고 사은사謝恩使가 되어 명나라에 다녀오기도 하였다. 1453년에는 좌찬성으로 계유정난에 가담하여 서성부원군西城府院君에 봉해지고 정난일등공신이 되었다. 세조가 왕위에 오른 1455년에는 좌의정으로 서원부원군이 되어 명나라에 사은사로 갔다가 귀국 도중 병을 얻어 세상을 떴다.

한확의 딸 소혜왕후昭惠王后(1437~1504)는 세조의 원자였던 의경세자와 결혼하여 월산대군月山大君과 잘산군乻山君, 그리고 명숙공주明淑公主를 두었다. 의경세자가 약관 20세의 나이로 죽고, 그의 아우 해양대군海陽大君이 예종으로 등극하였지만 그 또한 1년 만에 승하하였다. 그러자 야심가였던 소혜왕후는 자신의 둘째 아늘인 잘산군이 성종으로 오르는 데 큰 역할을 하였다.

그리고 13세에 지나지 않았던 성종을 수렴청정하면서, 남편 의경세자를 덕종德宗으로 추존시켰고, 자신은 소혜왕후에 올랐다. 그리고는 국정에 막강한 영향력을 행사해서 성종의 비였던 폐비 윤씨尹氏에게 사약을 내려 뒷날 손자 연산군과 갈등을 빚었으며, 연산군 폭정의 보이지 않는 동기가 되었다. 그리고 부녀자들의 예의범절에 관한 내용을 지닌 『내훈內訓』을 남기기도 하였다 ■

특이하게도, 이 태조의 봉분은 다른 곳과 달리 잔디가 없다. 대신 억새풀로만 이불을 해 덮었다.

여기에 대해서는 두 가지 설이 전한다.

1. 왕릉의 개략적인 구조

오늘의 답산 지역은 조선 왕실이 남긴 가장 큰 '왕릉王陵'인 동구릉東九陵과 조선의 두 황제가 잠든 '황릉皇陵'인 홍유릉洪裕陵이 소재하고 있는 구리와 남양주 일대이다. 우연한 일이지만, 살펴보면 오늘의 일정은 상당히 흥미롭다. 원대한 꿈으로 조선 왕조를 연 태조 이성계와 일제의 침략으로 가슴 아프게 왕조를 마감한 순종純宗의 능이 오늘의 일정에 함께 잡혀 있다. 그리고 자칫 왕릉이 될 뻔했던 흔적과 사연을 지니고 있는 풍양豊陽 조씨趙氏 시조 조맹趙孟과 의령宜寧 남씨南氏 남재南在의 묘소도 일정에 함께 포함되어 있다. 이들에 관련된 자세한 이야기는 뒤에 가서 하기로 한다.

왕실의 묘제墓制에 따르면, 황제와 황후, 그리고 왕과 왕비의 무덤을 **능**陵이라 칭한다. 그리고 세자와 세자비, 왕의 아버지인 대원군의 무덤은 **원**園이라고 구분해 부른다. 대군, 공주, 옹주, 후궁, 귀인 등과 연산군이나 광해군처럼 대군으로 폐위, 격하된 왕과 왕비의 무덤은 **묘**墓라고 부른다.

왕실에서 국상國喪에 해당하는 상을 당하게 되면, 조정에서는 빈전도감殯殿都監과 국장도감國葬都監, 산릉도감山陵都監의 세 기관을 임시로 설치한다. 이 세 기관은 각각 장례일까지 빈전을 설치하고, 장례 절차를 관장하고, 봉분 조성과 부대 시설에 관한 일을 나누어 맡았다.

이때 산릉도감에서는 제일 먼저 전국적으로 유명한 풍수사를 뽑아 상지관相地官

으로 임명해서, 그로 하여금 도성을 중심으로 사방 백 리 안에 능역을 잡도록 하였다. 왕가의 성묘가 하루 만에 가능하도록 한 배려에서였는데, 그 결과 조선의 왕릉은 거의가 지금의 경기도를 벗어나지 못했다. 가장 멀리 떨어진 능으로는, 강원도 영월에 유배된 채 그곳에서 죽어 묻힌 단종의 장릉莊陵을 꼽을 수 있다.

묘역이 선정되면 뒤이어 능역의 조성 공사가 대대적으로 벌어진다. 그런데 조선 초기에는 공사 소요 기간으로 대략 3개월에서 6개월가량이 걸렸으며, 줄잡아 연인원 6천~9천 명 정도가 동원되었다고 한다.

왕릉의 입구에 들어서면 제일 먼저 맞닥뜨리는 것이 **홍살문**이다. 홍살문은 본래부터 그 안쪽에 신성한 왕릉이나 향교, 사당, 기념물 등이 자리 잡고 있음을 알리기 위해 설치한 문으로써, 방문객들에게 단정한 마음가짐과 옷매무새를 촉구하는 역할을 한다. 어떤 경우에는 그 옆에 하마비下馬碑가 있어, 방문자들이 말에서 내려 줄 것을 권하고 있다.

홍살문을 지나면, 문 앞 바로 옆에 커다란 방석을 펼친 듯 평평하고도 네모반듯한 자리 하나를 볼 수 있다. 이는 **배위**拜位라고 부르는 곳으로, 제사를 모시러 온 왕이 가마에서 내려 멀리 능을 바라보며 먼저 절을 올리는 곳이다. **망료위**望燎位라고도 부른다.

그리고 홍살문에서 정자각에 이르기까지 일자로 뻗은 길을 **참도**參道라고 한다. 참도는 벽돌처럼 다듬은 돌을 반

❶ 홍살문
❷ 배위 · 망료위
❸ 참도

〰**능(陵)** : 황제와 황후, 그리고 왕과 왕비의 무덤.

〰**원(園)** : 세자와 세자비, 왕의 아버지인 대원군의 무덤.

〰**묘(墓)** : 대군, 공주, 옹주, 후궁, 귀인 등과 연산군이나 광해군처럼 대군으로 폐위, 격하된 왕과 왕비의 무덤.

듯하게 깔아 만든 것으로, 왼쪽과 오른쪽의 높이가 다르게 되어 있다. 참도의 중앙을 경계로 해서 왼쪽의 약간 높은 길은 신도神道라고 부른다. 능에 모셔진 왕의 혼령이 자리를 찾아 들어가시도록 조성된, 혼령만을 위한 길이다. 신도의 오른쪽에 약간 낮게 붙어 있는 길은, 참배를 위해 찾아온 임금이 드나드는 길이라고 해서 어도御道라고 부른다.

참도의 끝에 서 있는 건물은 **정자각**丁字閣이라고 부른다. 정자각은 정丁자 모양을 하고 있는 제향祭享을 위한 건물이다. 정자각은 중국에서 보았을 때 조선이 정방丁方에 있기 때문에 그 모양을 정자丁字로 설계하였다.

그런데 우리가 정자각이나 향교, 사당, 제실 등 위패나 신령을 모시는 곳에 참배를 할 때 꼭 지켜야 할 예법이 하나 있다. 한마디로 **동입서출**東入西出이니, 해당하는 건물을 바라보며 반드시 동쪽(오른쪽)으로 들어갔다가 서쪽(왼쪽)으로 나와야 옳은 예법이다. 드나들 때 중앙에 나 있는 문과 길을 사용해서는 결코 안 된다. 정자각을 제외하고, 나머지 건물들에 있는 한가운데의 문과 길은 혼령과 임금만을 위한 길이니, 보통 일반인들은 오른쪽 문과 길을 통해 오른쪽으로 올라가 참배를 마치고는 왼쪽으로 빠져 나와 왼쪽 길과 문을 통해 밖으로 나와야 하는 것이다. 이를 지키지 않으면, 오늘날도 완고한 문중에서는 심한 꾸지람을 내린다.

정자각에 오르내리는 계단은 동쪽과 서쪽 두 곳에 있는데, 정자각에 오를 때만 쓰는 동쪽 계단은 두 줄인 반면, 내려올 때만 쓰이는 서쪽 계단은 한 줄이다. 정자각에 오를 때는 동쪽으로 혼령과 사람이 같이 오르지만, 제사를 마치면 혼령은 곧바로 능 안의 체백體魄으로 돌아가고, 사람만 남아 서쪽으로 내려온다고 믿었기 때문이다. 그래서 신도는 아예 생략되고 어도만 남아 있는 것이다.

정자각의 뒷문은 건물 안에서 뒤편의 능을 한눈으로 바라볼 수 있도록 설계되어 있다. 부처의 진신사리를 모신 사찰의 경우, 법당 안에 불상佛像의 봉안을 생략하

고 뒤쪽으로 진신사리탑을 직접 바라볼 수 있도록 설계한 것과 똑같은 이치이다. 체백이나 사리가 뒤에 실제로 남아 있기 때문에, 굳이 위패나 불상을 모시지 않는 것이다.

정자각을 바라보며 서쪽 바로 뒤에, 제향 후에 남은 축문을 태워 묻는 석조물이 있다. 이를 **석함**石函이라고도 하고 **소지석**燒紙石이라고도 한다. 그리고 동쪽에는 비석이나 신도비를 안치하기 위해 세운 **비각**碑閣이 있다.

능 위에 오르면, 왕이 묻힌 **봉분**이 중앙에 있다. 봉분의 하단부는 12각으로 잡아 테두리석을 돌려놓았는데, 이를 **병풍석**屛風石이라고 부른다. 병풍석에는 대개 12지신상을 양각해 놓았다. 각 방위를 지키는 이들 수호신의 힘을 빌려, 외부의 모든 방향에서 침범해 오는 부정과 잡귀를 내쫓아 왕릉을 온전하게 보호하기 위한 배려이다.

봉분의 주위에는 다시 난간석이 감싸고 있는데, 난간석의 기둥을 **석주**石柱라고 한다. 기둥과 기둥 사이에 가로질러 놓은 기둥은 **죽석**竹石이라고 하며, 죽석의 중간 부분을 바치고 세운 작은 기둥을 **동자석주**童子石柱라고 한다.

난간석 바깥에는 **석호**石虎와 **석양**石羊 각각 네 마리가 밖을 향해 바라보고 교대로 서 있다. 석호는 호랑이 모양을 한 수호신으로 산과 능을 지켜 주고, 석양은 양의 모양

① 정지각(좌) ② 징자각(우) ③ 정자각 뒷문으로 보이는 왕릉 ④ 석함 : 소지석 ⑤ 비각 ⑥ 봉분 ⑦ 병풍석, 석주, 죽석, 동자석주 ⑧ 석호 ⑨ 석양

≈**동입서출**(東入西出) : 향교, 사당, 제실 등 위패나 신령을 모시는 곳에 참배를 할 때는 해당 건물을 바라보며 동쪽(오른쪽)으로 들어갔다가 서쪽(왼쪽)으로 나와야 옳은 예법임.

을 한 수호신으로 주위의 사악한 것을 물리치며 영혼의 명복을 비는 뜻이 담겨 있다. 추존한 왕의 경우에는, 석호와 석양을 각각 2마리로 축소해서 일반 왕릉과 차등을 둔다.

봉분 앞쪽에는 직사각형의 **혼유석**魂遊石이 있다. 민간의 묘에서는 상석床石이라고 부르며, 여기에다 제물을 차려 놓고 제사를 지낸다. 그런데 왕릉의 경우에는 앞쪽에 제물을 차려 놓기 위한 공간으로 정자각이 따로 있기 때문에, 이곳은 제향 때마다 혼령이 앉아 흠향을 하며 놀다가는 자리라고 해서 혼유석이라고 부르는 것이다.

혼유석 아래에는 귀신의 얼굴을 새긴 북 모양의 **고석**鼓石이 상석을 떠받치고 있다. 고석에 험상궂은 귀면鬼面이 새겨진 것은, 일반 기와집의 용마루 끝이나 추녀 마구리를 장식한 귀면와鬼面瓦가 사악한 악귀를 물리친다는 의미와 같다.

혼유석 좌우에는 **망주석**望柱石 한 쌍이 있다. 옛사람들은 혼령들이 망주석을 보고 자신의 무덤으로 찾아온다고 믿었기 때문에, 일반 민가에서도 다른 석물은 설치하지 않더라도 망주석만은 꼭 세웠다.

혼유석 앞쪽에는 **장명등**長明燈이 서 있다. 일반적으로 장명등은 무덤에 불을 밝혀 신령들이 놀 수 있도록 할 뿐만 아니라, 잡귀들이 가장 무서워하는 것이 불이기 때문에 잡귀의 접근을 막는 역할도 한다. 그런데 왕릉 앞에 조성된 장명등은 불빛이 바라보이는 구역 안에 있는 묘들로 하여금 모두 이장하도록 하는 경계의 뜻이 담겨 있기도 한다. 장명등은 사방으로 불빛이 새나가도록 창을 내고 있는데, 이 불빛은 통상 십리 안에서 다 보였다고 한다.

장명등 좌우에는 **문인석**文人石이 각각 **석마**石馬 한 필씩을 대동한 채 서서 언제든지 왕의 명령에 따를 준비가 되어 있고, 그 아래 양쪽의 **무인석**武人石 역시 석마 한 필을 대동하고 왕을 호위하면서 위엄 있게 서 있다. 모두가 왕의 권위를 상징하

기 위해 세워진 상징적인 석물들이다.

왕릉은 담장이 둘려 있다. 바람으로부터 능을 보호하기 위해 앞쪽을 제외하고 삼면에 쳐놓았는데, 이를 **곡장**曲墻 이라고 부른다.

왕릉의 제사는 물론 민간의 예법과 다르다. 민간에서는 산신山神에게 먼저 제를 올린 다음 조상의 묘에 제사를 지내지만, 왕은 만인지상萬人之上의 존재이기 때문에 정자각에서 제사를 먼저 지낸 다음 산신제를 올린다는 점이 예법상 가장 큰 차이로 꼽힌다.

그리고 왕릉의 홍살문 밖에 제실을 지어 놓고, 여기에 능을 관리하는 정9품의 벼슬아치인 능참봉을 상주토록 하였다. 나아가 능 인근에 사찰을 지어 혼령의 명복을 비는 원찰願刹로 삼았다.

이상에서 설명한 왕릉의 개략적인 구조는 조선 초기의 그것이다. 이토록 복잡하고 호화스러운 왕릉의 구조는, 뒷날 세조의 손에 의해 대대적인 개혁을 보았다. 더욱 검소하고 간편한 구조를 띄게 된 것이다.

노년에 정계에서 은퇴한 세조는 자신의 무덤부터 솔선수범해서 검소를 실천하였다. 먼저 봉분의 크기를 줄였고, 봉분 안에 석실을 만들어 시신을 안치하던 이전의 관례를 바꿔 광중壙中을 백회로 채우는 회격灰隔을 채택토록 하였다. 그리하여 무덤 내부의 작업에 무려 6,000명 이상의 인원이 소요되던 것을 3,000명으로 줄이도록 해, 조선조 능제에 일대 혁신을 가져왔다.

아울러 광릉부터 봉분 곁을 둘렀던 병풍석을 생략하고, 병풍석에 새기던 12지신 상을 난간의 동자석주에 대신 새기도록 하였다. 그리고 왕과 왕비의 능마다 각각 세우던 정자각을 하나로 줄였다. 왕릉과 왕비릉의 사이에 정자각을 세웠는데, 그 뒷문으로 두 능이 함께 보일 수 있도록 한 효율적인 설계를 바탕으로 하였다 ■

왕릉의 구조

곡장
봉분
석호
망주석
병풍석
석양
난간석(석주)
혼유석
고석
석마
문인석
장명등
석마
무인석
석함
정자각
비각
참도
신도
어도
배위
홍살문

2. 홍유릉에서(1) - 고종 황제의 홍릉

오늘날 남아 있는 왕릉 가운데 경기도 남양주시 금곡동에 위치한 고종의 홍릉洪陵과 순종의 유릉裕陵은 정확하게 왕릉이 아니다. 황제의 능이다. 1897년 고종이 서구 열강의 침입에 대응하고자 대한제국大韓帝國을 선포하고 스스로를 황제로 일컬었던 탓이다.

그 후 우리나라를 빼앗은 일제는 민심을 호도하고, 민족적인 저항과 반발을 막기 위해 고종과 순종의 묘역을 천자의 능역으로 꾸몄다. 명나라 태조의 효릉孝陵을 본떠 만든 황제의 능이다. 그러나 결론적으로, 겉만 화려하게 꾸민 형편없는 자리이다. 민족의 정기를 말살시키고자 발버둥쳤던 일인들의 간악한 흉계가 도사리고 있으며, 우리네의 정서에 비추어 느글느글한 맛이 감도는 왜색이 짙은 기분 나쁜 곳이다.

매표소를 지나자 오른쪽에 연못이 나타나고, 그 위로 홍릉의 묘역이 보인다. 그런데 청룡은 연못 부근에서부터 등을 돌리고 앞으로 돌아 내렸다. 백호는 그냥 앞으로 밋밋하게 뻗어 내렸는데, 여기에 큰 문제가 도사리고 있다. 연못 즈음에서 백호의 지맥 하나가 거꾸로 돋쳐서 능을 찌른다. 예리한 화살촉이 되어 능을 찌르는 흉한 모습이다. 이는 절손絶孫을 부르고 가문을 망하게 하는 능침살陵寢煞이다. 자리를 골라도 아주 고약한 자리를 골랐음이 초입에서 벌써 느껴진다.

기가 막힌 심정으로 오르며 보니, 물길도 '전연 아니올씨다' 이다. 물길 역시 청룡과 백호의 산자락 끝을 따라 제각각 무정하게 흘러내린다. 물길이 혈을 감싸 주

고 난 뒤 그 앞에서 만나야 하거늘….

일반 왕릉과는 달리 침전 앞으로 늘어선 석물들도 일견에 낯이 선다. 허여멀건하게 생긴 석질石質도 그렇거니와, 그 위에 새겨진 솜씨도 영 개운치가 않다. 홍살문에서 침전을 향해 오르는 동안, 참도를 따라 양쪽에 주욱 늘어선 석수石獸와 문·무인석은 우리네 손길로 보기 힘들다. 말·양·낙타·사자·해태·코끼리·기린·무인석·문인석의 순서인데, 돼지 코를

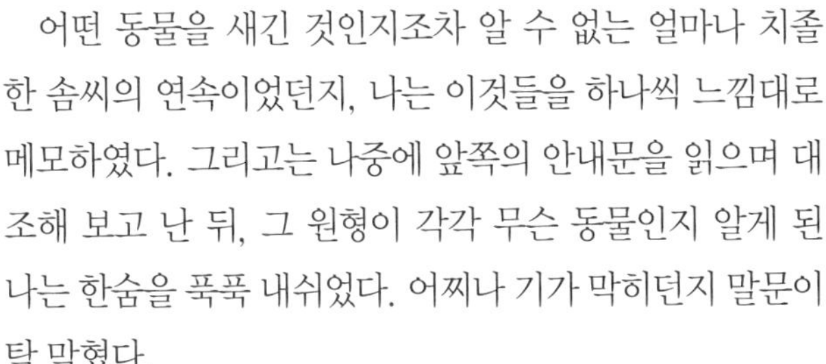

강조해서 숫제 돼지처럼 보이는 낙타나 얼토당토하지 않은 외양에 왜소한 모습을 한 기린은 예전의 우리나라에 없던, 못 보았던 동물이니까 한껏 양보한다고 치자. 그런데 여기 양은 어디 양의 모습인가? 하도 이상하게 생겨먹어서 처음에 나는 도대체 저건 무엇을 형상화한 것인가 무척이니 궁금했다. 사자도 도통 사자가 아니다. 바로 옆의 해태와 진여 구분이 안 되는 괴상망측한 모습이다.

어떤 동물을 새긴 것인지조차 알 수 없는 얼마나 치졸한 솜씨의 연속이었던지, 나는 이것들을 하나씩 느낌대로 메모하였다. 그리고는 나중에 앞쪽의 안내문을 읽으며 대조해 보고 난 뒤, 그 원형이 각각 무슨 동물인지 알게 된 나는 한숨을 푹푹 내쉬었다. 어찌나 기가 막히던지 말문이 탁 막혔다.

묘역을 전체적으로 장엄하고 화려하게 꾸미는 것은 좋다. 그러나 그 내부를 자세히 들여다보면, 이 얼마나 보잘

❶❷❸ 홍릉

⬆ 홍릉의 석물

것없는 부품의 나열인가? 외화내빈外華內貧의 전형이랄 수밖에 없는 곳이다.

더욱이 문인석과 무인석은 어떤 모습이던가. 엄숙하면서도 너그러운 얼굴을 한, 강직한 기상 속에 점잖은 표정을 한 우리네 문인은 온데간데없다. 과묵하면서도 친근하며, 서릿발 같은 위엄 속에서도 인정이 넘쳐나는 우리네의 전통적인 무인 모습도 간 곳이 없다. 그저 표면만 반질반질하게 다듬어진 조잡한 솜씨를 하고, 길쭉한 얼굴을 한 단연코 낯선 일본인의 모습으로 문인석과 무인석이 그 자리에 버젓이 서 있다. 통탄할 일이다.

화가 나는 일은 침전에서도 일어났다. 이곳은 황제의 능인지라, 정丁자 모양을 한 왕릉의 정자각 대신, 태양을 뜻하는 일日자형 침전이 들어서서 황제의 신위를 봉안하고 있다.

그런데 앞서 이야기했듯이, 정자각이나 일자 침전의 북쪽 문으로는 능역이 훤히 내다보이도록 설계를 해야 한다. 그런데 이곳의 침전에서는 앞이 보이질 않는다. 묘역의 하단이 시선을 턱 가로막고 있다. 조상의 체백을 바라보며 제사를 올리던 조선 왕실의 효성스런 마음을 애초에 차단하기 위해, 일인들이 남긴 간교한 술책의 산물이다.

사실 더욱 화가 나는 일은 이곳의 용맥에 있다. 이곳의 용맥은 한북정맥漢北正脈에서 갈라져 나온 천마산天馬山을 주산主山으로 한다. 주산에서 나온 맥은 다시 백봉을 솟아올리고, 한 줄기가 이곳으로 내려왔다. 그런데 이 용맥은 청룡 쪽으로 흘러내렸다. 따라서 홍릉은 이 용맥이 몸통을 가누기 위해 곁으로 뻗은 요도지각에 조성이 된 셈이다. 그리고는 교묘하게 눈속임을 하였다. 뒤쪽에 인공의 입수도두처와 선익사를 슬쩍 만든 것이다. 속이 뒤집히는 대목이다.

혈이 맺히지 않고 국세만 좋아 보이는 곳을 가화假花라고 한다. 가화는 가국허화

》가는 길

남양주시 금곡동에 있다. 구리시를 거쳐 46번 경춘국도를 타고 가다가 남양주시를 지나 금곡역 앞 삼거리에서 표지판을 보고 우회전해서 300m쯤 가다 보면 홍유릉 주차장 입구가 나온다. 정문을 들어서면 울창한 소나무 숲속에 좌우로 홍릉과 유릉이 자리잡고 있다. 중부고속도로는 남양주IC를 이용하면 좋다.

지지假局虛花之地의 준말이다. 조선 왕실의 맥을 끊기 위해, 일제가 일부러 망지亡地를 선택해서 인공으로 명당을 꾸미고 조성한 홍릉은 가국허화지지이다.

전방을 내다보니, 속절없는 북한산과 불암산, 도봉산, 수락산이 왼쪽에서 오른쪽으로 앞서거니 뒤서거니 하는 모양이다. 본래는 조선의 왕실이 보금자리를 틀었던 한양 땅을 알뜰하게 보듬고 있는 산들인데, 여기서는 속상하게도 가국허화지지를 그럴듯하게 눈속임하는 데 커다랗게 일조를 한다.

홍릉은 고종이 그의 비 명성황후와 함께 묻힌 곳이다.

○ 고종 황제

조선의 제26대 왕 고종은 흥선대원군 이하응李昰應의 둘째 아들로 태어난 희熙이다. 초명은 재황載晃이다. 1863년 후사를 두지 못하고 철종이 승하하자, 그는 12살의 나이로 즉위하여 이후 10년간을 대원군의 섭정 속에 실권 없는 왕 노릇을 하였다. 그러나 점차 장성하면서 대원군과 대립하다가, 최익현崔益鉉의 대원군 탄핵을 발판으로 1873년 친정親政을 신포하였나.

그런데 대원군은 섭정 기간중에 경복궁 중건을 위해 원납전願納錢을 강제로 징수하였고, 천주교를 탄압하여 병인양요와 신미양요의 빌미를 만들었다. 그리고 여론의 산실인 서원書院을 대대적으로 철폐하는 등 철저한 쇄국 정책을 폈다.

그러나 대원군이 물러가자, 불행하게도 민씨閔氏 일족의 세도 정치가 다시 그 뒤를 이었다. 외교적으로는 청나라, 일본, 러시아의 각축이라는 혼란한 와

중에서 고종은 재위 기간중 일련의 개화 정책을 전개하였다. 군제軍制를 신식으로 개편하였으며, 젊은 개화파 인사들을 중심으로 신사유람단과 수신사를 구성하여 일본에 파견해 선진 문물을 습득케 하였으며, 1897년에는 조선이 자주 독립 국가임을 세계에 선포하기 위해 대한제국을 선포하기도 하였다. 그러나 그의 노력은 성공을 거두지 못하였다.

일제의 야욕이 표면화된 을사보호조약이 체결되자, 1907년 이의 무효를 세계만방에 알리고자 헤이그에서 개최되는 만국평화회의에 밀사를 파견하였지만, 일본과 영국의 집요한 방해에 뜻을 이루지 못했다. 이 일을 빌미로 일제는 고종을 그해 7월에 강제로 퇴위시켰다.

고종은 열강의 틈바구니에서 명성황후와 대원군의 정권 쟁탈, 개화파와 수구파 사이에서 개성 있는 정치를 펴보지 못한 박복한 임금이다. 그는 1919년 덕수궁에서 한 많은 일생을 마쳤는데, 일설에는 일본의 음모로 독살당했다고 한다.

명성황후 민씨(1851~1905)는 여성부원군驪城府院君 민치록閔致祿의 딸로, 1866년 왕비에 책봉되었다. 황후는 흥선대원군을 물리친 고종이 친정을 표방하자 정치적 실권을 장악하였다. 황후는 1882년에 일어난 임오군란 이후 일제의 간섭을 피하기 위해 친 러시아 정책을 펴 정치적인 기반을 다지고자 하였다. 이에 불만을 품은 일본공사 미우라가 보낸 일본 자객에 의해 1895년 경복궁 안의 건청궁乾淸宮에서 시해되어, 시신은 그들의 손에 소각되었다. 황후는 동구릉의 숭릉崇陵 옆에 묻혀 숙릉淑陵이란 칭호를 받았는데, 1897년 대한제국 선포 후에 명성황후로 추존되어 청량리 홍릉으로 이장되었다. 고종 승하 후 청량리에서 현재 위치로 이장, 합장되었다.

묘소 뒤에서 내려오는데 찬바람이 얼굴에 스친다. 침전 너머에서 날려온 낙엽이 봉분 위에서 맴돈다. 추운 하늘 위로 몇 조각 흰 구름이 무심하게 떠간다 ▪

십승지

　십승지十勝地란 천지에 변란이 일어날 때, 재앙을 피하기 좋은 10군데의 지역을 통칭하는 말이다. 십승지의 정확한 위치는 책에 따라 조금씩 다르다. 십승지를 언급한 책은 60여 종이 있는데, 책마다 이견을 보이기도 한다. 그러나 이들이 언급한 십승지에는 공통적인 특징이 있다. 이들은 십승지를 삼재불입지지三災不入之地라 하여 흉년, 전염병, 전쟁이 들어올 수 없는 곳이라고 한다. 그리고 십승지가 위치하고 있는 지역은 대체로 태백산, 소백산, 덕유산, 가야산, 지리산 등으로, 산이 높고 험하여 외부와의 교류가 차단된 곳이라는 것이다. 그러므로 대개 십승지는 정치, 경제, 사회, 군사적으로 가치가 별로 없는 곳으로, 그다지 발전을 내다볼 수 없는 곳이기도 하다. 결론적으로 보면, 십승지는 미래에 다가올 재앙을 피할 수 있는 최적의 임시 장소이다. 따라서 여러 대를 살면서 번창하기에는 적합하지 못한 곳이다. 십승지로는 다음의 장소가 주로 꼽힌다.

1. 영월의 정동 상류(강원도 영월군 상동읍 연하리 일대)
2. 봉화의 춘양 일대(경북 봉화군 춘양면 석현리 일대)
3. 보은의 속리산 난증항 일대(충북 보은군 내속리면과 경북 상주군 화북면 하낙리 일대)
4. 공주의 유구와 마곡의 사이(충남 공주시 유구읍 사곡면 일대)
5. 풍기의 차암 금계촌(경북 영주시 풍기읍 금계리 일대)
6. 예천의 금당동 북쪽(경북 예천군 용궁면 일대)
7. 합천 가야산 남쪽의 만수동 일대(경북 합천군 가야면 일대)
8. 무주의 무풍 북쪽으로 덕유산 아래 방음(전북 무주군 무풍면 일대)
9. 부안의 변산 동쪽 호암 아래(전북 부안군 변산면 일대)
10. 남원 운봉의 두류산 아래 동점촌(전북 남원시 운봉읍 일대)

3. 홍유릉에서(2) - 순종 황제의 유릉

홍릉에서 하도 실망을 한 까닭에 별로 내키지 않는 발걸음을 유릉裕陵으로 옮겼다. 유릉은 조선의 마지막 임금 순종(1874~1926)과 그의 비 순명효황후純明孝皇后 민씨閔氏(1872~1904), 계비 순정효황후純貞孝皇后 윤씨尹氏(1894~1966)가 함께 묻힌 곳이다. 망국의 슬픔은 여기 또 서럽게 남았다.

유릉은 홍릉과 같은 구조를 하고 있다. 다만 석물들이 얼마간 사실감을 지니고 있다는 점에서 약간이나마 위안이 되었다. 석수들도 다소나마 제 모습을 회복하고 있었고, 문인석과 무인석에서도 한국인의 냄새가 살풋 스친다. 당시 우리 민족의 6·10 만세 운동과 같은 거센 항의나 반발 탓이 아닌가 여겨진다. 사실 저들이 알아서 개선해 주었으리라는 기대는 전혀 할 수 없다. 그들의 흉측스럽고도 교활한 흔적이 유릉의 여기저기에서 보이기 때문이다.

이곳도 역시 일자형의 침전인데, 홍릉보다 더욱 황량한 느낌이 선뜻 든다. 물기가 모여 흘러가는 골짜기란 기분이 드는 곳이다. 아니나 다를까? 침전 전면에 조성된 단 위에 깔아 놓은 돌 사이로 이끼가 파르랗다. 밟아 보니 물크덩한 감촉이 기분 나쁘게 발끝에 전해진다.

이곳 침전의 뒷문은 능을 바라보고는 있지만, 의도적으로 각을 약간 돌려놓았다. 묘역 전체가 한눈에 들어오질 않는다. 요구와 항의를 수용한 듯하면서도, 끝내 모르는 척 내버려둔 흔적이다. 속이 한번 더 틀린다.

능의 뒤로해서 용맥으로 올라 보았지만, 역시다. 유릉 또한 능침살을 받고 있는

홍릉과 다름없이 잔인한 자리이다. 3대 내에 후손이 끊긴다는 과룡처에 자리를 잡아, 외형만 그럴 듯하게 과대포장을 한 곳이다.

묘역에서 보면, 석물들이 시작되는 즈음의 앞쪽으로 지면이 솟았다. 물길도 그냥 질러 빠졌다. 청룡 쪽의 석수 뒤로는 과협처를 싸 주는 공협사와 영송사가 뚜렷하게 존재를 내보인다. 따라서 유릉은 과룡처가 분명하다.

일제는 과룡처에 유릉의 자리를 잡고, 이를 눈속임하기 위해 이렇게 거대하게 묘역을 꾸몄다. 풍수학에서는 과룡처에 자리를 잡는 것을 철저하게 금하고 있다. 과룡처에 봉분을 쓰면 3대 내에 후사가 끊긴다고 보기 때문이다.

과룡처에 묘를 쓰다니, 기가 막힐 노릇이다. 사실 일제는 우리의 풍수학을 우리보다도 먼저 이론으로 정립하고 책으로 펴내지 않았던가? 그 대표적인 책으로는 무라야마 지준(村山智順)의 『조선의 풍수(朝鮮の風水)』가 있다.

그런 그들이 풍수학의 기본 숭에서도 기본으로 여기는 과룡처 금장禁葬의 원칙을 어기고, 반드시 피해야 할 자리에 이렇게 유릉을 조성한 것이다. 이는 조선 왕실의 후사를 아주 끊어 버리겠다는 극악하고도 흉측스러운 발상이 아닐 수 없다. 그 저주에서 조선 왕가는 벗어나질 못했다. 오늘날 실제로 조선 왕가가 절손이 되다시피 된 것이다.

홍릉과 유릉의 점지 과정에서 그들은 분명 상지관을 쓰지 않았을 것이다. 더구나 조선의 풍수사들은 철저히 배격하였을 것이다. 그리고는 엄두도 내지 못할 '망지亡地'를 고르고 또 골랐을 것이다. 그렇지 않고서야 어떻게 이런 곳에 홍릉과 유릉을 쓸 수가 있단 말인가? 애통한 일이다. 가슴을 치며 통탄해야 할 일이다.

이곳의 용맥은 청룡의 역할을 하는 능선이 주맥이다. 주맥을 따라 걸어 내려가는데 발아래 쌓인 낙엽이 바스락거린다. 여름내 녹음을 자랑하던 낙엽들이 이제는 발아래 밟힌다. 바람결에 푸석대다 스러지는 땅바닥의 낙엽처럼 이렇게 조선 왕조가 허무하게 사라졌구나!

순종은 고종과 명성황후 사이에서 둘째 아들로 창덕궁에서 태어난 척拓이다. 1907년 일제에 의해 고종이 강제 퇴위되자, 그가 뒤를 이어 왕위에 올랐다. 그의 형이 태어난 지 며칠 되지 않아 죽었기 때문에 둘째로써 옥좌에 올랐지만, 그는 조선 왕조를 마감한 비운의 왕이 되고 말았다.

즉위 후에 연호를 융희隆熙라 하고, 기울어 가는 국운을 바로잡아 보려고 애를 썼지만, 일제의 간섭과 방해로 끝내 뜻을 이루지 못했다. 결국 재위 4년 만인 1910년 8월 29일 훈구대신 이완용李完用과 송병준宋秉峻, 이용구李容九 등의 친일 매국 세력과 일제의 강압에 못 이겨 한일합방조약을 체결하여 나라를 내주고 말았다. 한일합방 후에는 단지 이왕李王으로 낮추어 호칭되다가 1926년 창덕궁에서 슬픈 죽음을 맞이하였다. 그의 인산일因山日이던 6월 10일을 기해 망국의 한을 되새기는 전국적인 민중 봉기로 6·10 만세 운동이 일어났다.

순명효황후는 여은부원군驪恩府院君 민태호閔台鎬의 딸로, 1882년 11세의 나이로 세자빈이 되었다가 1897년 황태자비로 책봉되었으나, 순종이 즉위하기 전 1904년에 승하하였다. 용마산龍馬山 기슭에 모셔졌다가, 순종이 승하한 후에 유릉에 합장되었다.

순정효황후는 해풍부원군海豊府院君 윤택영尹澤榮의 딸로, 1906년 13세의 나이로 동궁 계비東宮繼妃에 책봉되어 순종의 즉위와 함께 황후가 되었다. 황후는 1910년 한일합방 때 어전회의를 엿듣고 있다가 친일파들이 조약에 날인할 것을 순종에게 강요하자, 옥쇄를 자신의 치마 속에 숨긴 일화로 유명하다. 나라를 잃은 뒤 황후 또한 이왕비李王妃로 낮추어 불렀는데, 1926년 순종이 후사를 남기지 못한 채 세상을 뜨자, 순종의 아우인 영친왕 은垠을 황태자로 삼았다. 황후는 일제의 침략과 동족 상잔의 비극 6·25 등 근현대사의 폭풍을 겪고, 조용히 여생을 보내다가 1966년 창덕궁의 낙선재樂善齋에서 심장마비로 승하하였다.

홍유릉은 가혹한 일제의 만행과 저주가 눈에 보이지 않게 자행된 곳이다. 그런데 그들이 이곳에 남긴 그 흉악하고도 잔인한 자취를 읽어 내고 설명하는 이가 이제는 몇이나 될까?

홍유릉을 빠져 나오는 내 가슴속에는 형언할 수 없는 분노가 치밀었다 ■

4. 광해군이 탐냈던 풍양 조씨 시조 묘

금곡 사거리에서 좌회전을 한 버스가 사릉思陵 쪽으로 나아간다. 경춘선 철로가 머리 위로 지나고, 잠시 후 '적성골', '풍양조씨시조묘'란 표지판들이 따로 서 있는 작은 다리 앞에서 우회전을 한다. 사릉 바로 못 미쳐서이다.

사릉은 비운의 단종 왕비 정순왕후定順王后가 잠든 곳이다. 평생을 영월 땅의 단종을 그리다가 죽어 이름조차 '생각 사(思)'인 사릉이 되었다. 그 한 때문일까? 사릉의 소나무는 지금도 영월 땅을 바라보며 가지를 뻗고 있다. 그리고 단종의 유배지인 청령포清冷浦에도 단종의 아픔이 서린 누대가 서쪽 벼랑 위에 솟아 있다. 왕후 송씨宋氏를 그리워하며, 날마다 올라가 서울 향해 바라보았다는 그 누대이다.

우회전을 하자, 작은 수로를 따라 버스가 겨우 들어갈 수 있는 좁은 길이 나타난다. 공원 묘원을 지나 야트막한 언덕을 넘으니, 앞쪽으로 예상 밖의 넓은 터가 열린다. 눈여겨볼 만한 국세이다.

그 한가운데 작은 네 갈래 길이 나뉘는 공터에서 내리면, 옛날 집 한 채가 덩실 나타난다. 그리고 그 옆에는 봉인사를 가리키는 안내판을 따라 길이 나 있다. 풍양豊陽 조씨趙氏 시조 조맹趙孟의 묘는 한가운데로 난 길을 택해야 한다. 눈에 잘 뜨이지 않는 작은 말뚝 하나가 안내를 한다.

몇 채의 집 사이를 가로지르자, 산길 초입에 조선의 팔대 문장가로 꼽히는 장유

張維가 찬撰한 신도비가 우뚝하다. 조선 팔대 명당에 속하는 조맹 묘의 입구에 팔대 문장가의 솜씨가 멋들어졌다.

❶❷ 풍양 조씨 시조 조맹 묘
❸ 공빈 김씨의 성묘

비문에 보니, 이곳을 풍양현豊陽縣 적성동赤城洞이라고 표기하였다. 그러고 보니, 조씨들이 이 지역을 본관으로 삼았다. 오늘날의 행정구역으로 이곳은 남양주시 진건면 송릉리이다.

계단을 통해 오르는데, 오른쪽으로 쌓은 석축이 웅장한 성벽과도 같다. 묘역을 넓히기 위해 근래에 쌓은 듯 아직 때가 덜 탔다. 봉분 오른쪽에는 작고 오래된 비가 하나 졸박하다.

봉분 너머에는 곡장을 두른 묘가 또 하나 있다. 다가가니 철조망이 겹겹으로 둘려 있다. 조맹의 자리를 탐낸 광해군이 재위 기간에 먼저 여기에 모신 생모 공빈恭嬪 김씨金氏의 묘인 '성묘成墓'이다. 김씨는 선조의 후궁으로 1574년에 임해군臨海君을, 다음해에 광해군을 낳았다.

공빈 김씨의 묘가 이곳에 조성된다고 하자, 풍양 조씨 문중에서는 난리 아닌 난리가 났다. 왕릉에 준하는 묘를 이곳에 쓴다니, 이제 도리 없이 10리 밖으로 쫓겨날 판이었다. 이에 문중에서는 궁여지책으로 봉분을 파헤쳐 평토平土로 만들어 무덤의 존재를 숨겼다.

그런데 1623년 광해군은 인조반정으로 축출되어 강화

도에 유배되었다가, 다시 제주도에 이배移配되어 1641년에 죽었다. 이에 공빈 김씨의 무덤은 다시 '묘'로 격하되고, 문중에서는 안도의 한숨을 내쉬었다. 그리고는 조맹의 무덤 자리에 다시 봉분을 쌓아올렸다.

아무도 예측하지 못한 다행스런 결과였지만, 역시 조선 팔대 명당의 위신은 섰다. 정말 좋은 명당자리를 쓰면 쫓겨나는 법이 없기 때문이다. 일시적으로 횡액을 당한다손 치더라도, 자기 자리는 결코 빼앗기지 않는 것이다.

이곳의 주산은 천마산이다. 천마산에서 내려온 이 용맥은 연거푸 개장천심開帳穿心을 하면서 흉한 기운과 살을 털고 내려왔다. 그 과정에서 중간중간에 봉긋봉긋한 봉우리를 솟아 올려, 과협과 박환의 수많은 변화를 보여주는 용이다. 대단히 장엄한 산세의 흐름이 눈으로 주욱 훑어진다.

용맥을 오르며 보니, 공빈 김씨의 묘소 앞에 잘록한 결인속기처가 먼저 눈에 띈다. 맑고 깨끗한 모습의 결인처로, 좌우의 영송사도 뚜렷하다.

더욱 경사가 급해지는 길을 따라 계속 오르자, 작은 봉우리가 앞에 당도한다. 이 혈의 현무봉玄武峰이다. 이곳에서 용이 몸통을 획 90도 좌측으로 꺾어 내려갔으니, 또 박환처이기도 하다. 바로 위쪽은 또 다른 과협처이다.

이곳의 용은 참으로 좋은 용이다. 어느 곳 흠 하나 없이 맑고 밝고 깨끗한 힘 있는 용이다. 수려한 모습의 주산에서 출발하여 좌우로 다른 능선의 따뜻한 보살핌을 받으며 내려온 귀티가 나는 귀룡貴龍이오, 좌우가 겹겹이 포근하게 싸여진 복룡福龍이오, 앞으로 나갈수록 봉우리가 차츰 낮아지면서 좌우가 잘 둘려진 순룡順龍이

》가는 길

남양주시 진건면 송릉리에 있다. 금곡사거리에서 진건읍 쪽으로 좌회전하여 사릉 쪽으로 나아가면 경춘선 철로가 머리 위로 지나고, 1.6km 전방에 '적성골', '풍양조씨시조묘'란 표지판들이 따로 서 있는 송릉교 앞에서 우회전을 한다. 우회전을 하면 작은 수로를 따라 좁은 길이 나타난다. 여기에서 1.5km를 가면, 공원 묘원을 지나 야트막한 언덕 너머 앞쪽으로 넓은 터가 열린다. 그 한가운데 작은 네 갈래 길이 나뉘는 공터에서 내리면, 옛날 집 한 채가 나타난다. 그리고 그 옆에는 봉인사를 가리키는 안내판을 따라 길이 나 있다. 풍양 조씨 시조 조맹의 묘는 한가운데로 난 길을 택해야 한다. 눈에 잘 뜨이지 않는 작은 말뚝 하나가 안내를 한다.

다. **생왕룡**生旺龍의 조건을 두루 갖춘 훌륭한 용이다.

다시 내려오면서 보니, 이 용은 강룡岡龍이다. 조산에서 빠져 나온 이후 형세가 강하고 역량이 성대해서 스스로 행룡하는 것이 마치 맹호가 먹이를 채는 듯, 목마른 용이 바다로 들어가는 형국이라고 이야기되는 강룡이다.

이곳의 청룡과 백호도 교과서적인 모습을 하고 있다. 청룡은 용답게 너울너울 승천하는 기상의 능선을 지녀야 길하게 친다. 백호는 먹이를 노리는 호랑이처럼 몸통은 물론 그 끝단이 잔뜩 웅크린 형용이라야 좋다고 여긴다.

이곳의 청룡과 백호는 모두 자기 몸에서 갈라져 나온 본신 청룡이자 본신 백호이다. 바라보면, 청룡은 저 아래 지면에서부터 기세 좋게 승천해 올라오는 모습이다. 능선의 흐름이 승천하는 용의 구비치는 등 모양이다. 백호는 청룡보다 높고 큰 몸집으로, 바짝 긴장을 하고 웅크린 호랑이의 형세이다. 저 아래 끝단은 멈칫 선 자세로 야무지게 마감을 하고 있다.

명당 역시 좋다. 갈래갈래 뻗어온 능선들이 서로 만나 겹치고 포개진 교쇄명당交鎖明堂이다. 힘찬 용이 품고 실어온 그 맑고 넘치는 징기를 물샐 틈 없이 꽉 찌서 보호하는 형국이다.

여기는 전방도 좋다. 봉우리가 뾰족한 형상을 한 목성체木星體, 둥근 금성체金星體, 평평한 토성체土星體, 잔물결로 출렁이는 수성체水星體, 타오르는 화염으로 솟아대는 화성체火星體가 완벽하게 갖추어졌다. 제왕지지帝王之地의 필수조건 중의 하나가 오성체五星體의 완비이다. 광해군이 탐낼 만한 이유가 분명 여기에도 있다.

먼저 안산이 소원봉小圓峰의 금성체이다. 그 왼쪽에는 목성체인 탐랑성이 두 개나 삐죽이 내밀었다. 왼쪽 하늘가

≋**생왕룡**(生旺龍) : 단정하고 수려하면서 개장천심하고, 기복, 박환, 과협, 위이, 결인속기 등 기세 있고 활발하게 변화하는 용.

· **생룡**(生龍) — 용의 모습이 수려 단정, 생기발랄.

· **강룡**(强龍) — 용의 기세가 웅대하면서 양명 수려.

· **진룡**(進龍) — 용의 행도가 질서 정연하면서 환골탈퇴하는 모습.

· **순룡**(順龍) — 용맥이 유순하고, 지각이 앞을 향해 순하게 뻗는 모습.

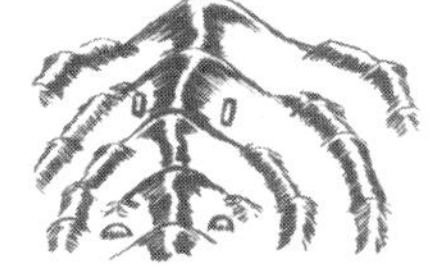

· **복룡**(福龍) — 용맥이 특출하지는 못하나 후덕한 모습.

에는 대단히 큰 천마사가 부드러운 능선이 되었다. 안산의 오른쪽으로는 저 멀리 삼각산, 북한산, 불암산이 물결로 넘실대고 불길로 타오르는 모습으로 자태를 뽐내고 있다. 명당 안에 여기저기 가로로 누운 산줄기는 그 형용을 이루 다 묘사할 수 없다. 그저 다양하면서도 평온하고 안손한 모습이라고 말할 밖에 없다.

이곳의 물길은 분명 좌에서 우로 흐르는 좌수도우左水到右이다. 용맥이 오른쪽에서 왼쪽으로 감아 돌며 끝마무리를 했기 때문이다. 음陰으로 간주하는 용맥이 우측으로 감싸져 끝맺음을 하였으니, 양陽으로 여기는 물은 보기 좋게 좌측으로 감돌았다. 정확한 음양陰陽의 교배交配이다.

물길이 빠지는 방위는 신술파辛戌破이고, 묘는 갑좌경향甲坐庚向으로 썼다. 88향법으로 보아, 이는 자왕향自旺向에 속하는 좋은 향이다.

자왕향은 좌수도우하고, 정미파丁未破에 병오향丙午向이거나 신술파辛戌破에 경유향庚酉向, 계축파癸丑破에 임자향壬子向, 을진파乙辰破에 갑묘향甲卯向이 여기에 속한다. 자손들이 번창해서 남자는 총명하고 여자는 수려하며, 부귀와 장수를 불러온다는 훌륭한 향이다.

풍양 조씨 가문이 명성을 날린 것은 숙종 이후에 정승 7명, 대제학 4명, 공신 7명을 내고부터이다. 그리고 1819년 조만영趙萬永의 딸이 순조의 장남으로써 세자에 봉해진 대旲의 세자빈이 되자, 풍양 조씨는 당시의 집권 세력이던 안동安東 김씨金氏와 세도를 다투기에 이르렀다. 뒷날 익조翼祖로 추존된 세자 대와 조 대비의 묘소는 우리가 나중에 방문하게 될 동구릉의 수릉綏陵이니, 여기에 대한 언급은 뒤로 미루도록 한다 ■

금시발복지지 今時發福之地

묘를 쓰고 발복이 빨리 나타나는 것을 속발速發 또는 금시발복今時發福이라한다. 흔히 "인시하관寅時下棺에 묘시발복卯時發福" 또는 "사시하관巳時下棺에 오시발복午時發福"이라는 말이 있는데, 장사를 지내고 집에 돌아오면 이미 발복이 되어 있다는 말이다. 다음은 금시발복에 관한 설화 한 편이다.

옛날 깊은 산골에 대대로 머슴살이를 해 온 총각 하나가 병든 홀아버지를 모시고 살고 있었다. 주인집은 천석지기 부자였으나 몇 해 전 돌림병이 돌아 모두 죽고, 젊은 며느리만 홀로 집안을 지키고 있었다.

착하고 성실한 총각은 어느 날 산에 나무하러 갔다가, 배고픔에 지쳐 쓰러져 있는 노인을 발견하게 되었다. 총각은 자신이 싸 갔던 도시락을 풀어 노인에게 대접해 드렸다. 노인은 그 근처의 명당을 찾으러 왔던 지관이었다. 노인은 마침 길을 잃고 산속을 헤매다가 낭떠러지에 떨어져 이틀을 쓰러져 있었던 것이다. 노인을 집으로 모셔 온 총각이 노인의 다친 다리마저 치료해 주자, 이를 고맙게 여긴 노인은 자신이 찾은 명당을 가르쳐 주면서 아버지가 돌아가시면 여기다 묻으라고 일러주고 떠나갔다.

총각의 지극한 효성에도 마침내 아버지가 돌아가시사, 총각은 노인이 말한 그 자리에다 아버지를 모셨다. 장례에 따라온 마을의 머슴들이 무덤을 만드는 사이, 총각은 점심을 준비하기 위해서 주인집에 들렀다. 마침 집안에는 아무도 없고 며느리 혼자 있었다. 밥할 쌀을 꺼내려 광에 들어가던 총각은 그만 며느리와 눈이 맞아, 부부의 인연을 맺고 말았다. 총각과 젊은 과부는 그날로 재산을 모두 정리하여 멀리 떠나 신분을 감추고, 부자로 행복하게 살았다. 둘 사이에서 태어난 아들은 후에 정승이 되었다고 한다.

5. 건원릉과 바꾼 남재의 '딴릉'

사릉 앞을 지난 버스가 390번 도로에 올라 퇴계원 역을 향해 나아간다. 근래 들어 퇴계원도 고층 아파트 군락으로 바뀌어, 모처럼 이곳에 온 나는 낯이 설었다. 역전을 지나 강물을 끼고 계속 직진하던 버스가 의정부를 가리키는 43번 도로로 우회전을 한다.

차창에 하얀 바위로 맵씨를 낸 불암산이 장중하게 나타난다. 화접초등학교 가까이 '신광산업입구'란 표지판 앞에서 좌회전을 한 버스가 전방의 들판 중앙에 우뚝 솟아 얼른 눈에 띄는 남재南在(1351~1419) 선생의 묘소를 찾아간다. 행정구역으로는 남양주시 별내면 화접리에 속하는 곳이다.

온통 바위로 이루어진 불암산 중간 즈음에서 내려온 중출맥 한 줄기가 어느덧 숲을 이루고 있는 것이 눈에 띈다. 강하고 험한 바위산의 기운이 숲에 이르러 육산肉山이 되었다. 여기서 '육'이란 흙을 가리킨다. 바위산에서 나와 차츰 흙으로 변해가는 용맥의 흐름은 거친 기가 순화되고 정제되는 과정을 보여주는 증거이다.

용맥은 마을을 지나 보일 듯이 보이지 않게 도로를 따라 흘러 내렸다. 마을길을 따라 묘역을 향해 들어간 용맥은 그대로 길이 되었다.

주산 불암산은 한북정맥에 속하는 광릉수목원의 뒷산 용암산에서 깃대봉과 수락산을 지나 덕릉 고개를 넘어 솟아오른 산이다. 불암산은 해발 508m이다. 불암산의 넘치는 기운을 싣고 내려온 용맥은 마침내 앞쪽의 용암천을 만나 더 이상 진행을 멈추었다. 그리고 그 세찬 기운으로 들판 위에 동산 하나를 널찍하게 펼쳤다. 주

변이 들이라서 시각적으로 상당히 우뚝하다. 그 곳에 정제된 기가 단단히 뭉쳐 혈 한 자리가 만들어졌다.

이 용은 **평지룡**平地龍이다. 평지를 따라 존재를 잘 보이지 않지만, 그러나 기세를 잃지 않은 살아 있는 용이다. 그리고 마을로 향한 콘크리트 포장길에서 묘역으로 들어가는 소로가 갈라지는 작은 삼거리가 이 용의 과협처이다. 행룡을 하던 용이 물을 만나 혈을 맺기 위해 평지의 논과 밭 사이를 뚫고 나와 혈 근처에서 몸통을 조이며 살煞을 털어 과협을 한 **천전과협**穿田過峽의 형상이다. 천전과협이란 밭을 뚫고 과협을 했다는 말이다.

묘역 앞에는 제실과 신도비가 양쪽에서 각각 자리를 차지하고 있다.

≋ **평지룡**(平地龍) : 평지를 행룡하는 용으로 주로 논두렁 밭두렁과 같은 작은 능선임.

마적

≋ **천전과협**(穿田過峽) : 논이나 밭 등 평지를 지나는 과협.

남씨의 시조 영의공英毅公 남민南敏은 본래 중국 당唐나라 봉양부鳳陽府 여남汝南 사람 김충金忠이었다. 그는 신라 경덕왕 14년(755)년 당나라 현종玄宗의 안렴사按廉使가 되어 일본에 다녀오던 중 현해탄에서 태풍을 만나 표류하다가 우리나라 해안에 떠밀려 왔다. 그가 처음 기착한 곳은 지금의 경북 영덕군 축산면 축산동에 해당하는 신라의 유린有隣 땅 죽도竹島였다.

죽을 고비 끝에 신라 해안에 쓸려온 그는 마침내 귀국

을 포기하였다. 산 좋고 물이 맑은데다 인심까지 순후한 신라인들을 보고 내린 결정이었다. 이에 경덕왕은 그의 귀화를 흔쾌히 허락하고, '여남' 출신인 그에게 '남'이란 성을 하사하였다. '여남汝南'을 글자 그대로 풀이하면 '너는 남南이다'란 뜻이 되기 때문이다. 그리고는 영양현英陽縣을 그의 식읍食邑으로 삼도록 하였는데, 이에 김충은 이름까지 민敏으로 바꾸었다. 그 후 한동안 남씨들에 관련된 기록은 자세히 전하지 않는다.

다만 이들은 오늘날에도 영양 김씨金氏를 같은 집안으로 여기고 있다. 김충이 남씨로 성을 바꾸기 전, 중국에서부터 데리고 왔던 아들 김석중金錫中이 영양 김씨의 시조가 되었다는 것이다.

그러다가 고려 중기가 되어, 남민의 후손 홍보洪甫, 군보君甫, 광보匡甫 삼형제는 각각 관향을 나누어 각 파의 중시조가 되었다. 찬성사를 지낸 홍보가 영양을, 추밀원직제학을 지낸 군보가 의령宜寧을, 고성군固城君에 봉해진 광보가 고성固城을 본관으로 삼았다.

그 후 다시 3대가 흘러 군보의 증손으로 을번乙蕃, 을진乙珍, 을경乙敬 3형제가 있었다. 이들 삼형제는 고려의 멸망과 조선의 건국이라는 정치적 혼란기를 맞이하여 제각각 서로 다른 정치적 행보를 하였다.

을번(1320~1395)은 고려 때 밀직부사를 지냈는데, 조선 초에 개국공신이 된 두 아들(이곳의 비문에는 손자로 되어 있음) 재在와 은誾의 공으로 검교시중을 지냈다.

그러나 을진은 고려가 멸망의 길로 접어들자 지금의 경기도 양주군 은현면 상패리의 사천沙川으로 은거하여, 끝까지 충절을 지켰다. 조선이 개국한 후 몇 차례 태조의 간곡한 부름이 있었지만, 을진은 결코 응하지 않았다. 이에 그의 충절에 감동한 태조는 그를 후세에 길이 기리기 위해 사천백沙川伯으로 봉하였다.

이 소식을 들은 을진은 도리어 자신이 수모를 당하였다고 여겨 머리를 풀고 통곡한 다음, 상패리 감악산紺嶽山의 깊숙한 석굴에 숨어 충절로 일관된 삶을 마쳤다. 그가 죽은 뒤 그 굴은 남선굴南仙窟로 불려졌다.

을번의 아들 남재南在와 남은南誾 형제는 조선 태조를 도와 건국에 큰 공을 세웠다. 특히 남은은 이방원李芳遠, 정도전鄭道傳 등과 함께 역성혁명의 중추 세력이 되었다. 그러나 제1차 왕자의 난 때 정도전과 함께 방석芳碩의 편에 가담하였다가 후일 태종이 된 이방원에게 주살을 당하였다.

남재의 이름은 본래 남겸南謙이었다. 그는 이색李穡의 문인으로, 이성계를 추대하여 조선을 건국하는 데 큰 공을 세웠다. 그는 경제에 밝고 문장이 뛰어났으며, 수리數理에 대단히 능하여 당시 '남산南算'으로 불렸다고 한다.

조선의 역사가 시작되던 1392년, 남겸은 포상을 피하여 포천의 왕방산으로 숨었으나, 마침내 태조에게 처소가 알려지고 말았다. 이에 태조가 '거기에 있었구나[在]!' 하고 감탄을 하고는, '재'라는 이름을 하사하였다고 한다. 남재라는 새로운 이름으로 다시 중추원학사에서 벼슬을 시작한 그는 여러 요직을 두루 거치며 대마도를 정벌하기도 하였는데, 태종 때는 영의정에까지 올랐다.

현전하는 남재의 묏자리는 본래 태조 이성계가 자신을 위해 잡아 놓은 신후지지身後之地였다. 남재 또한 오늘날 이 태조 묘소가 된 동구릉의 건원릉에 자신의 자리를 잡아 두었다. 그런데 이 두 자리는 우연한 일로 서로 맞바꾸게 되었다 한다. 그 야화이다.

어느 날이다. 이 태조는 무학 대사와 남재를 대동하고 인근을 지나다가, 자랑삼아 이곳을 방문했다. 이때 남재가 '제 자리는 저 너머에 잡았는데, 매우 좋은 자리입니다' 하고 덩달아 자랑을 하고 말았다. 그러자 태조가 '멀지 않으니 그곳에 한번 가 보자' 고 불쑥 제의하였다. 드디어 지금의 건원릉 자리를 찾아간 태조가 아주 좋은 자리라고 연신 칭찬을 하자, 남재는 서로 바꿀 것을 제안하지 않을 수 없었다. 대신 남재는 '예로부터 왕이 잡아 놓은 자리에 묘를 쓰면 후손 가운데 역적이 나온다는 말이 있는데, 그것이 걱정스럽다'는 말을 남겼다. 그러자 남재의 자리가 탐이 난 태조는 '만약 후일 역적이 나오더라도 당대의 당사자만을 문제삼겠다'고 약조를 하였다. 그날 교환을 약속하고 망우리 고개를 넘던 이성계는 어찌나 기뻤던지, 당시 아들 방원과의 갈등으로 계속되던 근심을 씻은 듯이 잊고 말았다.

그런데 이 일화에서 남재가 우려한 대로, 뒷날 남재의 4대손 남이南怡 장군이 나와 역적으로 몰렸다. 그러나 그 처벌은 태조와의 약속에 따라 당대의 남이 장군 하나로 끝이 났다는 설이 전한다. 그리고 그날 도성을 향해 돌아오던 중, 근심(憂)을 잊고(忘) 넘었다는 그 고개는 '망우리忘憂里'란 이름을 얻었다는 것이다.

그리고 또 하나, 이후로 남재의 묘는 '딴릉'으로 불리게 되었다. 왕의 자리로 쓰려고 했다가 쓰이지 못해, 결국 '능'이 되지 못한 '다른 능'이란 뜻이다. 묘역에 올라 보니, 제일 윗자리는 장방형의 묘소로 본래 다른 곳에 있던 남을번과 경주慶州 최씨崔氏가 함께 옮겨 온 곳이다. 그 아래로는 역시 장방형 묘에 남재가 잠들어 있고, 그 아래에는 신인愼人 남씨가 조선 후기에 반원형 묘로 자리를 잡았다. '신인'은 정3품 당하관이나 종3품 벼슬을 지낸 사람의 부인에게 주는 품계이다.

제일 뒤에서 후방을 바라보니, 날씨가 쾌청한 탓인지 엄중하면서도 고운 자태의 불암산이 손에 잡힐 듯 가깝다. 그 한가운데에서 빠져 나온 용맥은 중간에다 양쪽이 퍼진 초생달 모양의 산을 차례로 두 개 솟아 올렸다. 뒤쪽의 것이 크고, 앞쪽의 것은 조금 작은 크기인데 약간 비껴 앉았다.

좌우 양쪽으로 퍼진 초생달 모양을 한 산을 옥대사玉帶砂나 아미사蛾眉砂라고 부른다. 그런데 아래쪽에 물이 없는 경우는, 마치 높은 벼슬아치들이 허리에 두르는 옥대玉帶의 모습과 같다고 해서 옥대사라고 부른다. 물이 있는 경우에는, 아래쪽에

》가는 길
남양주시 별내면 화접리에 있다. 서울에서 상봉동을 거쳐 47번 국도를 타고 갈매동사거리에 다다른 다음, 구리 방향으로 1.2km를 가면 '신광산업입구'라는 표지판이 나온다. 여기에서 좌회전을 해서 화접초등학교 쪽으로 500m를 가면 들판의 중앙에 남재의 묘가 쉽게 눈에 뜨인다.

촉촉한 눈망울을 지닌 고운 여인의 눈썹 모양이라고 해서 아미사라고 부른다. 대체로 산중에 있는 초승달 모양의 봉우리는 옥대사요, 평지나 물가의 것은 아미사에 속한다.

사격砂格에서 옥대사나 아미사는 모두 귀하게 여긴다. 옥대사는 남자에게 높은 벼슬아치를 예고하고, 아미사는 여자에게 왕비를 예고하기 때문이다.

이곳에는 짧은 거리를 행룡하는 중출맥에 옥대사와 아미사가 모두 존재한다. 이는 극히 보기 드문 현상으로, 이곳이 그만큼 귀한 자리가 된다는 뜻이기도 하다. 나아가 변화가 많은 용으로써, 그만큼 씩씩한 기상이 넘치고 순수한 정기를 자아내는 모습이라고 할 수도 있다. 오죽했으면 이 태조가 처음에 자신의 자리로 점지했을까?

들판을 지나 과협한 용은 좌우에 자그마한 호종사護從砂를 끌고 와 상당히 큰 혈판을 만들었다. 너무 크다 보니, 들판에 홀로 솟은 외로운 산의 모습이다. 그러나 이는 주변의 기를 모두 끌어 모으는 상당히 좋은 형국이다. 그리고 실제 보기에도 시원스럽고 장엄하기까지 하다.

아울러 명당은 무지하게 넓고 크다. 사방의 산들이 저 멀리 물러앉아 둥그렇게 빙 둘렀다. 그 안에는 넓고 넓은 논들이 시원하게 펼쳐졌나. 병탄하고 원만하며 밝고 깨끗한 명당 안에는 곳곳에서 흘러 들어온 물들이 논들을 질펀하게 적시는 중이다. 도처의 재물이 흘러드는 명당이다.

그런데 파구破口가 너무 먼 것이 흠이다. 이곳저곳에서 들판을 적시던 물이 하나가 되어 흘러가는 파구는 아득히 청룡과 백호가 만나는 지점이다. 묘역에서 보아 43번 도로의 오른쪽 끝이다.

파구가 너무 멀다는 것은 지출이 많다는 뜻이다. 명당 안에서 합쳐진 뒤 하나가 되어 빠져나가는 물의 양만큼 큰 돈이 빠져나가는 것을 의미한다. 따라서 재물이 엄청나게 많이 들어오는데, 또 그만큼 나가는 명당이다.

그러나 정말 걱정스러운 것은 후방 왼쪽의 어깨가 시리다는 점이다. 수락산 우측 끝자락이자, 청룡 자락의 출발점이기도 한 고개 마루가 너무 휑하다. 더욱이 수락산은 서울 근교의 산들 중에 유일하게 서울을 등지고 솟아서, 무학 대사에게 미움을 받아 '반역산'으로 불리기도 한 산이다.

혹시 모르겠다. 나중에야 결백이 밝혀졌지만, 당대에 '반역'의 죄를 뒤집어쓴 남이 장군이 나온 것은 혹 저 산자락의 저 바람 탓이 아닐까?

그리고 안산이 모호하다. 문필봉 하나가 정답기는 하지만, 혈장과는 전혀 상관없이 좌측의 후방으로 치우쳤다. 당당하게 마주하는 안산이 없는 것이 못내 아쉽다. 이런저런 연유에서 이곳을 건원릉 자리에 비교해 본 이 태조가 침을 흘렸나 보다.

이 혈은 '호승예불형胡僧禮佛形' 또는 '노승예불형老僧禮佛形'이라고 부른다. 불암산이 이역에서 온 인도 승려나 나이 먹은 노승을 상징하고, 평지에 둥두렷이 튀어나온 이 혈판이 목탁을 상징하는 탓이다. 목탁을 치는 채의 역할은 겹겹의 백호 앞쪽에서 혈을 바라보며 길고도 얕게 깔린 능선이 맡았다.

둘러보면 워낙 좋은 국세이다. 그래서일까? 주변 곳곳에 또 많은 혈이 아직도 숨어 있을 듯 은근히 기대가 일어나는 그런 곳이다.

이 묘역의 진혈처는 남재의 자리이다. 묘소의 뒤쪽에 크고도 단단한 입수도두처가 불룩하고, 선익사도 묘를 감싸고 있다. 묘 앞의 순전도 제법 솟았다. 남재의 묘는 술좌진향戌坐辰向이다. 명당에 들어오는 큰 물줄기인 용암천은 좌측에서 우측으로 흐르고, 혈 앞의 작은 물줄기는 우측에서 흘러나와 양수협출을 한다. 파구 방향은 손사향巽巳向이다. 그래서 정묘향正墓向에 포함되는 좋은 향법이다.

정묘향은, 물이 좌수도우하고 우측에서 또 작은 물이 나와 양수협출해야 하며, 곤신파坤申破에 정미향丁未向, 건해파乾亥破에 신술향辛戌向, 간인파艮寅破에 계축향癸丑向, 손사파巽巳破에 을진향乙辰向이 이에 속한다. 정묘향은 부귀를 함께 불러오는데다가, 자손들이 번창하고 건강하며 장수를 한다는 향이다.

　남씨는 희성稀姓임에도 불구하고 조선시대에 많은 인재를 배출한 집안이다. 조선을 통틀어 정승 6명, 대제학 6명이 나왔는데, 문과 급제자는 140명을 상회한다. 특히 대제학을 6명이나 배출한 기록은 주목할 만하다. 그런데 의령 남씨들이 풍수지리학에 관심이 많았다는 사실을 염두에 둔다면, 위 기록들은 시사해 주는 점이 많다고 하겠다.

　오늘의 일정표에 의하면, 이곳과 맞바꾼 이 태조의 건원릉을 향한 걸음이 앞에 남았다. 과연 얼마나 좋은 곳이기에 이곳과 바꿨을까? ▄

6. 동구릉에서(1) - 머리를 풀어헤친 건원릉

버스가 다시 구리시로 들어가 동구릉 앞에 섰다. 능역 입구의 큰길가에 보면 기념비 하나가 자그마하게 서 있는데, 조선 말기에 이르기까지 동구릉을 관장하던 '동창東倉 마을 유래비'이다.

'동창'이란 동쪽 창고란 뜻이다. 조선시대에 동구릉 앞쪽은 능을 보수·관리하던 사람들이 모여 살던 마을이었다. 이들은 능역에서 소요되는 물품을 직접 제작하여 보수와 관리에 참여하기도 하였는데, 일이 없을 때는 필요한 물품을 미리 제작하여 비축하기도 하였다. 그 결과 커다란 창고가 이곳에 서게 되어 '동창 마을'이라고 불린 것이다. 한양에서 보면, 이곳은 동쪽이다.

능역 앞의 주차장에 내리자, '朝鮮太祖高皇帝詩碑(조선태조고황제시비)'란 타이틀 아래에 거대한 천연석 시비詩碑가 우리를 반긴다. 이 태조의 작품으로 「등백운봉登白雲峰」이란 제목이다.

팔을 뻗어 다래 덩쿨 부여잡고
푸른 봉우리에 오르니,
하얀 구름 속에 암자 하나가
높다랗게 누웠구나.

만약에 눈길이 가는 대로

내 땅을 삼는다면,
초나라, 월나라가 싸웠다는 강남 땅인들
내 어찌 사양하랴?

引手攀蘿上碧峰(인수반라상벽봉)
一庵高臥白雲中(일암고와백운중)
若將眼界爲吾土(약장안계위오토)
楚越江南豈不容(초월강남기불용)

시비의 설명에 따르면, 이 시는 이성계가 왕위에 오르기 전에 삼각산 백운대白雲臺에 올라 지은 시라고 한다. 백운대 인근에는 인수봉이 있으니, '引手(인수)'와 '白雲(백운)'이란 이름을 시 안에 교묘하게 가져다 쓴 작품이라고 여겨진다.

중국 양자강 이남인 강남 땅은 본래 초나라의 영토였는데, 전국시대 말기에 이르러 새롭게 일어난 월나라와 주인 자리를 놓고 치열하게 다투던 곳이다. 할 수만 있다면, 중국의 그 남방 땅까지도 싸워서 다 차지하고 싶다는 젊은 시절 이성계의 야심과 포부로 가득 찬 내용이다.

태조의 묘가 있는 이 능역은 동구릉이라고 부른다. 앞서 이야기했듯이, 동구릉은 조선 왕가가 남긴 가장 큰 묘역이다. 태조의 건원릉부터 24대 왕 헌종의 비 효현왕후孝顯王后 김씨金氏와 계비 효정왕후孝定王后 홍씨洪氏가 함께 묻힌 경릉景陵까지 9릉 17위의 왕과 왕후의 능이 안장된 때문이다.

이곳을 동구릉이라고 부르게 된 것은 철종 6년(1855) 8월 26일에 수릉綏陵이 9번째로 들어온 이후부터이다. 오늘날에는 사적 193호로 지정된 곳이기도 하다.

매표소를 통과한 다음 곧바로 나아가자, 오른쪽으로 수릉이 지나고 현릉이 지나간다. 살펴보니, 스치는 능선의 끝자락들은 모두가 진입로 옆으로 나란히 흐르는 물가로 내려와 안쪽으로 오므리고 있다. 안쪽의 건원릉을 감싸는 형세이다. 물길 건너로 내려온 능선들 또한 모두 마찬가지이다. 물길의 좌우에서 겹겹의 능선들이 안쪽의 건원릉을 포개어 감싸는 형국이다.

건원릉의 홍살문을 지나 양쪽으로 늘어선 석물들을 구경하며 정자각 앞에 이르렀다. 모두들 참배를 한다. 일행 중에 개성 왕씨나 경주 최씨가 없어 한 사람도 빠짐없이 예를 올린다.

고려의 왕족이었던 개성 왕씨는 물론, 최영崔瑩 장군의 후예 경주 최씨들은 이곳에서 절대로 고개를 꺾지 않는다. 힘으로 기존의 역사를 깡그리 뒤집고, 자신이 중심이 된 새로운 왕조를 펼쳤던 이 태조에 대한 반발과 분노의 표시이다.

정자각 뒤쪽으로 이 태조의 봉분이 우람하게 솟았다. 각목으로 얽어 세운 울타리 너머로 봉분의 하단이 올려다 보인다. 그곳에는 건원릉이 혈처임을 증명하는 몇 가지 증거가 확실하게 보인다.

먼저 하수사이다. 이곳의 하수사는 좌측이 더 발달하였는데, 마치 빗으로 빗어 내린 듯 우에서 좌로 흘러내린다. 하수사는 용진처에 도달하기까지 순수한 기를 감싸며 보호하고 흘러온 물기들을 잘 걷어낼 수 있는 역할을 하는데, 겹겹으로 이루어져야 좋다.

옛사람들은 "未看後龍來不來(미간후룡래불래)하고 但看下關緊不緊(단간하관긴불긴)하라!" 하면서 하수사를 강조를 했다. 이는 "뒤쪽에 용맥이 내려왔는가 내려오지 않았는가를 보지 말고, 다만 하관사가 조밀한가 조밀하지 않은가를 보라"는 말이다. 하관사下關砂는 하수사와 같은 말로, 기가 빠져나가지 않도록 혈처의 아래쪽에서 빗장을 지르는 역할을 하는 작은 지맥이란 뜻으로 풀이된다.

게다가 이곳은 용맥이 좌에서 우로 감돌면서 마무리한 좌선룡이다. 좌선룡에서 하수사가 우에서 좌로 빗기고 있으니, 아주 바람직한 모습이다. 음양이 서로 교차하면서 교합을 하는 길한 형세이다.

그리고 하수사들 사이로 여러 곳에서 요석瑤石이 보인다. 묘역의 하단 경사면에

단단하게 박힌 돌을 요석이라고 하는데, 이들은 혈에 뭉친 기가 새어나가지 않도록 할 뿐더러, 묘역의 하단을 단단하게 받쳐 주는 기능을 한다.

좌선룡의 이곳은 또 우선수이다. 오른쪽에서 왼쪽으로 물길이 돌아간다. 이 또한 음양의 교배가 정확하다. 따라서 위쪽에 좋은 혈이 맺혀 있다는 것을 쉬이 미루어 알 수 있다.

묘소에 오르면, 제일 먼저 봉분 위에 무성하게 자란 억새풀이 눈에 뜨인다. 특이하게도, 이 태조의 봉분은 다른 곳과 달리 잔디가 없다. 대신 억새풀로만 이불을 해 덮었다. 여기에 대해서는 두 가지 설이 전한다.

하나는 향수鄕愁 때문이라고 한다. 죽음에 임박한 이 태조는 자신은 죽어서도 고향 함흥을 잊지 못할 것이니, 자신의 봉분에는 고향의 억새풀을 심고 깎지 말라고 유언을 남겼다는 것이다.

다른 하나는 방석과 방번, 방간 등의 형제들을 죽음으로 몰아넣고, 스스로 왕위에 오른 지긋지긋한 아들 방원에 대한 미움 때문이란다. 방원 같은 놈에게는 내 무덤의 풀조차 깎게 하고 싶지도 않으니, 차라리 억센 억새나 심으

동구릉은 (1)태조 이성계의 **건원릉**健元陵, (2)5대 문종과 현덕왕후의 **현릉**顯陵, (3)14대 선조와 인의왕후와 계비 인목왕후의 **목릉**穆陵, (4)16대 인조의 계비 장렬왕후의 **휘릉**徽陵, (5)18대 현종과 명성왕후의 **숭릉**崇陵, (6)20대 경종 비 단의왕후의 **혜릉**惠陵, (7)21대 영조와 계비 정순왕후의 **원릉**元陵, (8)24대 헌종과 효현왕후와 계비 효정왕후의 **경릉**景陵, (9)헌종의 아버지로서 추존된 문조와 신정왕후의 **수릉**綏陵이 있다.

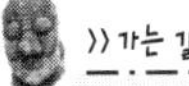

>>가는 길

구리시 인창동에 있다. 서울에서 망우리 고개를 넘어 교문사거리에서 좌회전을 해서 퇴계원 방향으로 2km 정도 계속 직진하면 동구릉 주차장이 나온다.

라고 유언을 남겼다는 이야기이다.

　묘소의 뒤쪽이 입수도두처이다. 입수도두처를 지나 철조망을 넘자, 10m 앞 근처가 결인속기처이다. 용맥은 그 잘록한 목에서 힘을 모았다가 오솔길 한가운데 소나무가 있는 곳으로 솟구쳤다. 그 넘치는 힘과 기세 때문에 소나무는 뿌리를 깊게 박지 못해 지면 위로 노출시켰다. 용맥을 따라 밟아 보면, 단단하지만 기분 좋은 감촉이 슬며시 든다. 생기가 감돈다는 느낌이다.

　결인속기로 팽팽해진 용맥은 길 위의 소나무를 지나 혈판으로 들어갔다. 생동하는 그 움직임으로 보아 **비룡입수**飛龍入首의 형국이다. 비룡입수란 높게 솟은 산 정상에다 혈을 맺기 위해 마치 날아오르는 듯 입수한 용의 모양을 가리킨다. 비룡입수를 해서 높은 곳에 혈을 맺기 위해서는 사방의 산들도 높이 솟아 바람을 막아 주어야 하며, 혈장 또한 널찍한 모습으로 안정감을 지녀야 한다. 비룡입수혈의 경우 물은 산 아래에서 혈장을 감싸고 돌아야 하며, 수구水口는 잘 닫혀 있어야 진혈이 된다. 비룡입수한 혈은 큰 귀를 불러오지만, 부를 관장하는 명당이 멀고 좁아 부가 크지 않은 것을 특징으로 한다.

　입수도두처에 이르자, 예측대로 커다란 혈판이 나타난다. 커도 엄청나게 큰 혈판이다. 그 한가운데 이 태조의 묘가 자리를 잡았다. 모란반개형牡丹半開形 터의 정중앙 꽃술 자리이다. 사방을 둘러보니, 꽃잎에 해당하는 봉긋봉긋한 봉우리들이 묘를 중심으로 사방에 둘려졌다.

　청룡과 백호는 크고 긴 양팔이 되어 포근하게 묘역을 감싼다. 좌우가 모두 거의 같은 높이로 우뚝 솟아, 같은 크기의 덩치에 같은 길이로 늘어졌다. 후손들이 아들딸 구별 없이 모두가 잘되고 행복한 형상이다. 청룡과 백호의 뒤로는 능선들이 중첩을 한다. 모두 물길까지 흘러내린 뒤, 묘역을 향해 유순한 표정으로 감싸고 다시 감싼다. 묘역의 생기가 한 줌도 새어 나갈 수 없는 모습이다. 꼭꼭 여민 교쇄交鎖이다.

　이 묘역은 안산이 없다. 모란반개형의 터이기 때문이다. 전방에는 안산 대신 볼품없는 고층 아파트들이 들어찼다.

　그리고 건원릉은 지형으로 보아 **용자형**用字形 **명당**으로 일컬어지기도 한다. 용用

이란 글자를 파자破字하면, 일(日)과 월(月)이 되기 때문에, 용자형 명당을 '천지음양일월도합격지天地陰陽日月都合格地' 라고 하여 아주 길지로 친다. 낮에는 해처럼, 밤에는 달처럼 세상을 밝힐 위대한 인물의 탄생을 기대해 볼 수 있는 천하의 대 명당이라는 것이다.

이곳의 물길은 우수도좌右水到左로, 손사방巽巳方을 파구破口로 삼았다. 묘소의 향은 계좌정향癸坐丁向이다. 88향법에 의하면, 정양향正養向에 속하는 길한 향법이다.

정양향은 물이 우수도좌하고 곤신파坤申破에 신술향辛戌向이거나, 건해파乾亥破에 계축향癸丑向, 간인파艮寅破에 을진향乙辰向, 손사파巽巳破에 정미향丁未向이 이에 속한다. 정양향은 자손과 재물이 왕성하게 번창하고, 이름을 날리며 출세하는 자손이 나오는 길한 향이다.

나는 잠시 입수도두처 아래에 앉아 억새풀을 머리에 이고 있는 기괴한 형용의 봉분을 지켜보았다. 곡장으로 둘리고 잘 단장된 묘역은 마치 머리를 풀어헤친 채 망연자실 넋을 잃은 이 태조의 서글픈 모습으로 내게 다가들었다.

태조 자신은 조선 창업의 큰 위업을 이뤘지만, 이후 계속해서 대권을 노리는 왕자들의 다툼이 일어난 것은 누구나 다 아는 역사적 사실이다. 보위에 눈이 뒤집어진 아들들 사이에 골육상쟁이 벌어져, 마침내 피투성이로 하나씩 죽어 나자빠지는 광경을 바라보는 아비의 참담한 심정이 저런 모습일까? 하얗게 팬 억새꽃이 겨울바람에 휘날린다. 바람이 차다.

태조는 슬하에 8남 5녀를 두었는데, 태종 8년(1408) 5월 24일 창덕궁에서 74세로 승하하였다. 같은 해 9월 9일에 지금의 자리에 모셔졌다 ■

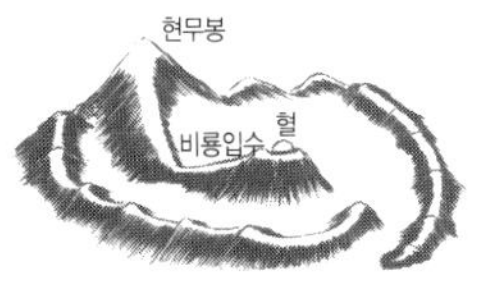

〰비룡입수(飛龍入首) : 높게 솟은 산 정상에 혈을 맺기 위해 마치 날아오르는 듯 입수한 용의 모양을 가리킴.

〰용자형(用字形) 명당 : 용(用)자를 파자하면, 일(日)과 월(月)이 되기 때문에, 용자형 명당을 '천지음양일월도합격지天地陰陽日月都合格地(낮에는 해처럼, 밤에는 달처럼 세상을 밝힐 위대한 인물의 탄생을 기대해 볼 수 있는 천하의 대명당)' 라 함.

7. 동구릉에서(2) - 현릉, 수릉, 그리고 혜릉

① 현릉

건원릉을 빠져 나오다가 무작정 왼쪽에 보이는 능역으로 들어갔다. 조선의 제5대 왕인 문종과 그의 비 현덕왕후顯德王后 권씨權氏가 따로 묻힌 현릉顯陵이다.

문종의 봉분은 일견에도 자리가 아니다. 봉분이 슬금슬금 무너져 내리는 모양인데, 잔디는 뿌리를 제대로 박지 못하고 있다. 이는 수기水氣 때문에 나타나는 현상이다. 좌우의 청룡과 백호도 제 모습을 전혀 갖추지 못했다. 자세히 살펴보니, 현덕왕후릉의 백호를 등지고 누운 꼴이다. 그러기에 저렇게 물기가 모여드는 것이리라.

차라리 왕후릉을 보는 편이 낳겠다 싶어 그곳으로 가 보았지만, 역시 아니다. 골이 지고 깨끗하지 못한 용맥은 그나마 왕후릉의 청룡맥으로 꺾어 내렸다. 용의 힘은 청룡을 따라 아래쪽으로 쏠리고 있다. 따라서 왕후의 능은 굽힌 팔꿈치의 바깥쪽을 차지한 셈이다. 일부러 만들어 낸 자리이다.

그런데 이게 무엇인가? 왕후릉의 비각 뒤에서 작은 지맥 하나가 청룡의 몸통에 거꾸로 돋쳐 문종의 능을 찌른다. 당대에 살상이 나고 집안이 망한다는 능침살이다. 어떻게 이런 곳에 자리를 잡았을까? 사실 문종의 능이 등지고 있는 백호 자락도 아주 험상궂다. 사납게 생긴 골짜기가 백호 앞에서 왕후의 능을 응시하고 있다. 이 또한 험난한 앞날을 예고하는 모습이다.

결과론이지만, 능침살을 받는 문종의 능 때문에 그의 유일한 혈육 단종이 비운

에 간 것은 아닐까? 그 결과 문종은 자신의 후손을 전혀 남기지 못한 고독한 처지가 된 것이 아닐까?

문종(1414~1452)의 이름은 구珦로, 1421년 세자에 책봉되었다. 학문에 뛰어나고 성품이 관후寬厚하여 문무를 고르게 등용시키고, 세자로 있던 20년 동안 언로言路를 열어 민심을 파악하는 등 세종을 보필한 공이 많았다. 1445년부터 병이 든 세종 대신 국사를 대신 맡아 처리하다가, 1450년에 즉위하였다. 재위 기간에 그는 세종이 다 끝내지 못한 『동국병감東國兵鑑』, 『고려사高麗史』, 『고려사절요高麗史節要』 등을 완성시켰다. 뿐만 아니라, 군제軍制를 효율적으로 개편하여 군사력을 증강시켰으며, 학문과 예술의 진작에 힘을 쏟았다. 그러나 재위 3년 만인 1452년 5월에 1남 2녀를 남기고, 39세의 일기로 세상을 등졌다. 같은 해 9월에 현 위치에 모셨다.

현덕왕후(1418~1441)는 안동安東 권전權專의 딸로, 1431년 세자궁에 궁녀로 들어갔다. 그런데 세자의 총애를 입어, 1437년 세자빈 봉씨奉氏가 폐위되자 그 뒤를 이어 세자빈으로 책봉되었다. 그러나 단종

을 낳고 산후병으로 24세의 삶을
접었다. 단종 즉위 후 현덕왕후
로 추존되어 소릉昭陵이라고 하
였다가, 중종 8년(1513)년에 경기
도 안산에서 오늘의 위치로 이장
되었다.

② 수릉

우리는 용맥에 해당하는 현덕왕후릉의 청룡을 따라 내려갔다. 용맥은 펑퍼짐하
고 느슨한 느낌을 준다. 힘이 없는 용인데, 얼마 후 과협을 한다.

과협처에서 용은 지나치게 긴 허리를 노출시킨다. **장협**長峽이다. 그러나 약간씩
은 몸놀림을 하고 있다. 앞을 바라보며 왼쪽에는 탄탄한 공협사가 야트막한 대로
누웠다. 오른쪽은 허전한데, 저 너머에서 현릉이 등지고 있던 능선이 공협사로 내
려오다 만 탓이다. 바람이 느껴진다. 현덕왕후의 능은 오른쪽 영송사 노릇을 한다.
대체로 보아 부실한 과협처이다.

그냥 저냥 내려가던 용은 가까스로 수릉綏陵을 낳았다. 전방도 그저 그렇고 용호
도 그저 그렇다. 안산도 모호하다. 미리 예상하던 바이니, 실망스러울 것도 없다.

향도 이상한 자리이다. 손사파巽巳破에 자좌오향子坐午向이니, 이는 살인대황천
殺人大黃泉에 걸리는 자리이다. 왜 이리 썼을까? 차라리 오른쪽에 제법 고운 자태에
특출한 봉우리를 안산으로 바라보고 향을 쓰면, 계좌정향癸坐丁向이 되어 건원릉과
같은 좋은 향법이 될 터인데. 숲이 우거진 탓에, 우리가 파구 방향을 잘못 재고 있
는 것은 아닐까?

수릉은 앞서 잠시 언급한 것처럼 순조의 큰아들 문조文祖(1809~1830, 익조翼祖 또
는 익종翼宗이라고도 함)와 조 대비趙大妃의 자리이다.

문조는 세자 시절이던 1827년부터 대리청정代理聽政을 하며 현재賢才를
등용하고 형벌을 신중하게 적용하며 선정善政에 힘을 썼지만, 청정 4년 만

에 헌종 하나 만을 남기고 22세의 아까운 나이로 세
상을 떴다. 헌종 원년이던 1835년에 익종으로 추존
되고, 현 위치에 있던 그의 무덤 연경묘延慶墓는 수
릉으로 격상되었다.

신정왕후神貞王后(1808~1890)는 1819년 제자빈에
봉해졌는데, 1834년 아들 헌종이 즉위하자 왕대비
로, 철종이 재위하던 1857년에는 대왕대비로 진봉
進奉되었다. 1863년 철종이 승하하자, 조 대비는 왕
위 결정권을 가지고 고종을 즉위시켰으며, 대왕대
비로써 수렴청정을 하여 무소불위의 힘을 휘둘렀
다. 이 시기에 문신들의 인사권을 총괄하던 이조판
서 자리는 풍양 조씨가 독차지할 정도로 세도 정치
를 펴서, 조선시대의 세도 3대 가문의 한 자리를 차
지하게 되었다.

③ 혜릉

마지막으로 찾은 곳은 혜릉惠陵이었다. 그런데 능침의
하단에서 보아도 여기는 자리가 아니다. 저 안쪽의 건원릉
을 감싸는 바깥쪽 지맥의 하나이다. 혜릉 역시 그 꺾어진

≋ **장협**(長峽) : 과협의 길이가 긴
것.

〈흉한 장협〉

〈길한 장협〉

〈길한 장협〉

팔꿈치 밖에다 인공으로 만든 자리이다. 작지만 오히려 자리라고 할 수 있는 곳은 혜릉의 청룡 자락에 불룩 솟은 지점 바로 아래이다.

묘역 뒤로 오르자, 건원릉을 향해 감도는 지맥들의 중첩된 흐름이 한결 눈에 띤다. 혜릉의 전방으로 시선은 상쾌하지만, 너무 멀어 허전하다. 아득히 구리시가 보인다.

혜릉에 묻힌 분은 단의왕후端懿王后(1686~1718)이다.

단의왕후는 청송靑松 심호沈浩의 딸이다. 왕후는 숙종 22년(1696) 세자빈에 책봉되었으나, 경종이 즉위하기 전에 세상을 등지고 말았다. 1720년에 즉위한 경종은 심씨를 왕후로 추봉하였다.

슬하에 자식을 두지 못하고 쓸쓸히 묻힌 단의왕후의 혜릉을 빠져 나오는데, 난데없는 호루라기 소리가 들린다. 관람 시간이 끝나가니, 어서 서두르라는 뜻에서 공익근무요원이 부는 호루라기 소리이다. 그러나 피로한 탓에 발걸음이 무겁다.

길을 따라 내려오면서 생각해 보니, 조선 왕조가 후대로 이를수록 왕권이 약화되고 후손들이 귀해진 이유가 풍수지리학적인 측면에서 읽혀진다. 아직은 다른 이들의 눈에 확연히 보여줄 수 없지만, 오늘의 왕릉 기행이 그냥 나에게 준 느낌이다.

매표소가 바라보이는 즈음이다. 이제야 오늘의 일정을 마쳤다는 시원섭섭한 마음에서 나는 뒤를 돌아본다. 인적 끊긴 동구릉이 저녁 어스름에 잠긴다. 그런데도 새들의 울음소리는 여전히 들리지 않는다. 모두 어디로 갔을까? ▮

Ⅳ 분단의 아픔을 지닌 파주

교하가 도읍터로 거론된 일은 일찍이 조선시대에도 있었다.

『조선왕조실록』에 따르면, 이의신李懿信이 상소를 올렸다. 도성의 왕성한 기운이 이미 쇠하였으니,

도성을 교하현으로 옮겨 세우자는 것이었다. 그러나 예조판서 이정구李廷龜가 반대하여,

논의는 그만 중지되고 말았다.

1. 한강에 얽힌 설화와 전설

한강 유역에 사람들이 깃들여 살기 시작하였을 무렵부터, 한강은 나름대로의 역사와 많은 설화, 전설을 품고 도도한 기세로 오늘에 흘러왔을 것이다. 그러나 그 사연은 오늘에 다 전해지지 않는다. 까닭은 다름 아니다. 조선시대 이전에는 한강이 역사의 전면에 등장하지 못하였던 탓에, 관련된 설화와 전설들이 끈질긴 생명력을 부여받지 못하였기 때문이다.

그런데 조선시대 이후에 들어서는 전설이나 설화가 생겨날 가능성이 더욱 희박해지게 되었다. 이는 '괴력난신怪力亂神'을 언급하지 않는 유교의 현실주의적인 태도로 인한 엄격한 사회적 분위기 탓이다.

아무튼 그 아쉬운 자취는 몇 개의 기록으로 남아 오늘에 전해지는데, 먼저 『삼국사기』에 전해오는 도미都彌 부부에 관한 눈물겨운 사랑 이야기이다.

백제 개로왕 때의 일이다. 한강 유역에 품행이 단정한 도미 부부가 살고 있었다. 그런데 도미의 아내가 수려한 용모에 우아한 자태를 지니고 있음을 안 개로왕은 흑심을 품게 되었다. 여러 차례에 걸친 협박과 유혹에도 꿈쩍하지 않는 이들 부부에게 화가 난 개로왕은 도미에게 죄를 뒤집어씌우고, 두 눈을 뽑아 배에 태운 뒤 송파강의 강물에 띄워 보냈다.

궁궐로 불려간 도미의 아내는 개로왕의 엄명에 짐짓 핑계를 대고 송파강 가로 도망쳐 나와 하늘에 통곡하였다. 한참을 울던 그녀의 눈앞에 어느 틈

엔가 빈 배 한 척이 머물렀다. 이상하게 여긴 도미의 아내가 배에 올라타자, 그녀를 태운 배는 하염없이 흘러갔다.

지친 그녀가 눈을 뜨자, 배는 어느 섬에 이르러 있었다. 섬에 오른 그녀는 마침내 피투성이가 된 채로 겨우 숨이 붙어 있는 도미를 만날 수 있었다. 그 후 그들은 고구려 땅에 들어가 여생을 마쳤다.

위 이야기는 한강과 관련된 가장 오래된 설화적인 기록이다. 송파 유역이 도미 부부의 아리따운 사랑과 행실에 관한 이야기의 배경으로 설정되어 살풋 얼굴을 내밀고 있지만, 진실한 삶의 한 공간으로 한강이 진작 자리하였음을 보여주는 기록이라고 하겠다. 암사동의 선사 유적지에는 오랜 옛날 먼저 살다간 사람들의 삶의 편린이 유품으로 고즈넉이 남아 있다면, 이 기록은 고뇌와 갈등 속에서 불의의 세력에 저항하다가 드디어는 행복을 차지하는 사람다운 사람들의 생생한 모습이 서사적인 이야기의 틀 안에 살아 꿈틀거리고 있다는 점에서 매우 소중한 것이다.

다음은 공암진孔巖津에 관련된 두 개의 전설이다. 그런

데 공암진이란 나루의 이름은 지금의 행주대교 부근의 둑 밖에 있는 두 개의 쌍둥이 바위에서 기인한다. 그 가운데의 하나가 구멍이 뚫린 구멍바위였던 까닭에 공암진이란 이름을 얻게 된 것이다.

본래 이 바위들은 광주廣州에 자리하고 있었는데, 어느 해인가 커다란 장마에 휩쓸려 현재의 장소까지 떠내려왔다. 이것을 기화로 광주의 사또는 해마다 양천陽川 사또에게 세 개의 쑥대 빗자루를 세금으로 거두어 갔다. 빗자루는 쌍둥이 바위에서 저절로 자라난 쑥대로 만든 것이었다. 마침내 이것을 귀찮게 여긴 양천 사또는 언젠가 광주 사또에게 따졌다.
"이보시오, 광주 사또! 이렇게 꼬박꼬박 쑥대 빗자루를 구실로 받아갈 양이면, 아예 이 바위들을 당신의 관할 구역으로 도로 가져가시오."
말문을 잃은 광주 사또는 다시는 세금을 걷어갈 수 없게 되었고, 그 바위들은 오늘에 이르기까지 '광주바위'로 불려지게 되었다.

양천 땅에 소재하면서도 '광주바위'로 불려온 운명 때문이었을까? 본래 한강의 흐르는 물살을 몸으로 거스르며 두둥실 떠 있던 바위섬이었는데, 지금은 한강을 개발하는 공사의 여파로 둑 너머 물밖에 나앉게 되었으니 참으로 기구한 운명이라 하겠다.
그러나 쌍둥이 바위에는 우애 깊은 형제들에 관한 전설 하나가 더 전해온다. 이른바 '형제투금兄弟投金'으로 널리 알려진 아름다운 전설이다.

고려 공민왕 때의 일이다. 길을 가던 형제가 있었는데, 아우가 황금 두 덩이를 줍게 되었다. 아우는 곧바로 한 덩이를 형에게 주었다. 그러다가 공암 나루에 이르러 함께 배를 타고 강을 건널 즈음이다. 아우가 갑자기 자신이 지니고 있던 금덩이 하나를 풍덩 강물 속에 던졌다. 이상하게 여긴 형은 아우에게 까닭을 물었다. 아우가 대답하였다.
"형님! 저는 평소 형님을 무척이나 사랑하고 따랐는데, 금덩이를 주워 나눠 가진 뒤로 갑자기 형님을 꺼리는 마음이 생겨났습니다. 그러니 이것은 분명 상서롭지 못한 물건으로, 차라리 강물에 던져 없애 버리는 편이 훨씬 좋겠다는 생각이 불쑥 들어서였습니다.”

　이 말을 들은 형도 “네 말이 옳구나!” 하고는 자신이 지니고 있던 금덩이마저 강물에 던져 버리고 말았다.

　이 일로 인하여 형제가 건너던 여울물 또한 이름을 얻게 되었다. 오늘날까지 불리는 ‘투금뢰投金瀬’와 ‘황금 여울’이 그것이다.

　그리고 또 다른 지명 관련 설화로는 세고탄洗姑灘 관련 이야기가 있는데, 이것 역시 조선시대 훨씬 이전으로 소급된다고 여겨진다. 옛날 어떤 늙은 할미가 빨래하는 것을 업으로 삼아 허구 헌 날 한강 가의 한 자리에서 빨래를 하였기 때문에 급기야는 ‘빨래 할미 여울’이란 이름이 생겨 났다고 한다. 이곳은 오늘날의 풍납토성 서쪽 언저리에 흐르고 있는 여울물을 가리킨다.

　한강이 역사의 선년으로 급부상한 조선시대에 들어와서는 대체로 ‘행주치마’와 ‘쌀섬 여울’에 관한 이야기가 새롭게 태어난다. 모두가 직접 혹은 간접적으로 전쟁과 관련되었다는 점에서 주목을 끈다.

　먼저 행주치마의 유래담은 임진왜란이 한창이던 1393년의 행주대첩과 관련된 것으로, 대부분의 사람들이 잘 알고 있는 이야기이다. 간단히 말하자면, 고립무원의 행주산성을 지키던 권율에게 커다란 힘이 되었던 부녀자들이 덧치마의 치마폭을 벌리고 돌을 날라 사나운 왜적들을 물리쳤다는 통쾌한 무용담으로, 여기에서 '행주치마' 란 이름이 생겨나게 되었다고 한다.

'쌀섬 여울' 이란 이름의 유래는 남한산성을 쌓았던 이회李晦와 관련이 있다.

남한산성을 쌓는 과정에서 중요한 역할을 담당하였던 이회는 주변의 시기와 질투에도 아랑곳하지 않고 사재까지 털어 본연의 임무에 충실하였지만, 공사비 부족으로 인해 완공 시기를 예정에 맞추지 못하게 되었다. 이로 인해 이회는 마침내 중상모략을 받아 처형되기에 이르렀는데, 그가 처형되는 순간 매 한 마리가 날아와 시체 옆의 바위에 앉아 의미 깊게 주변을 훑어본 뒤 날아갔다고 한다. 그래서 훗날 그 바위는 '매 바위' 라고 불리게 되었다. 이회가 처형된 뒤, 조사를 나온 조정의 관리들은 뒤늦게나마 이회의 무고함을 알고는 청계당淸溪堂에 그의 위패를 모셔 넋을 위로케 하였다고 한다.

그리고 남편을 돕기 위해 전국 각지에서 공사 대금을 모아 삼전 나루에 도착한 그의 부인은 마침내 남편의 불행한 최후를 듣게 되었다. 슬픔에 겨운 부인은 배 안에 싣고 왔던 쌀섬을 모두 강물에 던져 버린 뒤, 스스로 강물에 몸을 던졌다고 한다.

그 후로 삼전도 부근의 여울 이름을 '쌀섬 여울' 또는 '미석탄米石灘' 이라 부르게 되었다고 한다. 남한산성은 1626년에야 완공되었는데, 10년 뒤인 1636년에 인조仁祖는 이곳으로 피난을 와서 청나라에 대한 결전의 의지를 불태우기도 하였다.

자유로를 거의 다 통과한 버스의 오른쪽 차창으로 심악산과 오두산이 스쳐간다. 20대의 혈기 넘치던 시절에 내가 군대 생활을 하던 추억 어린 곳이다. 그러나 삼엄한 경계의 눈초리가 지금도 계속되는 통한의 땅이다.

차창 너머로 끊임없는 철책이 지나간다. 넓게 펼쳐진 자유로를 따라 쌩하며 달리는 차량들 외에 사람들의 모습이 눈에 뜨이질 않는다. 계절마저 겨울인 탓에 스산하기 그지없는 황량하고 메마른 풍광들이 스쳐간다. 한강으로, 임진강으로 흐르는 저 큰 강물을 빼고 나면, 물기라곤 찾아볼 수 없는 바짝 마른 토양만이 시야에 든다. 생기를 잃은 무미건조한 경치이다. 변방 아닌 변방 파주시가 보여주는 민족 분단의 서글픈 모습이다.

휴전선 155마일 중에 민간인의 신분으로 별다른 통제 없이 분단의 현장을 이렇게 가까이 볼 수 있는 곳이 어디 있으랴? 허리 잘린 민족의 현실을 가장 쉽게 볼 수 있는, 가장 실감나게 피부로 느껴 볼 수 있는 곳이 파주시이다.

한강 하구의 심악산과 오두산이 자리잡은 곳은 교하면 交河面이다. 한강과 임진강이 교차하는 지역이라서 그렇게 이름이 붙여졌다. 두 물은 이렇게 만나 하나가 되고 있거늘, 어찌하여 이곳에서 우리 민족은 둘로 나뉘었을까? 내 청년 장교 시절의 의문이 되살아나는데, 정 선생이 마이크를 잡았다.

“교하면은 임진강과 한강이 만나는 합수처입니다. 따라서 백두대간에서 내려온 용맥들이 이 두 물의 위쪽과 아래쪽에서 행룡을 멈춘 용진처입니다. 이는 기가 응결된 곳이라는 말이기도 합니다. 그래서일까요? 최창조 교수는 통일 후의 도읍터 후보로 교하면을 들었습니다. 인제 기회가 닿게 되면, 과연 교하면이 그만한 더인지 한번 답사해 보도록 하겠습니다.”

교하가 도읍터로 거론된 일은 일찍이 조선시대에도 있었다. 『조선왕조실록』 광해군 4년(1612) 11월 15일의 기록에 따르면, 술관 이의신李懿信이 상소를 올렸다. 도성의 왕성한 기운이 이미 쇠하였으니, 도성을 교하현으로 옮겨 세우자는 것이었다. 그러나 예조판서 이정구李廷龜가 반대하여, 논의는 그만 중지되고 말았다.

교하현의 심악산과 오두산 또한 제각각 풍수와 연관된 전설을 지니고 있다.

심악산은 주위에 많은 구릉을 거느리고 있어 비룡상천형飛龍上天形이라고도 한다. 꼭대기 일대는 바위로 둘러싸여 있는데, 중심부의 10여 평 남짓 평평한 땅은 수십 자를 파내려 가도 미세 황토가 나온다고 한다. 바로 이곳이 천자가 나올 자리인 천자지지天子之地라고 전해진다. 그래서 욕심내는 사람들이 한밤중에 남몰래 수차에 걸쳐 시체를 암매장하곤 하였다. 그러나 이상하게도 이 자리에 시체를 매장하면 산이 울고 동네에서 병고가 일어나 동네 사람들은 일제히 상봉에 올라 시체를 파헤쳤다고 한다.

조선 말기의 일이다. 김포에 살던 예안이 본관인 이지열李志烈이란 사람이 마을에 들어와 훈학을 하였다. 그러다가 부친이 돌아가시자, 그는 이곳에 몰래 시체를 암매장하였다. 그러자 김면제金勉濟의 일자무식 하인 하나가 별안간 미쳤다. 그가 '이지열이가 여기다 산소를 써서 큰일 났다!' 며 동네를 뛰어다니자, 동네 사람들은 산에 올라가 산소를 파헤쳤다. 이러한 연유로, 지금은 이곳에 아예 묘를 쓸 생각조차 못한다고 전해지고 있으며, 또한 이 자리의 턱 아래에 발복지지發福之地 묘가 2기 나란히 있다고 한다.

또한 조선 중기의 유명한 학자 구봉龜峰 송익필宋翼弼 선생이 심악산의 정기를 받아 탄생·성장하였다는 전설을 지니고 있다. 구봉 선생이 출생할 때 심악산의 정기를 모두 흡수하여, 이 산의 초목이 일시에 고사枯死하였다고 전해지기도 한다.

구봉 선생은 서얼 출신이라는 한계 때문에 벼슬은 하지 못하였지만, 당대의 뛰어난 학자들인 이이李珥, 성혼成渾 등과 사우師友 관계를 맺고 사귀면서 성리학에 통달했던 인물이다. 예학禮學과 문장에 뛰어나, 이산해李山海·최경창崔慶昌·백광

홍白光弘 · 최립崔岦 · 이순인李純仁 · 윤탁연尹卓然 · 하응림河應臨 등과 함께 문장으로 명성을 날렸다. 시와 글씨에도 능하였다고 한다. 송포동의 구봉산 기슭에서 후진을 양성하여, 문하에 김장생金長生 · 김집金集 · 정엽鄭曄 · 서성徐渻 · 정홍명鄭弘溟 · 김반金槃 등의 많은 학자가 배출되었다. 그 가운데 특히 사계沙溪 김장생이 그의 예학을 이어받아 대가가 되었다

김포 쪽에서 오두산을 바라보면, 흡사 노란 저고리에 붉은 치마를 입은 젊은 색시가 춤을 추고 있는 모습을 하고 있다고 한다. 그런데 배를 타고 건너와 보면 그 색시의 모습은 온데간데없이 사라져 버리는데, 다시 김포 쪽으로 돌아가 오두산을 바라보면 그 색시가 또 나타난다고 한다. 사람들은 이를 '산삼의 장난' 이라고 말한다.

또한 김포에서 오두산을 바라보면 큰 멍석을 말아 놓은 것처럼 보이는데, 막상 건너와 보면 또 그 모습을 찾아볼 수 없다고 한다. 사람들은 이를 가리켜 '지네의 도술' 이라고 말한다.

그런데 오두산에 아주 좋은 명당자리가 있다는 소문을 들은 어떤 사람이 이곳에 몰래 산소를 썼다. 얼마 후 그 집에 장사의 상을 지닌 한 아이가 태어나게 되었다. 그런데 아이는 세 살이 되자, 소문도 없이 어디론가 사라져 버렸다고 한다. 아이를 본 사람은 아무도 없다고 전해진다 ▮

2. 영구하산형 황희 정승의 묘소

　북으로 달리던 버스가 오두산을 지나 오른쪽으로 꺾어지면서, 이제 한강을 버리고 임진강을 끼고 달린다. 도로의 좌우는 예와 다름없이 인적이 끊겼다. 철책 너머로는 추운 날씨에 호응이라도 하듯이, 더욱 시퍼런 임진강이 무심하게 흐른다.

　문득 버스가 몸을 꺾어 자유로 밖으로 빠져나간다. 금승리이다. 금승리 입구에서 다시 좌회전을 하자, '황희 정승 묘 300m' 라는 표지판이 나타난다. 멀리 전방의 산기슭을 차지한 사당과 묘역이 눈에 들어온다.

　원모재遠慕齋 앞으로 다가가니, 두 기의 비석이 우리 일행들을 반긴다. 왼쪽의 오래된 비문은 판독이 거의 불가능한 상태이다. 그래서 오른쪽에 새로 비를 세운 모양인데, 구한말의 학자 김영한金寧漢의 솜씨이다. 친일 시비를 받는 사람의 글이라서 내심 섭섭하다. 민족의 3대 정승 가운데 한 분인 방촌尨村 황희黃喜(1363~1452) 정승을 기리는 비문이라서 더욱 그런 생각이 든다.

　우리나라 황씨들의 도시조都始祖는 중국 후한 때의 유신儒臣이었다는 황락黃洛이라고 전한다. 그는 서기 28년(신라 유리왕 5)에 장군 구대림丘大林과 함께 옛날 월남의 한 지방이었던 교지국交趾國에 사신으로 가던 중 풍랑을 만나 지금의 경북 울진군 평해읍 바닷가에 표류하였다고 한다. 그래서 평해에 정착하게 된 그는 자신을 '황 장군' 이라고 칭하였는데, 뒷날 우리나라 황씨의 도시조가 되었다는 것이다. 현재에도 평해 월송越松 지역에는 황 장군의 묘가 전해진다. 평해 구씨丘氏의 시조가

된 구대림 장군이 살았다는 곳을 구미진
丘尾津이라고 부른다.

　일설에는 황락의 후손 가운데 갑고甲
古, 을고乙古, 병고丙古 3형제가 있었는
데, 이들은 각각 지금의 평해가 된 기성
군, 장수군, 창원백에 봉해져서 각각 본
관을 평해, 장수, 창원으로 삼았다고 한
다. 현재 전하는 제안과 항주를 제외한
대부분의 황씨는 이 3본에서 본관이 나
뉘었다고 한다.

　황희 정승의 본관은 전라북도 장수이

○ 방촌 황희

다. 장수長水 황씨黃氏의 시조 황경黃瓊은 통일신라 경순
왕의 부마로 시중 벼슬을 지낸 인물이다. 그 또한 우리나
라 황씨의 도시조인 황락黃洛의 후손이다.

　그 후 세계世系가 실전되어 기록이 자세하지 않다. 다만
고려 중기 명종 때에 전중감을 지내던 10세손 황공유가 이
의방李義方의 난이 있은 후로 장수로 낙향하였다고 한다.
그리고 15세손 황감평이 덕망 있는 학자였다는 것 이외에
18세손 황석부黃石富에 이르기까지 고증할 자료가 없다.

　장수 황씨의 숭시조 황석부는 황희의 증조부이다. 그는
사후에 호조참의로 추증되었는데, 후손들은 그를 1대조로
섬기고 있다. 그리고 그의 아들이자 황희 정승의 조부인
균비均庇를 2대조로 섬긴다.

　장수 황씨 가문의 대표적인 인물로는 조선의 3대 명재
상의 한 사람 황희가 단연 손꼽힌다. 그는 고려 공민왕 12
년(1363) 개성에서 판강릉부사 군서君瑞의 둘째 아들로 태
어나, 27세에 문과에 급제하여 성균관 학관이 되었다.

　태조 1년(1392) 고려가 망하고 조선이 개국되자, 그는 두

문동杜門洞에 들어가 은거의 길을 택했다. 그러나 이 태조의 간청으로 벼슬길에 올라, 태종 때는 5조의 판서를 두루 거치면서 두터운 신임을 받았다. 세종 때는 마침내 영의정에 이르렀다. 그는 영의정으로 18년을 재임하면서 농사의 개량과 적서嫡庶 차별의 철폐와 관련된 예법禮法의 개정 등 많은 치적을 쌓았다. 어찌나 청렴했던지 벼슬에서 물러날 때는, 세종이 내려준 지팡이 한 자루밖에 남은 것이 없었다고 한다.

그의 아들 치신致身 · 보신保身 · 수신守身 · 직신直身 4형제도 모두 벼슬에 등용되어 가문을 빛냈다.

너무도 훌륭한 업적을 남긴 탓일까? 황희 정승은 수많은 전설과 일화를 오늘에 남겼다. 각각의 이야기들은 황희 정승의 인물됨을 재미나고도 뚜렷하게 잘 보여준다. 여기서는 시간의 흐름에 따라 몇 가지만 뽑아 보도록 한다.

> 장단군 귀산현 향정리 정자동 북쪽 구연천변九淵川邊에 우뚝 서 있는 '용바위'는 용과 흡사하다고 한다. 용이 배꼽을 드러내고 일어서 있는 모양으로, 배꼽에 구멍이 나 있다고 한다. 돌을 힘껏 던지면 구멍에 넣을 수가 있는데, 돌이 들어가면 아들을 낳는다고 한다.
>
> 이 용바위에서 남쪽으로 300m가량 가면, 개자리(犮村)라는 마을이 있다. 지금으로부터 600여 년 전에 이 개자리 마을에 황씨가 살고 있었다. 그런데 혈육이 없던 그의 부인 용궁龍宮 김씨金氏는 용바위를 찾아가 자식을 하나 점지해 달라고 석 달 열흘 동안 백일 정성을 드렸다. 그 후 부인에게 태기가 있어 아홉 달 만에 남자 아기를 출산하였는데, 용바위에서 백마 우는소리가 세 번 크게 울렸다고 한다. 아울러 구연九淵 폭포가 일시 말랐다가 다시 흘렀다고 전해진다. 일설에는, 그를 잉태했던 열 달 동안 송악산 용암 폭포에 물이 흐르지 않다가, 그가 태어나자 비로소 예전처럼 물이 쏟아져 내렸다고 한다.
>
> 공이 급제하기 전에는 처가에서 덧붙어 지냈는데, 말과 웃음이 드물고 늘 눈을 감은 채 앉아 있기만 하였다. 그래서 사람들은 그를 바보로 취급하였다.

그런데 마침 처가에 성품이 바르지 못한 하인이 하나 있었다. 장인은 이 때문에 매우 고심을 했는데, 어느 날 그가 웃으면서 물었다.

"자네가 저놈의 버릇을 고쳐 줄 수 있겠는가?"

공은 그러하겠다고 서슴없이 대답하였다. 어느 날이다. 그 하인이 술에 만취하여 주인에게 욕설을 퍼부었다. 공이 이를 듣고 다른 하인에게 점잖게 일렀다.

"그놈을 잡아오도록 하거라!"

하인이 나갔다가 그냥 돌아와 말하였다.

"놈이 술에 곤죽이 되어 쓰러져 있으니 어찌해 볼 도리가 없습니다."

"어허, 쓰러져 있으면 끌고서라도 오도록 하라!"

하인이 다시 나간 지 한참 뒤에 상투를 잡아끌고 왔다. 공이 추상같은 명을 내렸다.

"작두를 가져오너라!"

하인은 설마 하는 마음에서 실실 웃으며 작두를 가져다 앞에 놓았다.

"어서 저놈의 목을 끌어다 칼판 위에 올려 놓아라!"

하인은 혼쭐을 내 주리고 일부러 저러는 것이겠지 생각하고는, 역시 웃으면서 시키는 대로 하였다. 그런데 공이 별안간 눈을 부릅뜨고 큰소리로 어서 작두를 밟으라고 호령하는데, 그 눈이 불처럼 타올랐다. 하인은 깜짝 놀라 작두를 밟았는데, 목이 댕겅 잘려 나갔다. 그 후로 사람들은 공을 두렵게 보았다.

고려 왕조의 유신遺臣들은 두 군왕君王을 섬길 수

없다 하여, 일흔두 사람이 개성의 구이면 관문리 두문동에 은거하였다. 이성계는 하는 수 없이 두문동에 찾아가 협조를 간청하였지만, 모두가 이를 반대하였다. 그러나 국가의 장래를 위해 71인이 의논하여, 황희만은 나가 이성계를 도울 것을 결의하였다. 이 과정에서 황희가 조선조 창건에 참여하게 되었다고 전해진다.

공公은 천성이 검소하여 재상 지위에 있은 지 수십 년 동안 집안이 쓸쓸하여 마치 가난한 선비와 같았다고 한다. 그의 사저는 지붕에 비가 샜으며, 몸에 걸친 옷은 항상 다 떨어진 베옷이었다고 한다. 그리고 볏짚으로 엮은 멍석 위에 기거하면서, 멍석은 가려운 데 긁기에 매우 좋다고 태연히 말하곤 하였다.

그런데 맏아들 치신이 새 집을 지은 뒤의 일이다. 치신은 낙성연을 베풀어 백관을 초청하였는데, 손님들이 모두 모인 석양 무렵에 황희 정승이 뒤늦게 찾아왔다. 그리고는 집안 구조를 이리저리 돌아보다가 아무 말 없이 나가는 것이었다. 새로 지은 집이 너무 사치스럽다고 말없이 꾸짖는 행동이었다. 이에 좌중은 모두 무안해서 겸연쩍게 앉았다가 대충 헤어졌다. 치신은 황공하고 송구스러워 즉각 집안 구조를 고쳤으니, 가법의 엄격함이 이와 같았다고 한다.

작은아들인 수신에게 깊은 정이 들었던 기생 하나가 있었다. 공이 늘 엄격하게 나무라면 "예, 예" 하며 물러나왔지만, 수신은 끝내 관계를 끊지 못하였다. 하루는 수신이 외출하였다가 들어오는 것을 본 공이 관복을 갖추고 문 밖까지 나가 그를 맞이하였다. 수신은 황공하여 땅에 엎드려 까닭을 물

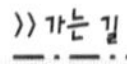

파주시 탄현면 금승리에 있다. 서울에서 문산 쪽으로 자유로를 따라가다가 낙하IC에서 금승리 표지판을 보고 빠져나가 1.8km를 가서 금승리 입구의 삼거리에서 200m 가량 가서 다시 좌회전을 하면, '황희정승묘 300m'라는 표지판이 나타난다. 전방 산기슭에 사당과 묘역이 눈에 들어온다.

었다. 공이 답하였다.

"나는 너를 자식으로 대하는데 너는 나의 말을 듣지 않으니, 이는 나를 아비로 여기지 않음이다. 그러므로 너를 손님 대하는 예의로 대하는 바이다."

수신은 머리를 조아리며 사죄를 청한 뒤, 그 후로 다시는 그 기생과 만나지 않았다고 한다.

방촌 선생이 출세하기 전, 한 점쟁이가 하는 말이 '앞으로 좌의정이 될 것이며, 수명은 70세에 불과할 것이다' 하였다. 그런데 황희 정승은 영의정이 되고 90세에 돌아가셨다.

공이 돌아가실 무렵, 점쟁이가 찾아와 하는 말이,

"제가 수없이 많은 사람을 점쳐 왔으나, 백에 하나도 틀림이 없었습니다. 그런데 정승께만 영험이 없었으니, 이는 반드시 정승께서 남다른 음덕陰德을 쌓은 까닭입니다."

공이 전혀 그런 일이 없다고 부인하였지만, 점쟁이는 반복해서 묻고 간절히 졸랐다.

"제발 숨기지 밀고 가르쳐 주시옵소서!"

그러자 비로소 공이 입을 열었다.

"내가 음덕을 쌓은 일은 절대로 없네. 다만 소싯적에 서울 장안을 걸어가는데 무슨 물건이 길거리에 떨어져 있더군. 주워 보니 뜻밖에 한 짝의 금으로 만든 잔이었는데, 기이하게 생긴 모양이 보통 물건은 아니더군. 그래서 문에다 아무 날 아무 시간에 물건을 잃은 사람은 아무의 집으로 오라는 내용의 방을 붙여 놓았지. 이윽고 한 사람이 찾아와서 금잔을 잃었다고 하더군. 바로 금잔을 내주었더니 그 사

람이 절하고 감사해 하면서, '이 금잔은 어공소御供所의 소유로, 궁중에는 이 금잔이 한 쌍밖에 없어 다른 그릇과는 각별합니다. 아침저녁으로 수라를 올릴 때 한잔씩 바꿔 가며 사용하는데, 마침 내시를 통하여 몰래 가져다가 사위 맞는 잔치에 잠시 사용하고 반납하러 오던 중 길에서 분실한 것입니다. 만약에 다른 사람이 주웠던들 어찌 내어줄 리가 있겠습니까? 애당초 용서받지 못할 죄를 범하여 죽어도 마땅한데 분실까지 하였던 것입니다. 그래서 그 죄에 연좌되어 30여 명이나 죽을 터인데, 지금 이 은덕이 어찌 저 한 사람에게 미칠 뿐이겠습니까?' 하더군. 그리고 이튿날 감사의 보답으로 준 마를 가져왔기에 역시 받지 않았을 뿐인데, 이것이 어찌 음덕이 되겠는가?"

이 이야기를 들은 점쟁이가 매우 감탄하였다.

"아하, 그러셨군요! 그 일이 음덕이 아니면 무엇이겠습니까? 대감께서 영상에 이르고 90까지 수명을 누리신 것은 반드시 그 연유입니다."

점쟁이는 이어 금잔을 분실하였던 사람을 찾아갔는데, 그 사람은 이미 죽고 없었다. 그런데 그의 아들이 지난 일을 이야기하였다.

"선친께서는 생전에 날마다 첫 새벽만 되면 일어나 절하며, '황희 정승께서 벼슬은 영의정에 이르고 수명은 90을 누리도록 해 주십시요' 하고 기도하셨습니다. 돌아가실 때까지 한번도 게을리 하지 않으셨답니다."

황희 정승이 영면한 뒤의 일이다. 명나라에서 보지도 듣지도 못하던 새 한 쌍을 보내왔다. 그리고 이 새를 키워서 나중에 돌려보내라고 했는데, 새는 어떤 것을 주어도 먹지를 않는 것이었다. 이 어찌 나라의 큰 걱정거리가 아니겠는가? 조정 대신들이 며칠씩 모여 상의했으나, 별다른 묘안이 떠오르질 않았다. 이때 한 신하가 아뢰기를, "황희 정승은 선견지명이 있던 분이었

으니, 생전에 무슨 말을 남기신 것이 없나 알아봄이 어떠하겠습니까?"하고 제의했다. 그래서 급히 사람을 보내 알아보게 하였다. 그러자 그의 부인이 다음과 같은 말을 하는 것이었다.

"돌아가시던 날, '남아 있는 우리는 어떻게 살라고 돌아가시려 합니까?' 하며 통곡을 하니, 정승께서 말씀하시기를, '공작도 거미줄을 먹고사는데 산 사람 입에 설마하니 거미줄이야 치겠소?' 하셨답니다."

이 말을 전해들은 신하들이 거미줄을 걷어다 공작에게 먹였더니, 사경에 이르렀던 공작새는 거미줄을 주는 대로 먹고 잘 자라는 것이었다. 얼마 후 명나라 사신이 와서, 죽을 줄만 알았던 공작이 더욱더 잘 자라고 있는 것을 보았다. 그리고는 본국에 돌아가서 사실대로 아뢰니, 명나라 황제가 크게 감탄을 하였다.

"황희가 세상을 떠나 이제 조선에는 명인이 없는 줄 알았더니, 아직도 그만한 인물이 또 있구나!"

그리고 나서, 다시는 조선을 소국이라 업신여기는 태도를 보이지 않았다고 한다.

묘역에 오르자, 웅장한 규모의 봉분이 나타난다. 계비繼妣 청주淸州 양씨楊氏와 합장된 봉분이다. 그런데 이 봉분은 아주 독특한 생김새이다. **영구하산형**靈龜下山形이란 이름에 맞춰 설계·조성된 탓이다. 앞쪽은 일자로 다듬어 장방형의 봉분인가 했더니, 그게 아니다. 일자로 다듬은 묘 앞의 양쪽에 네모난 돌을 붙여서 거북이의 두 다리로 삼았다. 둥그런 뒤쪽에는 꼬리를 달고 있다.

아하, 거북이구나! 신령스런 거북이가 물을 찾아 산에서 내려오는 형세를 지닌 영구하산형 혈 위에 앉은 거북이구나! 참으로 재미있고 특이한 봉분이다.

그리고 영구하산형이란 이름에 걸맞게 이곳의 혈판은 높고 둥그렇다. 넓기까지 해서 석물들이 넉넉한 품새로 자리를 잡았다.

꼬리 위가 묘역의 끝단이다. 담장과 그 끝단 사이는 이 묘소의 입수도두처로, 상당히 불룩한 모양이다. 그리고 깨끗하다.

담장 뒤로 돌아드니, 용맥이 보인다. 생전의 정승께서 지닌 성품이 이랬을까? 아주 유순하면서도 부드러운 용맥의 흐름이 눈에 들어온다. 그러나 분명 살아 있는 용이다.

다시 묘 앞에 서자, 약간 오른쪽으로 치우친 명당이 논으로 나타난다. 명당 너머 멀리 왼쪽으로 외백호가 유연하게 흘러내렸다. 그 줄기에 황희 정승의 자손들이 쌍분으로 두 군데를 차지하였다. 내백호는 흐릿하게 내려와 제각 뒤에 멈추었다. 짧은데다가 이곳을 알뜰하게 감아 주질 못했다.

이에 비해, 내청룡은 혈을 바짝 끼고 내려와 길게 감돌았다. 그 통에 좌측 물 또한 바짝 다가들었다. 외청룡은 이 용맥에서 흘러내린 줄기로 안산이 되었다. 본신 안산에 청룡안산이 된 것이다. 거리도 가까운데다가 높이도 제법이다.

외청룡의 왼쪽 너머로는 잘생긴 귀봉貴峰이 솟았다. 바로 왼쪽의 뒷산과 더불어 천마사天馬砂가 되었다. 엎어진 '3' 자가 되어, 부드러운 말의 허리를 연상시키는 사격砂格이다.

이곳은 전체적으로 부드러운 산세이다. 밝고 단정하며 차분한 느낌을 주는 곳이다. 따라서 넘치는 기세나 생동감을 느끼기가 힘들다.

청룡과 안산은 상당히 가깝고 어느 정도 힘이 실려 있다. 백호는 멀고 힘이 약하다. 따라서 부보다는 귀가 보장되고, 딸보다는 아들이 잘되는 터이다. 그것도 속발하는 자리이다.

물은 좌에서 우로 흐르는 좌수도우左水到右에, 경유파庚
酉破이다. 묘는 간좌곤향艮坐坤向으로 앉았다. 이는 88향
법 가운데 문고소수文庫消水에 해당하는 향법이다.

문고소수는 좌수도우해야 하며 임자파壬子破에 건해향
乾亥向을 하거나, 갑묘파甲卯破에 간인향艮寅向, 병오파丙
午破에 손사향巽巳向, 경유파庚酉破에 곤신향坤申向이어야
한다. 이 향은 부귀를 이루고, 아주 총명한 수재와 예술에
재능이 있는 자손을 낳는다고 한다. 그리고 문장이 특출하
여 부귀를 모두 갖추는 길향吉向이다. 그러나 혈이 아닌
곳에 이 향을 놓으면, 음탕하거나 바로 패절敗絶한다고 했
다. 따라서 함부로 쓰면 안 되는 향이기도 하다.

어느 자리이던지 아쉬움은 남는다. 이곳은 분명 영구하
산형이라고 했다. 그래서 봉분의 모양마저 거북의 형상으
로 꾸몄다. 그런데 여기는 거북이가 먹을 물이 넉넉하질
않다. 저 먼 곳의 한강이나 임진강 같은 큰 물줄기가 가까
이 앞에 있었더라면 얼마나 좋았을까? 그러면 물 만난 거
북이의 신령스런 조화 속은 무궁무진하였을 터인데… ■

≋ **영구하산형**(靈龜下山形) : 신령
스러운 거북이 물을 찾아 산에
서 내려오는 형국.

3. 화석정과 율곡 선생

달리던 버스가 화석정花石亭 앞에 섰다. 입구부터 토우 미사일 사격장이더니, 정자의 오른쪽에 방어용 벙커가 둔중한 몸을 드러낸다. 정자 왼쪽에는 율곡 선생이 8살 때 지었다는 '화석정시비花石亭詩碑'가 서 있다.

선생이 8살 때 지었다는 시 「화석정」을 우리말로 옮겨 본다.

숲 속 정자에 가을 벌써 깊으니
시인의 시상 무궁해라
산은 외로이 둥근 달을 토하고
강물은 만 리의 바람 머금었는데
먼 강물은 하늘에 닿아 푸르고
서리 맞은 단풍은 해를 보고 붉었거늘
변방의 기러기는 어디로 가는지
저녁 구름 속에 울음소리 끊겼구나.

林亭秋已晚(임정추이만)　　騷客意無窮(소객의무궁)
山吐孤輪月(산토고륜월)　　江含萬里風(강함만리풍)
遠水連天碧(원수련천벽)　　霜楓向日紅(상풍향일홍)
塞鴻何處去(새홍하처거)　　聲斷暮雲中(성단모운중)

화석정은 파주시 파평면 율곡리 산 100번지에 있다. 옛날 한양과 송도를 거쳐 신의주로 가는 국도변 임진 나루터 길목에 우뚝 솟아 있다.

화석정은 본래 고려 말의 선비 야은冶隱 길재吉再 선생의 유지遺址이다. 조선이 개국될 즈음이다. 길재 선생은 불사이군不事二君의 지조를 지키기 위해 벼슬을 버리고 향리인 이곳 화석정 터에서 후배를 양성하였다. 그러나 조정에 출사하라는 성화가 거듭되자 이를 피하여 경북 구미의 금오산에 은거하였다. 이후 학문 연구와 후배 양성에만 전념하다가 1419년(세종 1) 67세를 일기로 별세하였다.

폐허가 된 자리에 율곡 선생의 5대조 이명신李明晨이 1443년(세종 25)에 정자를 창건하였는데, 양원楊原 이숙함李淑緘이 화석정이라고 이름을 지었다. 그 뒤 율곡 선생이 손수 새로 터를 닦고 중수하였다. 선생은 벼슬하던 도중은 물론이고 벼슬에서 완전히 물러난 후에, 이곳에서 여생을 보내면서 제자들과 학문을 연구하여 수많은 학자를 배출하였다.

그러나 유서 깊은 명승지로 알려진 화석정은 임진왜란 때 불에 탔다. 1592년 4월 13일 선조는 왜적의 공격을 피하여 부득이 의주로 피난을 시작하였다. 왕의 행렬은 4월 29일 밤 어두운 임진 나루의 절벽에 당도하였다. 마침 억수 같은 폭우가 쏟아졌는데, 뒤쫓는 왜적 때문에 한시바삐 강을 건너야 할 형편이었다. 어쩔 줄 모르던 중신들은 의논 끝에 임진 나루 옆에 있는 순청巡廳에 불을 질러 도강키로 하였다. 그러나 워낙 억수같이 쏟아지는 빗줄기라 불빛은 별로 시원치 않았다. 호종하던 백사白沙 이항복李恒福은 화석정에 올라가 손수 불을 질러 화광이 충천하게 되었다. 그리하여 임금을 모신 배는 무사히 임진강을 건널 수 있었다고 한다. 율곡 선생이 일찍이 화석정에서 제자들을 지도할 당시 기름 한 종지씩을 가져오라고 해서 화석정의 도리와 기둥, 서까래, 마루 등에 기름칠을 했던 사실을 백사는 미리 알고 있었다고 한다.

소실된 화석정은 율곡의 증손 이후지와 이후방이 재건하였는데, 6·25 전쟁으로 다시 소실되었다. 그 후 1966년에 오늘의 모습으로 새로 복원되었다.

이이李珥(1536~1584) 선생은 조선 중기의 대표적인 학자이자 경세가로, 아명은 현룡見龍이다. 자는 숙헌叔獻, 호는 율곡栗谷·석담石潭·우재愚齋이다. 본관은 덕수德水로써, 판관 의석宜碩의 증손이자, 사헌부감찰 원수元秀의 아들이다. 1536년(중종 31) 외가인 강릉 오죽헌烏竹軒에서 태어났다.

어머니인 신사임당申師任堂이 선생을 낳던 날 밤, 꿈에 검은 용이 바다에서 침실로 날아와 아이를 안겨 주어 이름을 현룡이라고 하였다. 산실은 몽룡실夢龍室이라고 하여 보물 제165호로 지정, 보존되고 있다.

선생의 생애와 관련이 깊은 지역은 크게 세 곳이다. 첫째는 태어난 외가가 있었던 강원도 강릉의 오죽헌이고, 둘째는 처가가 있었던 황해도 해주海州의 석담石潭이며, 셋째는 덕수 이씨 가문의 세거지이자 성장지인 파주의 율곡리이다. 특히 율곡이란 호는 율곡리에서 유래한 것이다.

선생은 어려서부터 대단히 총명하여 이미 3세에 글을 읽을 줄 알아, "石榴皮裏碎紅珠(석류피리쇄홍주, 석류 껍질 속에 붉은 구슬 부서졌네)"라는 시구를 지었다고 한다. 1543년(중종 38)인 8세 때는 앞서 소개한 시「화석정」을 지었다고 전한다.

10세 때는「경포대부鏡浦臺賦」를 지었으며, 1548년(명종 3) 13세의 어린 나이로 진사과 초시에 합격하였다.

1551년 16세 때 모친상을 당하였다. 법원읍 동문리 자운산 아래에 어머니를 모

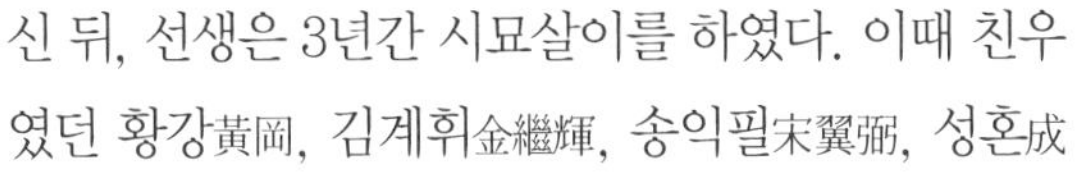

신 뒤, 선생은 3년간 시묘살이를 하였다. 이때 친우였던 황강黃岡, 김계휘金繼輝, 송익필宋翼弼, 성혼成渾 등은 율곡을 위로하기 위하여, 효도의 길을 상하지 말라며 사서오경四書五經을 묘막에 보내 주었다 한다.

독서에 전념하면서 3년의 시묘살이를 마치고, 선생은 명종 8년(1553) 18세 때 어머님 「신사임당행장기」를 짓고, 외조부 신 진사의 행장과 외조모 용인龍仁 이씨李氏의 행장인 「감천기感天記」와 「진복창기陳復昌記」를 지었다.

3년상을 마치고, 선생은 금강산에 들어가 불서를 연구하다가 1년 만에 하산하였다. 이 과정에서 다음과 같은 이야기가 전해 온다.

시묘살이를 마친 해 가을 어느 날, 울적한 심회를 풀 길 없어 발길 닿는 대로 거닐던 선생은 뚝섬에 이르렀다가, 강 건너 봉은사奉恩寺를 들르게 되었다. 승방에 들러 스님들과 이야기를 나누던 선생은 문득 탑상에 놓여 있는 불교 서적을 뒤적이게 되었다. 어쩌면 인생 문제를 풀어 볼 해답이 그 책 안에 담겨 있을지 모른다는 생각에 눈이 번쩍 뜨였다. 그

○ 강릉 오죽헌
○ 율곡 이이

리하여 불교에는 죽음에 대한 해명의 철학이 있다는 것과 내세관來世觀이 있다는 사실을 알았다. 실은 그전에도 묘막에서 『노자老子』와 『장자莊子』 등의 많은 글을 읽은 바 있지만, 허무감에 사로잡힌 선생은 인생 문제의 규명을 시도하며 불교에 입문할 것을 생각하였다. 그래서 19세 되던 해 봄에 금강산으로 입산하게 되었다.

속세를 등지고 금강산으로 입산한 선생은 마하연摩河衍에 이르러 의암義庵이라는 법명을 얻었다. 그리고 모든 계율을 굳게 지키며 침식을 잊고 불교의 진리 탐구에 정진하였다. 선생은 금강산의 유명한 선방과 이름 높은 대사大師들을 찾아다니며 불교의 진리를 추구하였다.

그러던 어느 날 암굴巖窟 속의 노승과 대담중이었다. 이때 선생은 자신의 깨우침을 '魚躍鳶飛上下同(어약연비상하동) 適般皆非色非空(적반개비색비공)'이라고 토로하였다. 이는 '고기가 물속에서 뛰고 솔개가 하늘을 날음은 위아래가 마찬가지고, 저런 것 모두가 색色도 아니요 공空도 아니다' 하는 뜻이다.

이후 선생은 인간의 도리를 먼저 깨달은 자가 후진을 지도하고 구제해서 함께 올바른 사회를 이룩하자는 목표가 있음을 깨달았다. 부모형제와 처자를 저버리고 혼자만이 불교의 교리에 도취할 바가 아니라고 결론을 내린 뒤, 마침내 환속하기로 하였다.

강릉의 외가로 환속한 선생은 스스로를 경계하는 글인 「자경문自警文」 15항목을 지어 좌우명으로 삼고, 다시 유학으로 돌아와 공부에 전념하였다. 자경문은 스스로

》가는 길

경기도 파주시 파평면 율곡리 임진강변에 있다. ①서울에서 강변북로를 거쳐 자유로를 타고 가다가 문산IC로 나와 삼거리에서 좌회전해 굴다리를 지나면 황희 정승이 말년에 관직을 내놓고 기러기를 벗삼아 유유자적하던 반구정이 나온다. 이 반구정을 지나 37번 국도를 계속 따라가면 화석정이다. ②구파발삼거리에서 1번 국도(통일로)를 타고 3km 남짓 북상하면 문산사거리다. 여기서 우회전하여 37번 국도를 2.2km쯤 달리면 선유리삼거리에 닿는다. 선유리삼거리에서 37번 국도를 계속 타고 700m쯤 더 달린 뒤에 좌회전, 1.6km 지점에서 우회전하면 화석정 앞에 다다른다.

경계할 것을 적은 글이란 뜻이다. 여기서는 첫번째와 열번째 항목만을 간단히 보도록 한다.

●먼저 그 뜻을 크게 해서, 성인을 목표로 삼자. 성인에게 털끝만큼이라도 다다르지 못하면, 공부하는 내 일은 아직 끝난 것이 아니다(先首大其志 以聖人 爲準則 一毫不及聖人 則吾事未了).

●무릇 일을 만났는데, 만약 자신의 능력으로 할 수 있는 일에 닿거든 곧 성실을 다해 이를 실행하여 염증을 내거나 게으른 마음을 갖지 말자. 자신의 능력으로 할 수 없는 일이거든 곧 딱 잘라 끊어 버려서, 이게 옳은 일일까 그른 일일까 하는 생각이 마음속에서 서로 싸울 수 없도록 하자(凡遇事 至若可爲之事 則盡誠爲之 不可有厭倦之心 不可爲之事 則一切斷絶 不可便是非 交戰於胸中).

선생은 1557년(명종 12) 성주목사 노경린의 딸과 혼인하였다. 그리고 이듬해 당시 이름을 떨치년 성리학자 퇴계退溪 이황李滉을 경상북도 예안으로 찾아가 이기론理氣論에 관해 토론하였다. 당시 퇴계는 "후배가 두렵다는 말이 옛말이 아니로구나" 하면서 그의 재능에 탄복하였다.

1561년(명종 16) 부친상을 당하였다. 1564년 7월 생원시에 장원으로 합격한 후, 연이어 진사시에도 합격하였다. 또 그해에 문과에 장원급제해서, 아홉 번 장원한 인물이란 뜻의 '구도장원공九度壯元公'이라고 일컬어졌다. 과거시험에서 율곡이 지은 「천도책天道策」은 당시 시험관들로 하여금 경탄을 거듭하게 만들었다.

1564년(명종 19) 호조좌랑이 된 것을 시초로 1565년 예조좌랑, 이듬해 사간원정언, 이조좌랑을 역임하였다. 1568년(선조 1) 2월 사헌부지평을 거쳐 성균관 직강으로서 천추사의 서장관이 되어 명나라에 다녀온 뒤, 다시 이조좌랑에 임명되었다.

1570년(선조 3) 10월 학문에 정진하기 위하여 관직을 사임하고 처가인 해주 석담으로 물러 나와, 문하생들과 더불어 경전을 강설하는 일을 낙으로 삼았다. 이듬해 파주 율곡리로 돌아왔다. 그 후 이조정랑, 의정부검상 등의 요직에 임명되었으나 모두 사양하고 해주에 머물러 석담구곡을 찾아 풍류를 즐기는 한편, 거기에 집을 짓고 학문에 정진할 계획을 세우기도 하였다.

1571년(선조 4) 6월 청주목사로 나가 청주의 '서원향약西原鄉約'을 만들어 풍속의 교화에 힘쓰다가, 이듬해 3월 병으로 사직하고 파주 율곡리로 돌아왔다. 이때 우계 성혼과 이기理氣, 사단칠정四端七情, 인심도심설人心道心說 등을 논하였다.

1573년(선조 6) 9월 홍문관직제학에 임명된 후 곧이어 동부승지로서 경연참찬관과 춘추관수찬관을 겸직하고, 이듬해 1월 우부승지로 승진하였다. 1574년 3월 대사간을 지낸 후 10월 황해도관찰사로 나갔다가, 이듬해 3월 병으로 다시 사직하고 파주로 내려갔다.

1577년(선조 10) 해주 석담으로 내려가 학문과 저술에 힘을 기울였다. 1583년에는 시국에 대한 「육조계六曹啓」를 올려 당시의 여러 폐단을 시정코자 하였는데, 이때 10만 양병설을 주장하였다. 10만 양병설이 제기된 후 8년 만에 임진왜란이 일어나니, 후인들은 율곡의 뛰어난 식견과 예지에 감탄하였다.

선생의 학문은 영남학파의 거두인 이황과 쌍벽을 이루어 기호학파畿湖學派를 형성, 주도하였다. 특히 선생은 주기론主氣論을 주창하여 조선의 성리학 발전에 지대한 공적을 남겼다.

이와 같이 선생은 조선시대 대표적인 성리학자일 뿐만 아니라 정치, 경제, 사회 전반에 걸쳐 개혁을 주장한 대표적인 정치 개혁가이기도 하였다. 그 결과 대동법의 실시, 사창의 설치 등 사회 정책에 대한 획기적인 선견을 제시하기도 하였다.

저술로는 『성학집요聖學輯要』, 『격몽요결擊蒙要訣』, 『소학집주개본小學集註改本』, 『중용토석中庸吐釋』 등과 이를 집대성한 『율곡전서栗谷全書』가 있다. 글씨와 그림에도 뛰어났다. 선조의 묘정에 배향되었으며, 해주 석담의 소현서원, 파주의 자운서원, 강릉의 송담서원, 풍덕의 구암서원, 서흥의 화곡서원, 함흥의 운전서원 등 전국 20여 개 서원에 제향되었다. 1624년(인조 2) 문성文成이란 시호가 내려졌고, 1681년(숙종 7) 문묘에 종사되었다 ▪

4. 파평 윤씨들의 본향과 경순왕릉

옛말에 한강의 이북에는 '생거장단生居長湍 사거파주死居坡州'라는 말이 있었다고 한다. 한강 이남의 '생거진천生居鎭川 사거용인死居龍仁'이라는 말과 짝을 이루니, 파주에도 용인 못지않게 그만큼 명당이 많다는 의미이다.

버스가 파평 윤씨들의 본향 파주군 파평면 금파리를 지난다. 파평은 경기도 파주시 파평면의 옛 지명이다. 파주는 본래 고구려 장수왕長壽王 때 파주사현坡州史縣이었는데 1398년(태조 7) 서원군瑞原郡과 파평현坡平縣을 병합하여 원평군原平郡이라 하였고, 태종 때는 교하현交河縣을 폐지, 이를 병합하여 도호부都護部로 승격시켰다. 뒤에 교하현을 다시 복구시켰으나, 도호부는 그대로 두었다. 1461년(세조 7) 파주목坡州牧으로 승격, 1895년 군郡이 되었고 1914년 행정구역 개편으로 교하현을 폐합하였다.

파평 윤씨의 시조 윤신달尹莘達은 신라의 천년 사직이 기울어 가던 격동기에 고려 태조를 도와 후삼국을 통일하고 고려의 창업에 훈공을 세운 명신이다. 『조선씨족통보朝鮮氏族統譜』와 『용연보감龍淵寶鑑』 등의 문헌에는 시조 윤신달과 관련하여 다음과 같은 재미있는 전설이 실려 있다.

경기도 파평의 파평산 기슭에 용연龍淵이라는 연못이 있었다. 어느 날 용연에 난데없이 구름과 안개가 자욱하게 서리면서 천둥과 벼락이 쳤다. 마을 사람들은 놀라서 향불을 피우고 기도를 올렸다. 그리고 사흘째 되는 날, 어떤 할머니가 연못 한가운데서 금으로 만든 궤짝이 떠 있는 것을 보았다. 금궤를 건져서 열어 보니, 한 아이가 찬란한 금빛 광채 속에 누워 있었다. 금궤 속에서 나온 아이의 어깨 위에는 붉은 사마귀가 돋아 있고, 양쪽 겨드랑이에는 81개의 잉어 비늘이 나 있었다. 또 발에는 황홀한 빛을 내는 7개의 검은 점이 있었다. 그리고 아이의 손바닥에 '윤尹'이란 글자가 쓰여 있었다. 할머니는 이 아이를 거두어 기르며, 손바닥에 쓰인 글자 윤을 성으로 삼았다. 일설에는 아이를 건져 낸 할머니가 윤씨라서, 성을 윤으로 삼았다고 한다.

시조 윤신달은 문무를 겸비한 현신賢臣으로써, 왕건王建이 후삼국을 통일하기까지 항상 곁에서 '인의仁義와 도덕道德으로 나라를 다스려야 한다'고 충간忠諫하였으며, 통일의 대업을 달성하는 데 결정적인 역할을 하였다. 고려가 삼국을 통일한 후, 벽상삼한익찬이등공신壁上三韓翊贊二等功臣으로 삼중대광태사三重大匡太師의 관작을 받았다. 후손들은 그를 시조로 받들고, 본관을 파평으로 삼아 명문세가의 기틀을 다졌다. 윤신달의 현손 관瓘이 가세를 크게 일으켰다.

윤관 장군 또한 잉어와 관련된 또 하나의 전설을 남겼는데, 다음과 같은 내용이다.

윤관 장군이 함흥의 선덕진 광포廣浦에서 전쟁중 거란군에게 포위되었을 때이다. 그런데 간신히 포위망을 뚫고 탈출하여 강가에 이르렀지만, 건널 배가 없었다. 이때 어디선가 잉어 떼들이 나타나 그에게 다리를 만들어 주었다. 이에 장군은 무사히 강을 건너 탈출할 수 있었다. 적군들이 장군의 뒤를 쫓아와 강가에 이르렀을 때, 잉어 떼는 어느 틈에 흩어져 사라져 버렸다.

이 두 전설에 따라, 지금도 파평 윤씨들은 스스로 잉어의 자손이라고 믿으며, 또한 선조 윤관 장군에게 도움을 준 은혜에 보답한다는 뜻에서 절대로 잉어를 먹지 않는다고 한다.

윤관 이후로, 파평 윤씨 가문을 빛낸 인물들은 수없이 쏟아져 나오게 된다. 판도판서 승례承禮의 아들 번磻은 세조의 국구國舅가 되어 대사헌·우참찬 등을 거쳐 판중추원사에 이르렀으며, 뒷날 영의정에 추증되어, 파평부원군에 추봉되었다.

그리고 번의 아들 삼형제 중 맏아들 사분士昐은 우의정을 지내고 영돈령부사에 올랐고, 둘째 아들 사윤士昀은 예조판서와 대제학을 지내고 정난공신으로 영평군에 올랐으며, 셋째 사흔士昕은 좌리공신으로 우의정에 오름으로써, '형제 정승' 으로 널리 이름을 떨쳤다. 그러나 사분과 사흔은 두 집안에서 같은 시기에 왕비가 배출되었던 탓에, 왕실을 배경으로 대윤大尹과 소윤小尹으로 갈라져 정치적 대결을 벌이게 되는 불운을 맞이하기도 하였다.

판개성부사 승순承順의 아들 곤坤은 정종 때 동지총제로서 제2차 왕자의 난 때 태종 이방원을 도와 좌명공신에 책록되고 파평군에 봉해졌다. 1408년(태종 8) 사은사로 명나라에 다녀온 후, 세종 때 우참찬을 거쳐 이조판서에 올랐다.

참지중추부사 삼산三山의 아들이자, 곤의 손자인 호壕는 성종비 정현왕후貞顯王后의 아버지로써, 영원부원군에 봉해진 뒤 영돈령부사를 거쳐 우의정을 역임하였다. 기로소에 들어가 궤장几杖을 하사받았다.

성종 때 영의정에 올랐던 필상弼商은 세조 때의 총신寵臣으로 도승지를 지낼 때

》가는 길

경순왕릉은 경기 연천군 백학면 고랑포리에 있다. 화석정에서 37번 국도를 타고 14km 정도 가면 마지리가 나온다. 마지리의 적성종합고등학교 앞에서 두지리란 표지판을 보고 좌회전해서 310번 도로를 따라 4km 정도 직진하면 오리동 초소이다. 초소에서 우회전해서 300m쯤 가면 경순왕릉이 전면에 보인다.

이시애李施愛의 난을 진압하는 데 공을 세웠다. 우참찬에 특진되고 적개일등공신에 책록되었으며, 파평군에 봉해졌다. 뒷날 좌의정으로 서정도원수를 겸하여 건주위建州衛 토벌에 공을 세워 영의정에 이르렀으나, 갑자사화甲子士禍(연산군 10, 1504) 때 성종조에 벌어진 연산군의 생모 윤씨의 폐위를 막지 못했다는 죄목에 연루되어 진도에 유배된 후 사약을 받았다.

필상의 증손 현鉉은 1537년(중종 32) 문과에 급제하여 호당湖堂에 뽑히고, 장악원정으로 『중종실록』 편찬에 참여하였다. 호조판서·돈령부사에 이르러 청백리에 녹선되어 크게 명성을 떨쳤다. 시문에도 뛰어나 『국간집菊磵集』을 남겼다.

목사牧使 은垠의 아들로 세종 때 좌찬성과 영중추부사를 지낸 사로師路는 정현옹주貞顯翁主와 혼인하여 영천군에 봉해졌다. 세조 때 좌익공신에 책록되었다.

동지중추부사 택澤의 아들 헌주憲注는 숙종 때 문과에 장원으로 급제한 후, 성주목사를 지낼 때 많은 치적을 쌓았다. 삼도三道의 관찰사와 호조판서 등을 역임하였다.

특히 파평 윤씨 가문은 이조판서를 지내고 기로소에 들어간 강絳과 그의 아들 지미趾美·지선趾善·지완趾完·지경趾慶·지인趾仁 형제가 크게 현달하여 명성을 날렸다. 그 중에서 현종 때 여러 청환직淸宦職을 거쳐 병조·이조·공조 판서 등을 지내고 좌의정에 오른 지선과, 숙종 때 어영대장을 거쳐 예조판서를 역임한 뒤 우의정에 올라 청백리에 녹선된 지완이 뛰어났다.

한편 숙종 때 호조참판을 지내고 파평군에 봉해진 비경飛卿과 그의 손자로 공조판서에 이른 봉구鳳九는 학행學行이 뛰어나 '강문팔학사江門八學士'의 한 사람으로 추앙받았다. 봉오鳳五는 영조 때 대사헌과 우참찬을 지내고 기로소에 들어가, 대사간을 거쳐 대제학에 이른 봉조와 함께 명성을 떨쳤다. 덕망 높은 학자였던 심형心衡은 비경의 증손으로, 영조 때 부제학과 예조판서 등을 역임하였다.

숙종 때 예론禮論에 정통한 학자로 이름난 증拯은 수차에 걸쳐 대사헌과 이조판서·우의정 등에 임명되었으나 벼슬에 응하지 않았다. 송시열宋時烈 중심의 노론에 대항하며 이산에서 학문 연구와 후진 양성에 전념하여 소론의 영수가 되었다.

그 밖의 인물로는 인종 때 영의정을 역임하고 위사일등공신에 오른 인경仁鏡과, 영조 때 대사간·이조판서 등을 지내고 영의정에 이른 동도東度가 있었으며, 학자로 명망 높았던 정鼎과 경남慶南·낙洛 등은 학문으로 가통家統을 이었다.

한말韓末에 와서는 독립운동가로 이름난 준희俊熙와 창석昌錫·기섭琦燮·해海·애경愛卿·석구錫求·현진顯振 등이 구국의 일념으로 항일 투쟁에 앞장섰다. 한인애국단韓人愛國團 소속으로 일본군 시라카와 요시노리 대장 등을 폭사시킨 의사義士 봉길奉吉은 학문과 충절로 빛나는 파평 윤씨 가문의 전통을 빛냈다.

파평 윤씨는 고려 왕조 34대 475년과 조선왕조 27대 519년을 합쳐 약 천 년 동안 삼한의 대표적인 문벌로 번성을 누린 가문이다. 조선조에는 418명의 문과 급제자를 냈는데, 이는 전주全州 이씨李氏 844명에 이어 가장 많은 숫자다.

그리고 세조의 비인 정희왕후, 성종의 비인 정현왕후, 중종의 비인 장경왕후와 문정왕후 등 도합 4명의 왕비를 배출하였다. 청주清州 한씨韓氏 5명에 이어, 여흥驪興 민씨閔氏와 함께 두번째에 해당하는 4명의 왕비를 배출하는 기록을 세웠다. 그러나 연산군의 생모인 폐비 윤씨까지 포함하면 모두 5명으로, 청주 한씨와 동등한 기록이 되는 셈이다.

그리고 조선시대에 정승 수가 총 365명이었는데, 이 가운데 전주 이씨 22명, 안동安東 김씨金氏 19명, 동래東萊 정씨鄭氏 13명, 청주 한씨 12명, 여흥 민씨 12명을 이어 파평 윤씨가 11명으로 6위를 차지하였다.

이처럼 파평 윤씨들이 번창한 것은 5세조인 윤관 장군 묘가 조선 8대 명당 중에서도 수위에 꼽히는 자리이기 때문이라고 한다. 특히 현무봉에서 혈까지 입수룡入首龍이 36절룡節龍이어서 발복이 36대 약 천 년에 이른다고 일컬어진다.

∞ 경순왕릉

마지리를 지나, 적성종합고등학교 앞에서 좌회전한 버스가 두지리란 표지판을 보고 달린다. '경순왕릉 4.2㎞'란 표지판이 궁상맞다.

여기는 지난날 방한모에 입김이 얼어 덩어리로 달라붙은 것을 떼어 가며 훈련하던 추억의 장소이다. 그때의 삭막하고 스산하던 풍광이 여전하다. 누구 하나 오가는 이 없는 을씨년스런 도로가 삭풍에 몸을 뉘었다. 그래서 뿌연 먼지가 더욱 처량하게 휘날리는 민간인 통제구역이다.

오리동 초소에 이르렀다. 일행들의 신원을 확인한 뒤, 초병 하나가 동승을 한다. 검게 그을린 얼굴에 입술까지 까맣게 탄 일병 계급장이다.

초소 앞에서 우회전을 하자, 이내 경순왕릉이다. 경순왕릉은 연천군 장남면 고량포리에 소재한나. 사적 244호로 지정되어 있다.

경순왕敬順王(?~979)은 신라 제56대 왕으로, 성은 김金이고, 이름은 부傅이다. 문성왕文聖王의 6대손으로, 아버지는 신흥대왕神興大王으로 추봉된 효종孝宗이며, 어머니는 헌강왕憲康王의 딸 계아태후桂娥太后이다.

927년 포석정에서 유흥을 일삼던 경애왕景哀王이

후백제의 습격을 받아 시해되었다. 경순왕은 이때 견훤甄萱에 의해 옹립되어 왕위에 오른 인물이다. 그러나 그의 외교 정책과 신라의 민심은 난폭한 견훤보다 오히려 왕건 쪽으로 기울고 있었다. 931년에는 왕건의 알현이 있었는데, 왕건은 견훤과 달리 수십 일을 머물면서 부하 군병들에게 조금도 방화나 약탈 따위의 범법 행위를 못하게 하였다.

경순왕의 재위 기간에는 각처의 군웅이 할거하여 국력이 극도로 쇠퇴하였다. 특히 여러 차례에 걸친 후백제의 침공과 약탈로 국가의 기능은 철저하게 마비되었고, 영토는 날로 줄어들었다. 그로 인해 신라의 민심이 신흥 고려로 기울어지자, 경순왕은 마침내 군신 회의를 소집하여 고려에 귀부하기로 결정하였다. 그리하여 김봉휴金封休로 하여금 왕건에게 항복하는 국서를 전하도록 하여, 재위 8년 만에 힘없이 나라를 내준 신라의 마지막 왕이 되었다.

당시 큰아들 마의태자麻衣太子는 천 년 사직을 부르짖으며 항복을 극력 반대하다가, 나라를 잃자 결국 금강산으로 종적을 감추었다. 막내아들 범공梵空은 가야산 해인사海印寺에 들어가 중이 되었다.

고려에 귀부한 경순왕은 태조 왕건의 딸인 낙랑공주樂浪公主를 아내로 다시 맞아, 왕건의 사위가 되었다. 이때 태조로부터 유화궁柳花宮을 하사받았다. 그리고 태자의 지위인 정승공政承公에 봉해졌으며, 경주를 식읍食邑으로 받았다. 다시 경주의 사심관事審官에 임명됨으로써, 고려시대 사심관제도의 시초가 되었다.

경순왕은 신라가 고려에 항복한 지 43년 후인 고려 경종 4년(979)에 타계하였다. 경순敬順이란 시호를 받았다.

경순왕릉은 조선 건국 이후 오래도록 실전失傳되었던 것을 영조 24년(1748) 발견하여 감사 김성운과 첨정 김응호 등이 봉축하고 제사를 올렸다. 6·25 전쟁 후 방치되었다가, 1975년 사적으로 지정되어 지금의 형태로 정화하였다.

봉분은 원형에 곡장曲墻으로 둘렀다. 앞쪽에 표석標石과 상석床石·장명등長明燈·석양石羊·망주석望柱石이 배치되어 있다. 모두 조선 후기의 양식인 점으로 미루어 영조 때 조성한 것으로 여겨진다. 표석 전면에는 '新羅敬順王之陵(신라경순왕지릉)'이라 쓰였다. 뒷면은 경순왕의 간략한 생애를 기술한 87자의 음기陰記로 이루어졌다. 민족 상잔의 비극이 비면에 총탄 자국으로 남았다.

경순왕릉은 신라의 여러 왕릉 가운데 유일하게 경기도 내에 자리한다. 그것도 민족 분단의 공간 속에 남았다. 스스로 힘을 갖추지 못하면 나라마저 잃게 된다는 교훈을 천 년 전에 남긴 경순왕이, 지금은 외세로 분단된 이 땅의 서글픈 자리에 쓸쓸히 묻혀 있는 것이다.

묘역에는 철조망이 쳐졌다. 철조망에는 '길이 아니면 가지 마라' '지뢰'라는 붉은빛 글씨의 푯말이 걸려 있다. 용맥을 보러 넘어갈 수는 없는 노릇이다. 넘겨다보니 현무봉에서 은은하게 변화를 하며 내려온 용이다. 이 용이 앞쪽으로 임진강을 만나 혈을 맺었다. 좌측에서 감아든 좌선룡이다.

청룡은 화장실 뒤쪽에 와 멈추었다. 백호는 주욱 내려와 앞쪽을 깊숙이 감싸다가 끝자락에서 흘러나갔다. 그 곁을 따라 내린 물길이 세고 급하다.

백호의 능선 너머 전방으로, 임진강이 물비늘을 번뜩이며 흘러간다. 멀리 다리 하나가 누웠는데, 리비교이나. 내명당에 해당하지만, 물이 쭈욱 빠져나가는 무정한 곳이다. 잘 살펴보면, 전체적인 흐름조차 혈을 등진 형국이다. 주변에 특이한 산세도 없다. 백호가 안산이 되었는데, 아름다운 모습도 아니다. 어느 특정한 봉우리를 보고 쓴 안산이 아니라, 그저 향에 맞추어 쓴 모양이다. 그래서 모호해졌다.

이곳의 가장 큰 단점은 무엇보다도 물길에 있다. 득수처가 백호 자락 아래로 아주 가까운데다가 물의 양도 미미

하다. 이에 비해 파구처는 전방의 임진강으로, 매우 멀고 크기까지 하다. 이곳으로 들어올 때 보았지만, 암공수마저 청룡 능선의 뒤쪽에서 등을 지고 흐르지 않았던가?

이렇게 허술한 국세이니, 그나마 내려오던 적은 양의 기도 흩어지는 곳이다. 큰 부와 귀는 전혀 꿈꿀 수 없는 자리이다.

어쩌면 경순왕에게는 이런 자리가 필요했을지도 모를 일이다. 그저 자손이나 보전하면 감지덕지해야 할 망국의 왕이라는 그의 딱한 처지에 어울리는 그렇고 그런 자리이다. 그의 삶과 결코 무관한 자리가 아니다.

물길은 우수도좌右水到坐에 손사파巽巳破이다. 묘가 축좌미향丑坐未向으로 앉았으니, 이는 88향법 가운데 가장 길하다고 치는 정양향正養向이다.

정양향은 물이 우수도좌하고 곤신파坤申破에 신술향辛戌向이거나, 건해파乾亥破에 계축향癸丑向, 간인파艮寅破에 을진향乙辰向, 손사파巽巳破에 정미향丁未向이 이에 속한다. 정양향은 자손에다 재물이 왕성하게 늘어나서 가문이 번창하고, 나아가 공명현달功名顯達한 자손이 많이 나온다는 향이다 ■

황앵탁목혈과 노사 기정진

전북 순창에 있는 황앵탁목혈黃鶯啄木穴은 노란 꾀꼬리가 나무를 쪼는 형상을 하고 있다. 노사蘆沙 기정진奇正鎭 선생의 조부가 도선 국사의 결록을 보고 손수 찾아 부인을 이장한 곳이다.

이곳은 목木의 기운이 충만한 자리이다. 목은 수리數理로 보아 3과 8이란 숫자가 속한다. 그리고 노란 꾀꼬리가 나무를 쪼아 구멍을 뚫었으니, 이는 눈이 하나 비어 있는 후손의 발복을 의미한다. 조부는 며느리가 아이를 낳으면 제일 먼저 '두 눈이 멀쩡하더냐?' 하고 물었다. 생전에 자신의 눈으로 3대째의 발복을 보고 싶었던 탓이다. 그런데 안타깝게도 태어나는 아이마다 두 눈이 멀쩡하였다.

1798년 태어난 노사 선생도 본래는 두 눈이 정상이었다. 그런데 어린 시절 전쟁놀이를 하다가 그만 한쪽 눈을 잃고 말았다. 말아 놓은 멍석의 가운데 구멍으로 건너편을 살피던 노사의 눈에 상대편의 아이가 쏜 화살이 꽂히고 만 것이었다. 갑자기 닥친 횡액에 온 집안 식구는 슬픔에 잠겼다. 그런데 단 한 사람 노사의 조부만은 무릎을 치면서 기뻐하였다. 자신의 생전에 기다리던 발복을 보게 되었다고 믿었던 탓이었다.

한 눈을 잃은 노사는 할아버지의 기대를 저버리지 않았다. 총명한 그의 재주는 하나를 가르쳐 주면 열을 깨달았으니, 8~9살 때 이미 경사經史에 두루 통달하였다고 한다. 노사는 진사進士가 된 뒤에 여러 번 벼슬에 임명되었으나, 모두 고사하고 학문에만 정진하였다. 나중에는 조정에서 호조참판戸曹參判으로 불렀는데도 끝내 벼슬길에 나가지 않고, 경학經學을 배우기 위해 전국에서 찾아오는 선비들을 장성 땅에서 가르쳤다고 한다. 그는 조선 유학을 대표하는 한 사람으로 조선 성리학의 6대가에 포함된다.

5. 율곡 선생의 가족 묘역과 자운서원

버스가 법원읍 동문리에 위치한 자운서원紫雲書院 앞에 섰다. 정문을 지나, 오늘날 공원으로 조성된 율곡 선생의 가족 묘로 향하는 걸음이다. 묘역 입구에 문성문文成門이란 현판을 단 대문이 우뚝하다. 너른 묘역 곳곳에 13기의 봉분이 포진해 있다. 우리는 우선 율곡 선생의 묘소 앞에 도열하였다. 그리고 선생의 학덕과 위업을 기리며 잠시 예를 올렸다. 그리고 나서 선생의 묘부터 훑어보았다.

선생의 묘는 혈이라고 보기 어렵다. 주변보다 다소 높고 가파른 곳으로, 앞쪽에서 찬바람이 들이닥친다. 춥고 안정감이 떨어지니, 과룡처가 아닌가 싶다. 회원들 중 일부는 혈이 맺힌 자리라고 한다.

선생의 묘소 뒤로는 깨끗하고 잘 생긴 용맥이 내려왔다. 그러나 선생의 묘를 지나 그냥 앞으로 나갔다고 보인다.

이 묘역에서 굳이 꼽자면, 신사임당의 묘소가 자리인 듯싶다. 바로 아래 율곡 선생의 아들 경림의 묘에는 아직 눈이 쌓여 있다. 축축하기도 하다. 사임당의 묘는 주변의 산세와도 높이가 알맞고, 몸에 닿는 느낌도 안온하고 따뜻해서 좋다. 따라서 용진처는 사임당의 묘소라고 할 수 있는데, 하도 많이 손을 댄 곳인지라 지금으로서는 전연 가늠해 볼 방도가 없다.

내려오며 보니, 이 묘역에는 문제가 있다. 우선 안산이 없다. 게다가 골짜기마저 묘역의 좌우에서 나와 제각각 그냥 앞으로 쭉 빠져나가는 형국이다. 물길이 만나 묘역을 감싸 주는 모습이 아니다. 그래서 서운한 것일까? 명문가라고 해서 꼭 명당

을 차지하라는 법은 없지만, 이 묘역은 무언가 게심심한 기분이 드는 곳이다.

❶ 묘역 입구의 문성문
❷ 율곡 이이 선생 묘
❸ 신사임당 묘

신사임당申師任堂(1504~1551)은 조선시대의 대표적인 여류 예술가이자, 현모양처의 대명사로 알려졌다. 사임당은 당호이며 본관은 평산平山, 아버지는 명화命和, 어머니는 용인龍仁 이씨李氏 사온思溫의 딸이다. 외가인 강릉 북평촌에서 태어나 성장하였다.

사임당이 13세 되던 해인 1516년(중종 11) 아버지가 진사가 되었으나, 벼슬에는 나가지 않았다. 신명화는 기묘명현己卯名賢의 한 사람이었으나, 1519년 기묘사화 당시 참화를 당하지 않았다. 사임당은 성장 과정에서 어머니로부터 여자로서의 범설과 학문을 배워 부덕婦德과 교양을 겸비했다.

19세에 덕수 이씨인 원수와 결혼하였다. 아들 없는 친정이었으므로, 남편의 동의를 얻어 친정에서 생활하였다. 결혼 몇 달 후 아버지가 별세하자, 친정에서 3년상을 마치고 서울로 올라왔다. 이후 덕수 이씨들이 선조 때부터 닦아 놓은 터전인 파주 율곡리에 기거하기도 하였고, 강원도 평창군 봉평면 백옥리에서도 여러 해를 살기도 하였다. 때때로 친정인 강릉에 가기도

○ 신사임당

하여, 셋째 아들인 이이는 강릉에서 낳게 되었다.

38세 되던 해 시집살림을 주관하기 위해 서울로 아주 올라와 지금의 청진동에서 살다가, 48세에 삼청동으로 이사하였다. 같은 해 여름, 남편이 수운판관에 임명되어 아들들과 함께 평안도에 갔다가 갑자기 세상을 떴다.

사임당이라는 당호에는 중국 고대 주周나라 문왕文王의 어머니인 태임太任을 본받는다는 뜻이 담겨 있다. 당시 태임은 최고의 여성상으로 여겨지고 있었다. 따라서 사임당이 생전에 보여준 온아한 성품과 예술적 자질은 모두가 태임의 덕을 배우고 본뜬 데에서 연유한 것이라고도 한다. 그 결과 사임당은 율곡 선생과 같은 대학자를 길러 낸 훌륭한 어머니, 뛰어난 재능을 지닌 예술가, 그리고 어진 아내로서의 길을 걸었다.

일례로 사임당의 남편 이원수는 아내 덕으로, 1545년(인종 1) 이기李芑와 윤원형尹元衡이 결탁하여 일으킨 을사사화에 연루되지 않아 큰 화를 모면할 수 있었다고 한다. 처당숙 이기가 을사사화를 준비하고 있을 때, 낌새를 챈 사임당이 미리 남편에게 벼슬을 내놓고 낙향할 것을 권유했다고 한다.

사임당의 예술가로서의 면모는 그림과 글씨, 문학 등 다방면에 걸쳐 나타난다.

먼저 채색화와 묵화 등 약 40폭 정도가 전해지는데, 아직 세상에 공개되지 않은 그림도 상당수 있는 것으로 미루어진다. 사임당의 그림에 대해 명종 때의 어숙권魚叔權은『패관잡기稗官雜記』에서,

"사임당의 포도와 산수는 절묘하여, 평하는 이들이 '안견安堅의 다음에 간다'고 한다. 어찌 부녀자의 그림이라고 하여 경홀히 여길 것이며, 또 어찌

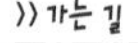

구파발삼거리에서 1번 국도(통일로)를 타고 3km 남짓 북상하면 문산사거리다. 여기서 우회전하여 37번 국도를 2.2km쯤 달리면 선유리삼거리에 닿는다. 이곳에서 오른쪽 316번 지방도로로 6.5km쯤 달린 뒤, 좌회전하여 2km 남짓 가면 자운서원 앞 주차장이다. 구파발삼거리에서 이곳까지 약 42km에 40분(평일)~1시간(휴일)쯤 걸린다. 선유리삼거리에서 37번 국도를 계속 타고 700m쯤 더 달린 뒤에 좌회전, 1.6km 지점에서 우회전하면 화석정 앞에 다다른다

❶❷ 자운서원
❸ 자운서원 현판
❹ 자운서원 묘정비

부녀자에게 합당한 일이 아니라고 나무랄 수 있을
것이랴?"

하고 극찬하였다.

글씨로는 초서 여섯 폭과 해서 한 폭이 전한다. 사후 300
년이 넘게 지난 1868년, 강릉부사 윤종의尹宗儀는 사임당
의 글씨를 영원히 후세에 전하고자 그 글씨를 판각하여 오
죽헌에 보관하였다. 그리고 글씨를 평한 발문跋文에서,

"정성 들여 그은 획이 그윽하면서도 고상하고 정
결함과 동시에 고요하여 더욱 더 저 태임의 덕을 본
떴음을 알 수 있다."

하고 격찬해 마지않았다.

문학 분야에서는 시 몇 편만이 전해지고 있는데, 주로
친정어머니에 대한 애틋한 그리움이 담겨져 있다. 대관령
을 넘어 서울 시댁으로 향하면서 친정을 바라보고 지은
「유대관령망친정踰大關嶺望親庭」이나, 서울에서 어머니를

그리워하면서 읊은 「사친思親」 등이 그것이다.

　　내려오는 길에 자운서원을 들렀다. 자운서원은 밖에서 보기에도 아주 포근한 자리이다. 자운서원은 광해군 7년(1615)에 율곡 선생의 학문과 덕행을 추모하기 위해 지방 유림들이 뜻을 모아 창건하였다. 효종 원년인 1650년에 '자운紫雲'이라고 사액되었다. 그 뒤 숙종 39년(1713)에 율곡 선생의 후학 사계沙溪 김장생金長生과 현석玄石 박세채朴世采 두 분을 추가로 배향하여, 선현의 배향과 지방 교육의 일익을 담당하여 왔다.

　　그러나 조선 후기에 들어 고종 5년(1868)에 대원군의 서원 철폐령으로 훼철되어 빈터에 묘정비廟庭碑만 남아 있다가, 1970년 복원하였다. 1973년 경내 주변을 정화하였다.

　　경내의 건물로는 팔작지붕으로 된 사당과 삼문三門 등이 있으며, 담장 밖에는 묘정비가 세워져 있다. 사당은 정면 3칸, 측면 3칸의 규모이다.

　　최근 사당 전면에 강당과 동재, 서재, 협문, 외삼문을 신축하고 주변을 정비하였다. 사당 내부에는 율곡 선생의 영정을 중심으로 좌우에 김장생과 박세채의 위패를 모셨으며, 매년 음력 8월에 제향을 올리고 있다.

　　자운문을 지나 사당으로 들어가는 길목 좌우에 커다란 고목이 장중한 자태로 서 있다. 광해군 7년에 사당 건립을 기념하기 위해 식수한 느티나무이다. 거의 400년 동안 서원을 지키는 신성한 나무이다. 이런 거목이 자란다는 것은 이곳에 좋은 기가 그득하게 흐르는 증거이기도 하다.

　　서원 앞의 계단이 용진처이다. 그 뒤에 서원이 앉았는데, 과연 서원 건물이 정확하게 혈 위에 앉았는지 살펴보기는 지금으로서 다소 무리이다.

　　좌우로는 청룡과 백호가 겹겹이 둘렀다. 안쪽 것은 안쪽 것대로, 바깥쪽 것은 바깥쪽 것대로 서원을 폭 껴안았다. 어디 하나 등돌린 것이 없다. 앞쪽으로는 곱게 생긴 귀인봉이 안산이 되었다. 뛰어난 제자들이 배출될 형상이다. 안산 곁으로 기념관이 자리를 잡았다.

　　서원 건물 앞에 앉아보니, 온화하고 맑은 기운이 느껴진다. 포근하고 아늑해서 잡생각이 들지 않는 자리이다. 공부하기에 좋은 터이다. 동으로는 오래 묵은 향나무의 자태가 곱다. 옆에 목련은 벌써 꽃눈을 매달았다.

　오후 햇살이 차츰 기울기를 낮춘다. 그러나 하염없이 편안한 자리라서 일어나기가 싫다 ▮

6. 조선 8대 명당 윤관 장군 묘소

파평 윤씨들의 발복지로, 조선 8대 명당으로 선뜻 꼽히는 윤관尹瓘(1040~1111) 장군의 묘소는 파주시 광탄면 분수리에 있다. 광탄에서 용미리 쪽으로 조금만 가면, 311번 도로 가에 장중한 묘역이 나타난다.

백두산을 출발한 백두대간은 철령 위쪽에 있는 추가령에서 한북정맥으로 몸을 나눈다. 한북정맥은 백암산, 적근산, 대성산, 백운산, 운악산, 수원산, 죽엽산, 광릉 용암산을 차례로 거쳐 축석령을 지난 다음, 양주군 주내면에 다다라 불국산을 솟아 올린다. 여기서 다시 한북정맥은 호명산을 세우고, 의정부 뒷산에서 서울 쪽으로 남진하여 서울의 태조산인 도봉산을 세운다.

파주 일대로 오는 산맥은 의정부 뒷산에서 서쪽으로 뻗어나간 자락이 칠봉을 만들고, 장흥유원지를 이루는 꾀꼬리봉·앵직봉과 계명산을 지나 뒷박고개를 넘는다. 그리고 나서 박달산을 만드는데, 박달산은 이곳의 소조산小祖山에 해당한다. 박달산에서 기세 장엄하게 광탄 쪽을 향해 달리던 산맥은 분수리에서 방향을 우측으로 꺾어 넓은 국세局勢를 연 다음, 진행을 멈춘다. 용미리에서 광탄면을 향해 달리는 도중에, 차창 왼쪽으로 육중한 산세의 흐름이 보인다. 윤관 장군의 묘로 뻗어 내려가는 산줄기로, 아주 대단한 기세이다. 그 흐름 속에서, 장군의 묘를 지키기 위해 출정하는 병사들의 노도와 같은 기상이 엿보이는 것은 내 선입감 때문일까?

묘역 앞에 이르자, 오른쪽으로 교자총轎子塚과 애마총愛馬塚이 묘역 앞을 장식한

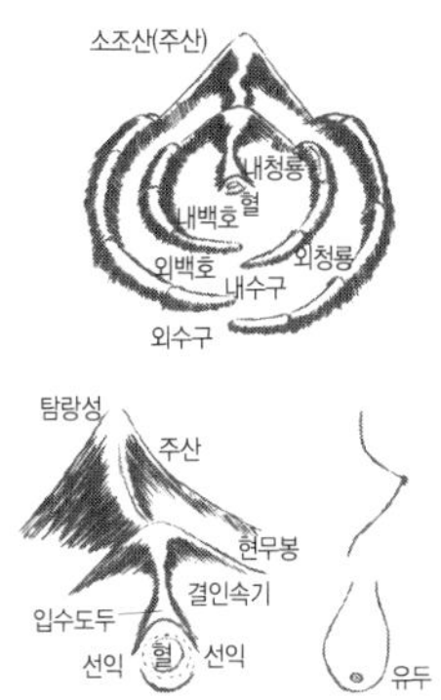
윤관 장군 묘

다. 교자는 종1품 이상의 고위 관리나 기로소耆老所의 당상관들이 타던 가마이다. 따라서 이 두 무덤은 조정 밖으로 나가서는 장수요, 조정으로 들어와서는 정승을 지낸다는 '출장입상出將入相'의 상징이다. 잘 다듬어진 잔디밭이 널찍하게 펼쳐졌고, 너머에 홍살문이 위용을 보인다. 북벌北伐을 꿈꾸었던 우리나라의 몇 안 되는 장군의 무덤답다. 나도 몰래 어깨에 힘이 들어간다.

길게 호흡을 하고 홍살문 앞에 섰다. 봉분 뒤쪽으로, 단아하게 생긴 탐랑체貪狼體인 현무봉玄武峰이 한가운데에 자리 잡았다. 그 뒤 좌우로 얼마간 균형이 깨진 좌천을左天乙과 우태을右太乙이 현무봉을 호위하고 있다. 좌천을과 우태을이란 귀인이나 장군이 앉아 있을 때 뒤편 양쪽에서 호위하고 서 있는 수행원이나 경호원을 상징한다. 수행원이나 경호원을 거느리는 사람은 대부분 귀한 사람이다.

따라서 이런 형국을 지닌 산은 상당히 귀하게 여긴다. 그리고 좌천을과 우태을을 좌우에 거느린 현무봉의 한가운데로 뻗어 내린 용맥에 혈이 맺히게 되면, 이 혈은 거의가 대혈에 속한다.

그런데 이곳의 주산과 현무봉은 탐랑성으로, 목성체木星體에 해당한다. 따라서 **유두혈**乳頭穴을 맺어야 진혈이 된다. 유두혈이란, 혈판이 마치 풍만한 여자의 젖가슴처럼 둥두렷하게 생겼고, 혈심穴心이 혈판의 중앙에서 약간 아래쪽 가장 솟아난 젖꼭지 부분에 해당하는 혈을 가리킨다.

≈ **유두혈**(乳頭穴) : 혈판이 마치 풍만한 여자의 젖가슴처럼 둥두렷하게 생겼고, 혈심穴心이 혈판의 중앙에서 약간 아래쪽 가장 솟아난 젖꼭지 부분에 해당하는 혈.

이때 용맥은 잘록하게 결인속기한 뒤 수평으로 길게 늘어지는데, 모양은 통상 위는 가늘다가 아래로 내려갈수록 점차 넓어지다가, 끝부분에 가서 다시 좁아져 마무리를 한다. 누워 있는 여인의 젖가슴과 꼭 닮은 형국이다.

용맥을 살피기 위해 봉분의 뒤로 올랐다. 내리 박히듯 급한 행보를 보이는 용이다. 얼핏 급한 만큼 곧장 일직선 내려오는 것처럼 보이지만, 자세히 살펴보니 그 와중에도 좌우로 몸을 팍팍 꺾었다. 넘치는 힘으로, 갈 지(之)자나 검을 현(玄)자의 몸놀림을 보이면서, 마디인 절節이 불룩불룩 끊임없이 이어졌다. 현무봉 정상에서 혈에 이르기까지 대단한 기세로 생동감 넘치게 많은 절을 맺었다. 절수는 이루 다 셀 수 없을 정도니, '삼십륙절룡三十六節龍의 천년발복지지千年發福之地'란 옛사람들의 말이 결코 허언이 아니다.

급전직하한 용은 담장 바로 뒤에서 결인속기를 하였다. 잘록하게 목을 조여 기를 묶어 두었다가, 참았던 숨을 토해 앞에다 아주 큰 혈을 맺었다.

그런데 장군 묘는 혈심보다 약간 위쪽에 자리한 것이 아닌가 하는 의심이 든다. 양쪽의 선익사가 좌우로 가장 넓게 벌린 곳보다, 봉분이 조금 위쪽으로 자리를 잡았기 때문이다. 그리고 혈처임을 확인해 볼 수 있는 순전이나 하수사 등은 확인하기 어렵다. 오랜 세월 동안 끊임없이 손길이 닿았기 때문이다. 그리고 묘 아래쪽으로 평탄한 도로가 나는 바람에, 좌우의 작은 능선 또한 많은 손상을 입었다. 원형을 잃었으니, 지금에 와서 설명이 어렵다. 청룡과 백호는 겹겹으로 혈장을 향해 감돌아든다. 안산은 자그마한 덩치지만, 반월형半月形이다. 만월을 기약하는 귀한 형상인데, 아쉽게도 이곳을 똑바로 바라보고 있지 않다.

주변의 사격은 아주 다양하다. 사방巳方에 문필봉文筆峰, 오방午方에 **옥녀봉**玉女峰, 정방丁方에 거문성巨門星, 유방酉方에 천마사天馬砂, 신방辛方에 문필봉 등이 수려한 모습으로 솟았다. 보국 안이 장엄하다. 이 가운데 정방과 유방, 신방에 있는 봉우리들은 육수사六秀砂에 해당한다. 권세와 공명에다 재물과 복을 얻는다는 여섯 방위 가운데에 위치한 귀봉貴峰들이다.

그러나 이곳에도 흠은 있다. 명당은 평탄하나 원만하지 않고, 명당 중앙에 흐르는 물길은 혈을 감싸 주지 못하고 비스듬히 등을 돌렸다. 전반적으로 보면, 물길은 멀리서 길게 내려오는 것이 잘 보인다. 빠져나가는 파구破口도 짧은데다가 안 보이고, 교쇄의 형상이라서 좋다. 그런데 명당 안의 한가운데 흐름이 문제이다. 혈을 바라보지 않고 둥그스름 등지고 흐르는 것이다.

이런 점으로 미루어 보면, 이 자리는 똑똑한 인물은 나오는데 주변의 협조가 없을 자리이다. 도와주는 사람보다 시기하고 모함하는 자가 많아, 이들로 인해 피해를 입는 자리이다. 돌아보면, 장군의 생애와 결코 무관하다고 할 수 없는 자리이다.

물길은 좌수도우에, 파구는 경유庚酉 방향이다. 묘소의 향이 간좌곤향艮坐坤向이니, 이는 문고소수文庫消水에 해당하는 향법이다. 문고소수는 앞서 설명한 대로 총명한 수재를 낳고, 자손들의 문장이 뛰어나 부귀를 모두 갖추는 길향吉向이다.

그런데 이 묘소는 아직까지 시련을 겪고 있다. 중종의 두번째 계비 문정왕후文定王后의 동생인 윤원형尹元衡(?~1565)은 문정왕후가 수렴청정하는 동안 을사사화를 일으켜 많은 사람을 죽였다. 문정왕후가 죽은 뒤, 윤원형 또한 삭탈관직되고 유배되있다가 죽사 그에게 원한을 품은 사람들은 그의 선조인 장군의 묘라노 파헤쳐 분풀이를 하려고 들었다. 이 사실을 안 파평 윤씨 후손들은 장군의 유골을 온전히 보호하기 위해 봉분을 헐어 평장平葬을 하였다. 그리하여 장군의 묘를 파헤치려고 왔던 사람들은 묘를 찾지 못해 그냥 돌아갈 수밖에 없었다.

그리고 약 100년이 흘렀다. 조선 인조와 효종 때 세도가이며 영의정을 역임한 심지원沈之源(1593~1662)이 죽자, 후손들은 명당으로 소문난 이곳에 묘지를 썼다. 장군의 묘에서 약간 위에다 쓴 것이다. 명당을 골라 쓴다고 했지만,

≋옥녀봉(玉女峰) : 깨끗하고 단정한 봉우리가 둥그렇게 서 있는 것을 말한다. 산 중턱에서는 지각이 여러 갈래로 뻗어나가 마치 여자가 머리를 풀고 있는 모습과 같음.

결인속기처 위에 써 결과적으로 과룡지장過龍之葬이 되고 말았다.

그리고 또 약 100년이 지나 영조 41년(1765) 2월의 일이다. 파평 윤씨 후손들이 잃어 버렸던 장군의 묘를 되찾았다. 그런데 묘 바로 뒤에 심지원 묘가 있어 용맥을 차단한다면서, 다른 곳으로 옮길 것을 요구하는 산송山訟이 일어났다. 이때 윤씨들은 묘갈墓碣 두어 쪽을 찾아내 장군 묘소의 증거로 제시하였다. 그러나 가문의 위세로 보아 파평 윤씨 못지않은 청송 심씨 후손들은 이를 단호히 거절하였다.

결국 이 문제에 왕이 나섰다. 따지고 보면 심씨네가 윤씨네의 외손이니, 두 집안은 서로 다투지 말고 각자 자기네의 묘를 보호하라는 중재였다. 이에 윤씨들은 장군의 묘소 뒤쪽에다 담을 높이 쌓았다. 이에 심지원의 묘소 앞쪽이 답답하게 막혀 버리자, 청송 심씨들은 즉각 담의 철거를 요구하며 나섰다. 윤씨들은 이를 귀담아 듣지 않았다. 두 묘소 사이에 담장은 아직도 남아 있다. 오늘에 이르기까지 두 집안 사이에서 계속되고 있는 산송의 생생한 증거이다.

윤관 장군은 고려의 문신이자 무신으로, 파평면 금파리에서 출생하였다. 자는 동현同玄, 호는 묵재默齋이다. 본관은 파평으로, 고려 태조를 도운 삼한 공신 윤신달의 고손이며, 검교소부소감을 지낸 집형執衡의 아들이다. 아버지 문정공이 용마를 타고 하늘을 날으는 꿈을 꾼 뒤, 부인 김씨에게 태기가 있어 장군을 낳았다고 한다. 장군은 일찍 학문에 눈이 트여 잠시도 책읽기를 게을리 하지 않았으며, 특히 오경五經을 즐겨 봤다고 한다. 그리고 무술에도 뛰어난 재능을 보였다고 한다.

장군은 문종 때 문과에 급제하여 선종 5년(1088) 합문지후閤門祗候로, 광주廣州 · 충주忠州 · 청주淸州 등지에 출추사出推使로 파견되고, 습유拾遺 · 보궐

》가는 길

윤관 장군의 묘소는 파주시 광탄면 분수리에 있다. 서울에서 문산 방면으로 통일로를 타다가 벽제사거리에서 우회전을 해서 3km를 가면, 78번 도로가 분기되는 삼거리가 나타난다. 여기에서 78번 도로로 좌회전을 해서 2.1km를 가면 벽제교 인근의 삼거리가 나오는데, 여기에서 광탄 방향으로 좌회전하여 6km 가량 직진하면 길가의 오른쪽에 윤관 장군의 묘역이 보인다.

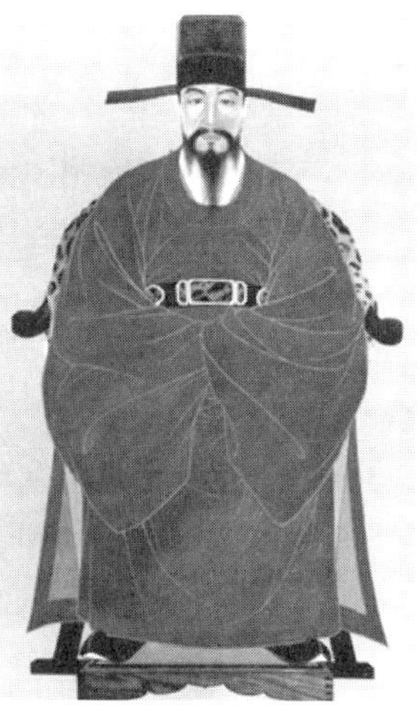

補闕을 거쳐 숙종 즉위년인 1095년 좌사낭중으로 요遼나라에 파견되어 숙종의 즉위를 알렸다. 1098년 동궁시학사로 송宋나라에 가서 왕의 사위嗣位를 알렸다. 숙종 6년(1101) 추밀원지주사를 시작으로, 추밀원부사·어사대부·이부상서 등을 거쳤다. 1104년 추밀원사로서 동북면행영병마도통사東北面行營兵馬都統使가 되어 여진女眞과 싸웠으나, 패하였다. 그 뒤 여진 토벌을 위해 신보神步(보병)·신기神騎(기병)·항마降魔(승려)군으로 구성된 별무반別武班을 조직하여, 1107년 17만 대군을 이끌고 동북계로 출전하였다. 연전연승하여 국토를 확정하고 함주咸州·영주英州·웅주雄州·복주福州·길주吉州·공험진公驗鎭·숭녕崇寧·통태通泰·진양眞陽 등 9지구에 성을 쌓고 남쪽의 백성들을 이주시켜 살게 하였다. 그 공으로 추충좌리평융척지진국공신推忠佐理平戎拓地鎭國功臣 문하시중門下侍中 판상서이부사判尙書吏部事 지군국중사知軍國重事가 되었다. 뒷날 여진족은 조공을 바친다는 조건 아래 성을 돌려주기를 원하였고, 조정에서는 지키기 어렵다는 이유 등으로 9성을 돌려준 뒤 강화를 맺었다.

이후 장군은 반대파들에게 여진 정벌의 패장이라고 모함을 받아 관직과 공신호마저 삭탈당하였다. 그리고 명분 없는 전쟁으로 국력을 탕진했으니 처벌해야 한다는 주장까지 대두하였다. 이에 회군해 돌아온 장군은 왕에게 복명도 하지 못한 채 사저로 돌아갔다.

그러나 예종은 재상이나 대간들의 주장을 물리고 장군을 비호해, 1110년 다시 '수태보문하시중판병부사상주국감수국사守太保門下侍中判兵部事上柱國監修國史'의 직책을 내렸으나, 장군은 끝내 사양하였다. 그리고 평소 좋아하던 경서를 읽으면서 조용히 노년을 보냈다.

1111년 5월 "호국 일념의 뜻을 받들어 나라를 위해 끝까지 분투해 달라!"는 말을 남기고, 장군은 쓸쓸히 눈을 감았다. 1130년 예종의 묘정에 배향되었다. 그리고 또 조선 문종 때에 이르러, 왕명으로 **숭의전**崇義殿에 배향되었다. 파주 여충사에 봉사하고, 청원의 호남사 등에 배향되었다. 시호는 처음에 문경文敬이었으나, 뒷날 문숙文肅으로 고쳐졌다 ▪

윤관 묘의 산맥도

≋**숭의전**(崇義殿) : 조선시대에 고려 태조를 비롯한 7왕의 신위를 봉안하여 제사지내던 사당.

7. 풀이 돋지 않는다는 최영 장군 묘소

최영崔瑩 장군의 묘소는 고양시 덕양구 대자동에 있다. 통일로의 필리핀 군 참전 기념비가 있는 곳에서 '최영 장군 묘 입구'라는 안내 표석을 따라 들어가면, 바로 대자 2동 마을이 나온다. 이 마을 앞쪽에서 관산 유치원을 지나 약 500m 정도 산길로 걸어 올라가면, 최영 장군의 묘역이 나온다.

장군은 "내 평생 탐욕을 가졌으면 내 무덤에 풀이 날 것이나, 그렇지 않다면 풀이 나지 않을 것이다"라고 유언을 남겼는데, 정말 풀 한 포기 나지 않았다고 하여 교과서에까지 내용이 실렸던 무덤이다. 그런데 조선 왕조가 망하고 그의 후손들이 정화 작업을 하면서 잔디를 입혀, 지금은 더 이상 적분赤墳이 아니다.

최영(1316~1388)의 본관은 동주東州인데, 동주는 철원의 옛 이름이다. 장군은 고려 태조 때 통합삼한공신統合三韓功臣 삼중대광태사三重大匡太師에 봉해졌던 시조 최준옹崔俊邕의 9대손이다. 동주 최씨는 고려 때 조선조의 영의정과 같은 문하시중을 3명, 정2품격인 평장사를 7명 배출하는 등 문무를 겸비한 명문이었다.

장군의 5대조인 최유청崔惟淸은 고려 문종 때 문과에 급제하여 중서시랑과 중서문하평사, 판병부사, 판예부사를 역임하였다. 평소 쌓은 덕망과 인품으로, 정중부鄭仲夫가 일으킨 무신난 때에 유일하게 화를 면한 문신이다.

장군은 고려 충숙왕 3년(1316) 충남 홍성에서 사헌부간관을 지낸 최원직崔

元直의 외아들로 태어났다. 청백리로 유명했던 아버지 최원직은 장군이 16살 때 아들에게 유명한 유훈을 남겼다. "汝當見金如石(여당견금여석)" 여섯 글자로, 이는 '너는 마땅히 황금 보기를 돌처럼 하라!' 는 뜻이다. 장군은 아버지의 유훈에 따라, 충과 의로 일생을 살았다. 당장 끼니를 이을 쌀이 없어도, 전장에서 공로로 받은 상과 공신전을 국고에 반환하거나, 수하나 백성들에게 나누어주곤 하였다.

장군은 어려서부터 풍채가 늠름하고 기골이 장대하였으며, 용력이 보통 사람을 뛰어넘었다. 장군은 문신 가문에 태어났으면서도, 병서를 읽고 무술을 닦아 무관으로 입신을 해 평생토록 무장의 길을 걸었다.

○ 최영 장군

35세 때 청년 장교로, 지금의 경기도인 양광도楊廣道에서 수차례에 걸쳐 왜구를 격퇴해 왕의 근위대원으로 중앙에 발탁되었다. 그리고 공민왕 원년(1352) 조일신趙□新의 역모를 진압하면서 무명武名을 떨치기 시작했다. 그래서 2년 후인 39세 때 대장군인 대호군이 되었다.

이 시기 중국 땅에서는 신흥 강국으로 부상한 명나라가 원나라를 자주 공격하였다. 그러던 중 명나라 장수 장사성張士誠이 원나라를 침공하자, 원나라는 고려에 파병을 요청하였다. 장군은 병사들을 지휘하여 명나라 군대를 토벌하고, 대가로 원에 속했던 압록강 서쪽의 영토를 되찾았다. 이때 장군은 명나라 군대와 싸우면서 그들의 전투 능력을 파악하

였고, 요동 일대엔 명나라 군대가 많이 배치돼 있지 않다는 약점을 알아냈
다. 이때부터 장군은 고구려 옛 땅인 요동을 정벌할 뜻을 품게 되었다.

　공민왕 8년(1359) 명나라에서 일어난 홍건적紅巾賊 4만이 고려를 침공해
의주와 서경을 점령하고, 이어 2년 뒤에 10만의 대군으로 얼어붙은 압록강
을 건너 다시 쳐들어왔다. 이로 인해 수도 개경은 함락을 당하고, 임금은 지
금의 안동인 복주福州로 피난을 하였다. 이때 장군은 총병관 정세운鄭世雲의
휘하 장수로써, 개경 탈환 작전에서 서문 공격에 성공하는 공을 세웠다. 동
문에서는 청년 장수 이성계가 선봉에서 맹활약하여 적의 장수 사유沙劉와
관선생關先生 잡아 죽임으로써, 중앙 정계 진출의 발판을 마련하였다.

　장군이 환갑의 나이에 출정했던 홍산대첩鴻山大捷은 장군의 용맹을 보여
주는 대표적인 전투였다. 우왕 2년(1376) 왜구 수만 명이 공주성을 함락시키
고 논산까지 점령하여, 연산 개태사에서는 승려들을 몰살시키는 등 온갖 만
행을 저질렀다. 고려에선 원수 박인규朴仁桂가 나가 싸웠으나 전사하고 말
았다. 그러자 적의 기세는 드높았고, 고려군의 사기는 땅에 떨어져 누구도
나가 싸우려는 자가 없었다. 61세의 장군은 우왕에게 출정을 주청하였다.
왕은 노구에 전쟁터에 나가는 것은 무리라고 말렸다. 그러나 점점 사태가
악화되자, 장군은 백발을 날리며 지금의 충남 부여 인근의 홍산으로 출전하
였다. 장군은 장병들을 독려하며 맨 앞에 서서 분전하였다. 이때 나무 위에
있던 적병이 활을 쏘아 장군의 입술을 맞추었다. 그러나 장군은 말에서 떨
어지지 않고 입술에 박힌 화살을 뽑아들었다. 그리고는 활을 잡아 그 화살
로 나무 위에 있는 적병을 꿰뚫었다. 이에 힘을 얻은 장병들은 사기가 충천
해 장군의 뒤를 따라 3만의 왜구를 섬멸하였다. 이 공로로 장군에게 시중侍
中 벼슬이 내려졌으나 사양하였다. 철원부원군鐵原府院君에 봉해졌다.

　1377년 육도도통사 · 삼사좌사가 되어 서강西江에 침입한 왜구를 격퇴하
고, 교동과 강화의 권문세가들이 점유한 사전私田을 혁파하여 군량에 보충
토록 하였다. 그리고 노약자들은 내지內地로 옮기고, 장정들을 머물게 하여
농사를 짓게 하였다.

　1378년 다시 왜구가 지금의 풍덕인 승천부昇天府에 쳐들어오자, 이성계

등과 출정하여 이를 무찌르고 안사공신安社功臣의
호를 받았다. 1380년 해도도통사가 되었는데, 왜구
의 침입 때문에 수도를 철원으로 옮기자는 논의가
일어났다. 장군은 천도가 백성들과 농사에 해로우
며, 또 내성內城을 쌓아서 대비하면 될 것이라 하여
이를 철회시켰다. 또한 승도僧徒를 모집해 전함 130
여 척을 만들어 수군의 전력 강화에 노력하였다. 이
듬해 수시중을 거쳐 영삼사사를 지냈다. 1384년 판
문하부사 · 문하시중의 벼슬이 내렸으나 이를 모두
사퇴하였다. 1388년 문하시중이 되었다. 그해 우왕
의 밀명으로 정권을 천단하던 염흥방廉興邦 · 임견
미林堅味를 숙청했다.

그러던 즈음에 명나라가 철령위鐵嶺衛의 설치를
통고하여 북변 일대를 요동에 귀속시키려고 하였
다. 장군은 이에 요동 정벌을 계획하고 군사를 일으
켜 팔도도통사가 되어 왕과 함께 평양에 가서 군사
를 독려하였다. 그러나 우군도통사 이성계 등이 위
화도威化島에서 회군함으로써 요동 정벌이 좌절되
었다. 이성계 군이 개경에 난입하자, 소수의 군사로
이에 맞서 싸우다 체포되어 지금의 고양 땅에 유배
되었다. 다시 합포合浦에 옮겨졌다가, 요동을 공격
한 죄로 개경에 압송되어 참형을 당했다. 장군이 처
형당하자, 개성의 상인들은 문을 닫고 저자를 열지
않았으며, 온 백성들은 통한의 눈물을 흘렸다.

이때 살아남은 사람들은 장군을 신장神將으로 모
시고 섬기면서, 이성계를 저주하였다. 이런 전통은
지금도 무속에 전해온다. 2년에 한 번 음력 3월이면
도당굿이 열리는데, 이때는 전국의 무당이 모여 장

군의 제사를 모신다. 그리고 굿이 끝난 다음에는, 일명 '성계육成桂肉'이라고 불리는 돼지고기를 씹어 먹는 것이 관례라고 한다.

관산유치원 앞을 지나는데, 오른쪽으로 성령대군의 묘소가 먼저 보인다. 왼쪽으로는 작은 물길이 흘러내린다. 산자락에 감도는 물길을 따라 모두들 씩씩하게 걷는다. 상쾌한 기운이 볼을 스친다. 옆 도랑에는 수구사와 한문이 교대로 나타난다. 묘역 아래쪽에 서 있는 안내문 주변이 보국이다. 첩첩 산중에 이런 보국이 어찌 생겼을까 싶은 매우 조그마한 보국이다.

안내문 뒤쪽으로 난 계단을 오르니, 묘역에는 두 기의 묘가 상하로 나란히 섰다. 위쪽은 아버지 동원부원군 최원직의 묘이고, 아래쪽이 최영 장군과 부인의 합장 묘이다. 둘 다 장방형을 한 묘이다. 잠시 참배의 예를 올리자니, 장군 묘의 상석 곳곳에 검은 그을음이 눈에 띈다. 무당들이 초를 피운 흔적이다.

장군 묘의 주산은 대자산大茲山이다. 대자산에서 나온 주룡은 개장과 천심, 기복과 과협, 박환 등 여러 가지 변화를 거쳐 험한 기를 털었다. 그러나 부드럽고 순탄한 용은 아니다. 다소 강파르고 험한 용이다. 장군 묘소의 담장 뒤쪽으로는 흉석凶石들이 박혔다. 자손들에게 흉사를 가져다주는 돌이다. 이 살을 마저 털고 앞으로 나가야 하니, 아무래도 부친보다는 장군의 묘가 혈처이다.

현무봉에서 좌측으로 갈라 뻗은 능선은 청룡이 되었다. 묘 앞을 완전히 끌어안았는데, 그 하단에 성령대군의 묘가 있다. 백호는 주룡의 중간쯤에서 내려왔다. 혈을 얼추 두르는 듯하였으나, 청룡처럼 다정하게 혈을 꼭 안아 주지는 못했다. 끝에 가서는 제 갈 길로 가버린 형상이다. 따라서 명당은 청룡이 둥글게 몸을 감아 원을 그리듯 안아준 공간이다. 작지만 원만하고 평탄하다. 앞서 말한 대로, 수구는 매우 좁고 한문이 여러 개 서 있어, 작은 명당 안의 생기를 보호하는 형상이다. 그러므

》가는 길

최영 장군의 묘소는 고양시 덕양구 대자동에 있다. 1번 국도(통일로)의 벽제사거리를 지나 1.5km 가량 직진하면 필리핀 군 참전기념비가 나온다. 여기에서 '최영장군묘입구'라는 안내 표석을 따라 우회전해 들어가면, 바로 대자 2동 마을이 나온다. 이 마을 앞쪽에서 경안길을 따라 관산유치원을 지나 약 5백m 정도 산길로 곧장 걸어 올라가면, 최영 장군의 묘역이다.

로 큰 부자는 아니더라도 안정된 부를 누릴 수 있는 명당이다.

안산은 본신에서 나온 청룡이 만들었다. 바로 혈 앞에서 봉우리를 이룬 본신안산으로 아름답거나 빼어난 모습이 아니다. 이렇게 안산이 가깝고 높기 때문에, 혈도 높은 곳이다. 얼핏 보면 천옥天獄과도 비슷하다고 하겠지만, 이곳은 분명하게 혈을 맺은 자리이다. 따라서 은둔하기에 좋은 장소다. 그래서일까? 이곳은 예로부터 **회룡은산형**回龍隱山形이라고 불려 왔다.

장군 묘가 있는 혈장은 입수도두, 선익, 순전, 혈토가 분명하다. 그러나 혈의 좌우 선익은 골이 깊고 지저분하며 험하다. 앞 골짜기도 험하다.

장군 묘 좌측과 우측에 있는 선익 끝을 직선으로 연결하면, 묘 중앙과 일치한다. 묘 앞 순전도 단단하게 발달되어 있다. 높은 산에 결지했기 때문에 하수사는 길게 뻗어 혈장을 지탱해 주고 있다. 그런데 하수사를 따라 계단을 만들어 놓았다. 묘에서 보아 정면에 직선으로 나 있어 보기가 흉하다.

물은 좌측에서 우측으로 흐르는 좌수도우左水到右로, 정미파丁未破이다. 좌향은 자좌오향子坐午向이니, 88향법에 비추어 자왕향自旺向에 속한다.

자왕향은 좌수도우하고, 정미파丁未破에 병오향丙午向이거나 신술파辛戌破에 경유향庚酉向, 계축파癸丑破에 임

※**회룡은산형**(回龍隱山形) : 조산에서 빙 둘러 내려온 용이 깊은 산속에 숨어 있는 형상의 혈.

자향壬子向, 을진파乙辰破에 갑묘향甲卯向이 여기에 속한다. 자손들이 번창해서 남자는 총명하고 여자는 수려하며 부귀와 장수를 불러온다는 훌륭한 향이다.

　장군은 부인 문화文化 유씨柳氏와의 사이에 아들 담潭을 남겼다. 후손들은 조선왕조와 인연을 멀리하고, 전국의 산야에 묻혀 숨어 지냈다. 500년이 넘도록 그렇게 지내 온 것은 '최씨 고집'이 아니고는 불가능한 일이다.

　그 결과 동주 최씨는 조선조에 이렇다 할 벼슬에 오른 후손이 없다. 태조 5년에 최영 장군에게 무민공武愍公이라는 시호를 주고 제전답祭田畓을 봉전하는 등 복권을 허락하였으나, 동주 최씨는 거의 빛을 드러내지 않았다. 조선시대에 동주 최씨로 이름을 남긴 인물로는 19세기 말의 학자 최한기崔漢綺(1803~1875)뿐이다.

　조선이 망하고 나서 3·1운동 때 독립선언서를 작성한 육당六堂 최남선崔南善이 나왔고, 최남선의 동생으로 국무총리와 대한적십자사 총재를 했던 최두선이 뒤를 따랐다. 그리고 만주에서 독립운동을 벌인 뒤 해방 후 국군 39사단장과 태백산 지구 전투사령관을 지낸 최석용 장군을 비롯하여, 최대명 장군과 최명균 장군 등이 나와 장군 집안의 꺼진 불씨를 다시 지피기 시작하였다 ■

훌륭한 위인들의 묘소에 오면 항상 느끼는 일이지만, 이제 치졸한 단장은 그만두어야 한다.

잘한다고 한 일이 오히려 그르치는 꼴이요, 인력과 자금의 낭비가 되는 탓이다.

'긁어 부스럼'이란 속담이 꼭 맞는다.

1. 분당 중앙공원 내의 한산 이씨 묘역

서울을 벗어나자, 차창에 비안개가 자욱하게 휘감아 든다. 시야가 퍽 흐릿하다. 길섶에 시든 풀잎이 축축하게 젖었다.

"참, 아깝습니다! 날씨가 맑으면, 저쪽으로 분당 중앙공원의 뒷산이 마치 활을 뒤집어놓은 듯한 아름다운 **명궁사**名弓砂의 모습으로 나타나는데, 날씨가 흐려 전혀 보이질 않습니다."

정 선생의 아쉬운 언급이 있고 난 얼마 후이다. 중앙공원의 뒷산인 영장산靈長山이 모습을 보이기 시작했다. 둥근 봉우리 두 개가 연이어져 활 모양을 띠고 있다. 멀리서 볼 때보다 훨씬 못하다는 정 선생의 설명이 뒤따른다.

중앙공원은 본래 한산韓山 이씨李氏들의 세거지였다. 그래서 뒤쪽 산기슭에 목은牧隱 선생의 후손들이 잠들어 있다.

한산 이씨의 시조 이윤경李允卿은 고려 숙종 때의 지방 호족으로, 군郡에서 호장戶長 직책을 맡고 있었다. 그의 7세손 문정공 이색李穡은 원나라에 들어가 그곳의 과거에 급제하여 한림원에 등용되었다가 귀국하여 대사성, 대제학, 지공거, 문하시중 등 요직을 두루 거쳤다. 공민왕 11년(1362) 홍건적의 난 때에는 왕을 호종하여 공을 세웠다. 이에 한산부원군에 봉해져 한산을 본관으로 삼았다.

한산 이씨 가운데 특히 호장공파戶長公派는 고려 말기의 성리학자 가정稼亭 이곡

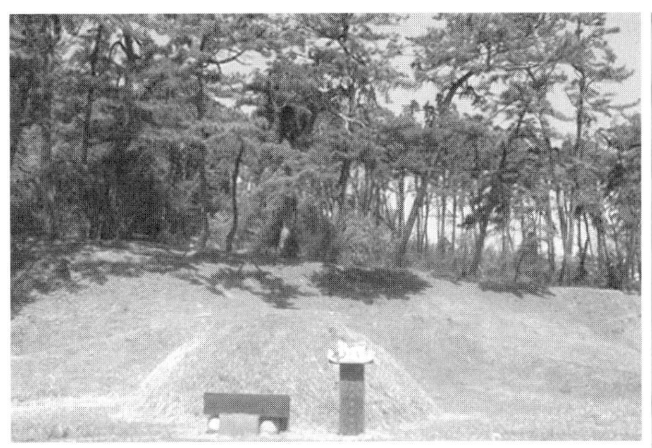

李穀과 목은 이색 두 부자를 기세조起世祖와 이세조二世祖
로 모시는 우리나라의 명문 가문이다. 두 분의 윗대에 대
해서는 상세한 기록이 전하지 않고, 다만 시조에 관해 다
음과 같은 전설이 내려온다.

명궁사(名弓砂) : 활을 뒤집어
놓은 모양의 산.

　　한산 이씨의 시조는 이름을 알 수 없다. 그는 한
산 고을 관청의 아전으로 호장 일을 보고 있었다.
그런데 현감이 앉아 있는 마루의 널빤지가 해마다
썩어 내려가는 것 때문에, 그것을 보수하느라 애를
먹었다. 어느 날 유명한 지관 하나가 마침 고을을
지나게 되었는데, 그는 까닭을 물었다. 지관은 지기
地氣가 강하기 때문에 그 자리만 썩는 것이라 하면
서, 그곳이 천하의 명당이라고 알려주었다. 그날
밤, 집으로 돌아온 그는 자식들에게 자기가 죽으면
꼭 그 자리에 몰래 묻어 달라고 신신당부를 하였다.
　　세월이 흘러 그가 죽게 되자, 자손들은 그의 유언
대로 야음을 틈타 관가의 마루 밑에 그를 암장하였
다. 그 후 발복이 시작되어 이곡과 이색 두 부자가
나와 현달하게 되었다. 그런데 문제가 생겼다. 관가

의 마루방 밑에 조상의 유골을 암장한 사실이 탄로난 것이다. 관가는 금장지禁葬地로 되어 있었으니, 이들은 처벌을 피할 수 있는 형편이 아니었다.

그러나 평소 두 부자의 학덕과 충성심에 감동하고 있던 왕은, 무덤을 옮기는 것보다 차라리 관가를 옮기는 것이 고려 왕실을 위해서도 더 좋은 일이라는 신하들의 의견을 따랐다. 그래서 현재의 한산면사무소 자리로 관가를 옮겼다고 하는데, 현재 그곳에 남아 있는 묘비에는 '高麗戶長李公之墓(고려호장이공지묘)'라고 씌어 있다고 한다.

영장산 자락의 한산 이씨 묘역은 조선 중기부터 후기에 걸쳐 조성되었다. 현재는 경기도 기념물 제116호로 지정되어 한산 이씨 한평군파韓平君派 종회가 관리하고 있다.

한산 이씨 호장공파는 가정 선생을 1세조로 하여, 2세조 목은, 3세조 종선種善, 4세조 계전季甸, 5세조 우堣로 이어지는데, 이 넓은 묘역에는 우의 아들 장윤長潤을 필두로 질秩, 지숙之菽, 원垣 이하의 많은 후손들이 크게 네 구역에 자리를 잡았다.

이곳은 특히 왕이 땅을 하사해 준 사패지賜牌地이다. 동쪽과 서쪽 그리고 북쪽에 한산 이씨의 묘역을 알리는 표석이 자랑스럽게 서 있는데, 그 가운데 2기는 이제 중앙공원 안으로 이전되었다.

차에서 내린 뒤 아치형으로 만든 다리를 건너노라니, 공원을 둥그렇게 감싸고 있는 물길이 퍽 인상 깊다. 당연히 새로 만든 물길이지만, 옛날의 물 흐름을 따라 만든 수로이다. 단단하게 감싸고 여민 모습으로, 우선 깨끗해서 좋다. 입구에 들어서자, 비각이 우측에 보인다. 그리고 묘역이 좌측에 나타난다.

서남향을 한 비각에는 이장윤, 이질, 이지숙의 유사遺事를 기록한 '한산이씨삼세이하유사비韓山李氏三世以下遺事碑'를 비롯하여 이증 신도비, 이정룡 신도비, 이경류 정려비가 위치해 있다.

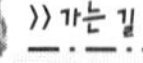

경기도 성남시 분당구 수내동에 있는 중앙공원 안에 있다. 경부고속도로의 판교나들목에서 나와 분당구청 표지판을 따라가면, 구청에서 한 블록 떨어져 있는 중앙공원을 쉽게 찾을 수 있다.

삼세이하유사비는 1722년(정종 2) 건립되었는데, 비문은 후손 병연秉淵이 지었다. 이증李增의 자는 가겸可謙, 호는 북애北厓이다. 1589년(선조 22) 대사간으로 정여립鄭汝立의 모반 사건을 다스려 평난공신 3등에 올랐고, 벼슬은 좌참찬에 이르렀다. 그의 신도비는 1695년(숙종 21) 건립되었는데, 비문은 정두경鄭斗卿이 짓고 이진휴李鎭休가 썼다. 윤덕준尹德駿이 비문의 머리 위에 전서를 얹었다.

이경류李慶流의 자는 장원長源, 호는 반금伴琴으로 도승지에 추증되었다. 그의 정려비는 1727년(영조 3) 건립되었다. 특히 이곳의 정려비는 칠을 하지 않은 나무에 칭송의 이름을 써서 새기고 난 뒤, 다시 화강암으로 틀을 둘러 만든 형식으로 이채롭다.

이정룡李廷龍 신도비는 1728년(영조 4) 건립되었는데, 이의현李宜顯이 비문을 짓고 김진상金鎭尙이 썼다. 홍현보洪鉉輔가 진액篆額을 하였나. 이정룡은 자가 봉향夢鄕으로, 이조참판에 추증되었나.

정남향 묘역 꼭대기에는 아천군鵝川君 이증과 원주原州 이씨李氏의 합장 봉분이 차지하고 있다. 그리고 그 아래로 토정土亭 이지함李之菡의 조부로써 봉화현감을 지낸 한원군韓原君 이장윤, 한성군韓城君 이질의 부인 무송茂松 윤씨尹氏, 이질, 기계杞溪 유씨俞氏와 합장된 관찰사 이집李準, 장수長水 황씨黃氏와 합장된 이정李程, 이정의 후실 창원昌原 황씨黃氏, 그리고 가장 아래에 한평군韓平君 이지숙이 차례로 누워 있다.

서남향에는 이원을 위시해 몇 기의 무덤이, 동남향에는 아천군의 아들로 임진왜란 때 상주에서 순절한 충신 이경류와 정부인 횡성橫城 조씨趙氏, 이경류의 애마총 그리고 김제군수를 지낸 이정룡의 묘소 등이 자리하고 있다.

동북향에는 조선 후기의 문신으로 이조판서에 추증된 이병태李秉泰와 이협李浹 이하 3대의 봉분이 자리를 잡고 있다.

먼저 옛날 집이 늘어선 뒷동산으로 올랐다. 정남향을 한 가장 큰 묘역이다. 유구한 세월의 흐름을 한눈에 보여주는 고목들이 곳곳에 서서 물기 젖은 겨울 하늘을 등지고 있다. 고색이 창연한 겨울 풍광이다.

일렬로 늘어선 묘를 훑어보니, 이집의 묘가 혈 위에 앉아 있다. 눈에 띄지 않을 만큼 조심조심 숨어 내려오던 용이 고개를 잠시 들었다가 머리를 숨긴 흔적이 보인다. 왼쪽에 홀로 앉은 이지숙의 부인 선산善山 김씨金氏의 묘소 쪽으로 작은 지맥 하나가 뻗어내려 이 묘를 감쌌다. 하도 많이 다듬은 탓에 혈을 구성하는 4대 요소인 입수도두처나 선익사, 순전이 분명하지 않다. 다만 봉분의 아래쪽 하수사가 동쪽에서 서쪽으로 흐릿하게 빗기고 있다.

사실 이 묘역에서 혈처로 보기 쉬운 곳은 제일 위쪽을 차지한 이증의 묘소이다. 그러나 이곳은 너무 높다. 지금은 앞쪽에 아파트가 들어차서 전방을 바라보는 시선을 꽉 막고 있지만, 전체적인 지형으로 보아 안산은 분명 야트막할 것이라고 판단된다. 게다가 이증 묘소의 좌우는 계곡이 너무 깊고 험하다. 특히 청룡 쪽에는 험한 바위들이 솟아 살기를 띠고 있다.

나는 이집의 묘소로 되짚어 내려갔다가, 다시 이증의 묘소로 올라왔다. 양쪽에서의 느낌을 비교해 보기 위해서였다. 그러나 역시 이집의 묘가 자리이다. 우선 오늘 부는 비바람이 덜 차갑게 느껴질 뿐 아니라, 더욱 아늑하고 편안하기 때문이다. 또 이증의 자리에서 내려다보아도, 이집의 묘가 있는 자리가 훨씬 탄탄하고 야무지게 보인다. 그만큼 기가 잘 뭉쳐져 새어나가지 않는다는 말이기도 하다.

용맥을 보기 위해 산책로로 올라갔다. 기공체조 훈련장을 가리키는 안내판이 연잇는다. 훈련 장소를 꽤나 잘 골랐다고 여겨진다. 기공 훈련은 천지자연의 정기가 충만된 곳이어야 적합하기 때문이다.

이곳의 용맥은 깨끗하고 단정한 느낌을 준다. 환하기도 하다. 품성이 곧고 바른 인재를 기약하는 귀한 용이다.

오솔길을 따라 2~30미터가량 오르니, 삼거리가 나타난다. 봉긋 솟은 품새로 보아 용이 분맥을 한 모양이다. 올라 보니, 영장산 정상에서 내려오던 용이 몸을 나누어 방금 우리가 타고 오른 능선으로 한 줄기 흘러내렸다. 그리고 나머지 한 줄기는 곧장 앞으로 뻗어나갔다. 이렇게 몸을 나누기 위해 필요한 기를 모으느라고, 용이 잠시 몸을 세우고 작은 봉우리 하나를 먼저 솟아 올린 것이다.

이 두 마리의 용은 서로 비슷한 크기의 몸통을 지니고 있다. 그런데 용은 반드시 크다고 좋은 것만은 아니다. 다양한 변화 속에서 여러 가지 몸놀림을 보여주는 용이 생기 가득한 좋은 용이다. 마치 혈기 넘치는 아이들이 잠시도 가만히 앉아 있지 못하고 끊임없이 부스럭대는 것과 같은 이치이다.

이곳의 용은 앞으로 뻗은 것보다 왼쪽으로 분맥한 것이 더 낫다. 앞으로 뻗어 나간 용은 몸통 자체도 펑퍼짐한데다 변화가 적기 때문이다. 기세가 약해서 살煞을 효과적으로 떨어내지 못하는 형상이다.

곧장 앞으로 내지른 용맥을 계속 따라가자, 오른쪽으로

무덤 하나가 엇비슷하게 등을 돌리고 있다. 그 앞쪽으로 이원이 차지한 큰 봉분이 나타난다. 이 용이 만든 한 자리이다.

이곳의 입수도두처는 부드럽고 길쭉한 학슬입수鶴膝入首의 형상이다. 입수도두처는 승금乘金 또는 구毬라고도 하는데, 혈 뒤쪽에 볼록하게 뭉쳐진 흙덩어리를 가리킨다. 멀리 백두산에서부터 실어온 생기를 임시로 모아 두고 혈에서 필요한 만큼 조절·공급해 주는 역할을 하는데, 약간 둥그렇고 단단하게 뭉쳐진 것이 특징이다. 입수도두가 크면 그만큼 생기를 많이 저장하고 있어, 혈의 발복도 크고 오래간다고 간주한다.

가늘게 쭈욱 뻗은 학슬입수 앞에 혈이 맺혔다. 모양은 둥두렷이 솟아 대체로 여인의 젖가슴을 연상케 하는 유혈乳穴이다. 바짝 다가가 보니, 혈장穴場 가운데로는 약간 우묵하다. 따라서 유와혈乳窩穴이라고 해야 더 정확한 표현이다.

앞서 언급했듯이, 이곳의 전방은 답답하게 아파트로 막혀 있다. 따라서 주변의 산세들을 하나하나 뜯어보지 못하는 아쉬움이 남는 곳이다.

그저 용맥만을 보기에는 무언가 미진했던 탓이었을까? 앞서 가던 일행들이 모두 호수 쪽으로 진행을 바꾼다. 그리고는 예의 고옥古屋으로 들어가, 이곳저곳 구경에 바쁘다.

이 가옥은 안채가 8칸, 바깥채가 6칸으로 구성된 성남시 분당구 수내동 84번지에 위치한 대지 200평가량 되는 한산 이씨의 종가 가옥이다. 수내동藪內洞이란 동명으로 미루어 진작에는 '숲안말'로 불렸을 듯싶다. 몇 세기를 겪었음직한 느티나무 두 그루가 지금은 단출하게 남은 이 가옥을 지키고 있다.

이 일대에는 본래 총 70여 호가 모여 살았는데, 그중 한산 이씨가 30여 호가량 되던 집성촌이었다고 한다. 그런데 대부분의 가옥은 6·25 전쟁으로 전소되거나 파괴되어 복구 과정에서 원형을 잃어버린 상태였다. 다행히 지금 남은 가옥을 포함한 서너 집만이 가까스로 전란의 피해를 면하였다는 것이다. 후대에 많은 보수가 이루어졌지만, 그나마 원형을 유지하고 있는 집으로, 인근에 유일하다는 설명이다.

이 가옥의 정확한 창건 연대나 연혁은 파악할 수 없다. 그러나 이 가옥에 살았던 이택구 씨의 말에 의하면, 그의 증조부가 이곳으로 이사한 후 4대째 이곳에서 거주해 왔다고 한다. 이점으로 미루어, 대략 150~200년가량 된 집으로 추정할 수 있다. 따라서 이 가옥은 조선시대 말기 경기도 지역의 전형적인 농촌 가옥의 형태를 보여주고 있다고 하겠다. 전체적인 집의 배치는 일자형의 행랑채와 ㄱ자형의 안채를 한 전형적인 중부지방 가옥의 배치와 구성인데, 축좌미향丑坐未向으로 향을 썼다.

⬆ 수내동 한산 이씨 가옥

고옥 앞으로는 지름 20m가량 되는 타원형의 연못이 있고, 북쪽의 언덕에는 마을 전체를 굽어볼 수 있는 정자 터가 있다. 이 정자는 자제들에게 학문을 가르치기도 하고, 마을의 어른들이 담소를 즐기기도 하던 마을 서당 겸용 정자였는데, 해방 이후 퇴락해 허물어졌다고 한다.

그리고 전하는 말에 의하면, 이 마을을 감싸고 있는 산의 형상이 마치 거북이와 같아서, 거북이의 머리에 해당하는 곳에 현재의 연못을 파서 물을 먹을 수 있도록 하였다고 한다. 그러나 물을 얻은 거북이의 형세가 너무 좋아 날아갈 듯해서, 거북이의 네 발에 해당하는 자리에다 비석을 세워 거북이의 승천을 막고 마을의 수호를 기원하였다고 한다 ▮

2. 삼학사 오달제 선생의 묘소

태재 고개를 넘어 차가 달린다. 용인으로 향하는 길목인데, 행정구역의 경계가 전혀 느껴지지 않는 그 경치에 그 경치이다. 이러다가는 온 나라가 시가지 일색으로 바뀌는 건 아닐까 하는 턱없는 걱정이 일렁인다.

창 밖으로 여전히 비가 내린다. 때로는 안개비로, 때로는 이슬비로, 때로는 가랑비로 자꾸 모양을 바꿔 가며 차창을 적신다. 그 옛날 이역만리 타국에서 당당하고도 꼿꼿한 자세로 죽음을 맞이했던 오달제吳達濟(1609~1637) 선생의 묘소를 찾아가는 차창에 빗물이 눈물로 흘러내린다. 포은 정몽주 선생을 추모하고 기리는 충렬서원이 용인시 모현면 오산1리에 있는데, 그 가까운 산등성이에 오달제 선생의 묘소가 있다. 그러나 안내판 하나 변변한 것이 없다.

정묘호란과 병자호란은 우리 민족이 남긴 치욕의 역사이다. 1627년에 쳐들어와 형제 관계를 맺을 것을 요구했던 후금後金은, 다시 국호를 청淸이라 바꾸고 10년 뒤인 1636년, 병자년에 군신의 관계를 맺을 것을 요구하며 이 땅을 침략해 왔다.

갑자기 닥친 전란에 조선 조정은 별 수 없이 우선 강화도와 남한산성으로 피난을 하였다. 그리고는 그들과 화의를 할 것인지, 끝까지 싸울 것인지 결정하지 못하고 허둥대다 40여 일이 흘렀다. 그 사이 양식도 떨어지고, 강화도에 피신했던 왕족들이 청에 사로잡히자, 남한산성에 몽진중이던 인조는 항복을 할 수밖에 없었다.

그러자 청은 소현세자昭顯世子 등을 볼모 삼아 데리고 가면서, 척화斥和를 주장

했던 홍익한洪翼漢 · 윤집尹集 · 오달제吳達濟 세 사람을 심
양瀋陽으로 압송해 갔다. 삼학사三學士란 이 세 사람을 한
데 묶어서 부르는 명칭이다. 삼학사는 심양에 끌려가 청나
라 태종과 장군 용골대의 갖은 회유와 협박에도 굴하지 않
고 끝내 조선 선비의 기개와 지조를 지키다 이역에서 슬픈
죽음을 맞이하였다.

오달제 선생은 삼학사 가운데 가장 어린 29세의 나이에
죽었는데, 그는 오윤해의 셋째 아들로 서울에서 태어났
다. 본관은 해주海州이고 호는 추담秋潭, 시호는 충렬忠烈
이다. 그는 1627년 19세의 나이로 소과에 합격하였고,
1635년 26세로 별시 문과에서 장원급제를 하였다. 그리고
성균관전적, 병조좌랑, 사간원정언, 사헌부지평 등 요직
을 두루 거쳐, 1636년 부교리가 되었다. 호란 당시에는 파
직되어 집에 있었는데, 난이 일어나자 걸어서 왕의 수레를
좇아 스스로 남한산성에 들어갔다.

사후에 영의정으로 추증되고 충렬이라는 시호를 받았
다. 홍익한, 윤집 등과 함께 광주廣州(남한산성 내)의 현절사
顯節祠에 제향되었다. 저서로는 『충렬공유고忠烈公遺稿』가
있는데, 2권 2책의 목판본이다. 그 가운데 특히, 「시폐팔
조소時弊八條疏」 · 「척화소斥和疏」 등에서 그의 반청사상反
淸思想과 지사志士다운 면모를 엿볼 수 있다.

선생의 묘소는 43번 구 도로와 신 도로가 만나는 즈음,
허름한 공장과 농가들이 늘어선 산자락에 자리를 잡고 있
다. 선생의 묘소를 찾는 길이 이다지도 불편하니, 찾아오
는 이가 과연 얼마나 되겠는가?

묘역의 입구에는 전나무 한 그루가 외롭게 신도비와 서
있다. 순조 28년(1828)에 건립된 신도비는 김조순金祖淳이
찬한 내용이다.

경기도 용인시 모
현면 오산리 양촌마
을에 있다. 서울에서
경부고속도로의 판교
나들목을 빠져나와
분당 시내를 관통하
는 23번 도로를 이용
하거나, 경부고속도로
신갈나들목에서 나와
신갈사거리에서 좌회
전하여 역시 23번 도
로를 탄다. 그리고 나
서 43번 도로와 교차
하는 풍덕천사거리에
다다라 43번 도로 광
주 방향으로 길을 택
해 4.9km 가량 진행
하면 오른쪽에 오달
제신도비가 서 있다.
그곳에서 산길로
300m 가량 올라가
면 묘역이다.

봉분 앞에 서자, 한숨이 앞선다. 기꺼이 나라에 목숨을 바친 젊은 선비의 무덤이라고 하기에는 실망스러울 정도로 초라하고 보잘것없다. 잘못 찾은 건 아닌가 의심이 들 정도이다. 그래서일까? 문인석, 묘갈, 상석, 향로석이 다 갖추어져 있는 것이 차라리 신기하다.

앞쪽에 나란히 있는 봉분 두 기는 그의 부인 의령宜寧 남씨南氏와 고령高靈 신씨申氏의 무덤이다. 선생의 묘는 뒤에 홀로 있는데, 시신이 없어 의대衣帶만 묻어 만든 가묘이다. 일설에는 반지가 묻혔다고도 한다. 후손을 두지 못한 탓인지, 묘소에는 손을 댄 흔적이 없다. 그래서 큰 자리는 아니라 해도, 공부하기에 좋은 자리라 한다.

이곳은 초중사행草中蛇行이라고 할 수 있는 용맥의 흐름이다. 풀을 헤치고 내려오는 뱀의 면모는 눈으로 선명하게 볼 수 없다. 그러나 몸놀림으로 인해 풀들이 좌우로 흩어지는 미세한 움직임을 보여주는, 그런 행보를 한 용이다. 약간 옆쪽으로 비켜 앉은 채 아래쪽에서 위를 올려보면 흐릿한 흐름이 눈에 들어온다.

묘소의 뒤쪽으로 오르자, 역시 작은 용이 아쉬운 대로 변화를 보이고 있다. 크기와 변화의 정도로 보아도, 이곳은 큰 자리가 되지 못한다.

이 용맥 역시 분맥을 해서 우측으로 꺾어 내린 용이다. 그러나 분맥한 곳이 두둑한 것으로 보아, 이 용의 힘과 기세는 오달제 선생의 묘소 쪽으로 내려간 용맥에 실렸다. 몸을 안전하게 꺾느라고, 뒤쪽을 탄탄하게 받쳤다. 그러나 직진한 용은 힘이 빠진 채 내려갔다. 펑퍼짐한 모습으로 느슨하게 나아가다, 오달제 선생 묘소의 좌청룡 역할로 만족하고 말았다.

그 위에는 헐벗은 무덤 하나가 외로이 서 있다. 오달제 선생의 묘소 앞에서 보면 오른쪽으로 금방 보이는 묘이다. 본래는 자리를 고른다고 골라 나름대로 단장을 한 묘로 보이는데, 과협처에다 팔풍받이로 잘못 잡은 묘이다. 사방에서 찬바람이 들

이쳐 기가 흩어지는데다가, 3대 내에 절손을 면치 못한다는 흉한 자리 과협처이다. 그래서일까? 추위에 오들오들 떠는 초라한 묘소로 전락하고 말았다. 처량한 모습이 안타까워서인지, 주변에는 어느새 꽃눈을 매단 진달래가 즐비하다.

다시 묘소 앞에 서서 전방을 바라보니, 다정한 옥대사玉帶砂의 모습을 한 능선 서너 자락이 겹쳐져 안산이 되었다. 높이가 꽤 높다. 이 묘소의 고도 또한 결코 얕은 곳이 아니다. 안산의 높이에 적당하게 잘 어울리도록 제법 높직한 곳이다. 청룡과 백호 또한 마을 앞쪽으로 품을 여미며 겹쳐졌다.

그런데 43번 도로가 명당을 좌우로 쪼개고 있다. 새로이 넓게 만든 도로 위에 화물차들이 굉음을 내며 달리고 있다. 이들이 내는 소음도 소음이려니와, 질주 속에 생겨나는 바람은 명당의 정기를 흩어놓는 꼴이 되고 말았다. 선생 같은 분을 제대로 모시지 못하는 오늘의 현실 앞에 스멀스멀 몸이 가려워진다 ▉

3. 포은 정몽주 선생과 저헌 이석형 선생의 묘소

내리던 비의 기세가 한풀 꺾였다. 도로 곳곳에 서 있는 안내판 덕에 우리는 포은 圃隱 정몽주鄭夢周 선생의 묘소를 쉽사리 찾을 수 있었다.

큰길에서 묘역을 향해 접어들자, 굽이가 심한 길이 나타난다. 왼쪽의 도랑 역시 구불대며 흐른다. 수면 아래와 물길의 좌우에 박힌 돌들이 수구사水口砂가 되어, 안쪽에 기가 응축된 좋은 혈이 있음을 예고한다. 도로 좌우의 능선도 물길을 향해 감돌아 내려와 위쪽 묘역을 향해 바라보고 있다. 왠지 호감이 먼저 인다.

포은 선생의 묘소는 경기도 용인시 모현면 능원리에 있다. 그리고 그 옆에 저헌 樗軒 이석형李石亨 선생의 묘가 나란히 누워 있다. 혈연으로 따지면, 저헌은 포은 선생의 증손녀曾孫女 사위이다. 그런데 연일延日 정씨鄭氏와 연안延安 이씨李氏의 가문으로 서로 다른 두 사람의 묘가 이렇게 한 구역을 반가름하는데다가, 오늘날까지 문중 사이에 분쟁을 일으키고 있는 것은 좀처럼 보기 드문 현상이다.

묘역 앞에 차를 세우자, 오른쪽으로 일군의 비석들이 웅장하게 서 있다. 마치 '비림碑林'이라고 불러야 좋을 듯 잔뜩 솟은 모습이다. 상당히 공력을 들인 흔적으로, 일견에 연일 정씨들을 향한 연안 이씨들의 적대감의 표현이 아닌가 싶다. 그 통에 왼쪽을 차지한 포은 선생의 신도비가 치인 꼴이 되고 말았다.

차에서 내리자마자 정 선생이 일행들을 불러 모은다. 낭패한 표정이 얼굴에 나타난다. 속상한 심정 때문일까? 평소에 다소 느리구나 여겨지던 정 선생의 말이 지

금은 속사포가 되었다.

　　"하아, 이걸 보십시오! 여기는 '구사한문龜蛇捍
門'의 전형적인 자리로 여러분께 자랑하려고 하였
는데, 이렇게 망가졌습니다. 돈을 들여 문화재를 보
전한다고 하는 꼴들이 이 모양이니, 어서 빨리 풍수
지리를 공부한 사람들이 이런 무지를 말려야 하겠
습니다."

　　정 선생이 지목한 한문은 포은 선생 신도비 앞쪽의 합
수처 바로 아래 있다. 합수처에서 5m나 될까? 동쪽으로
거북이 모양을 한 어중간한 크기의 바위 하나가 시멘트 포
장로에 반쯤 묻혀 있다. 물을 향해 머리를 내민 모습이 영
락없는 거북이이다. 주둥이 부분이 약간 깨졌고, 몸통의
후미는 묻혔지만, 그래도 이건 나은 편이다.

　　거북 한문에서 다시 5m 가량 아래쯤에 있었다는 뱀 모
양의 한문은 모두 깨어져버렸다. 깨어진 바위 귀퉁이가 날
을 세우고 흉측한 잔해로 수로 양쪽에 남았다.

　　우리는 쓴 입맛을 다시며 포은 선생을 위해 세운 묘표
와 신도비를 둘러보았다. 묘표는 조선 중종 12년(1517)에
성균관의 제생들이 선생의 학문과 덕행을 기리기 위해 중
종에게 청원하여 세운 것이다. 조선조에 조성된 비임에
도, 전면에 '高麗守門下侍中鄭夢周之墓(고려수문하시중정

몽주지묘' 라고 고려의 직책을 당당하게 달고 있다. 신도비는 숙종 25년(1699)에 세워졌는데, 송시열宋時烈이 찬한 비문을 현종 때의 문신 김수증金壽增이 썼다. 전액은 김수항金壽恒의 손길이다.

포은 선생의 묘소는 본래 개성의 풍덕군에 있었다. 잘 알다시피 선생은 새로운 왕조를 건립하는 데 동참하자는 이성계의 간곡한 회유를 끝까지 거절한 고려의 충신이다. 선생은 1392년 이성계가 사냥하다가 말에서 떨어져 황주黃州에 드러눕자 그 기회에 이성계 일파를 제거하려 하였다. 그러나 이를 눈치 챈 이방원의 기지로 실패하고, 마침내 이방원의 수하 조영규趙英珪에게 선죽교善竹橋에서 무참하게 살해를 당하였다. 그의 시신은 반역자의 낙인이 찍힌 채 저잣거리에 아무렇게나 내버려졌다. 그러자 이를 안타깝게 여긴 송악산 스님들이 남몰래 선생의 시신을 수습하였다. 그리고는 풍천에 정성껏 모셨는데, 때가 때인지라 초라할 수밖에 없었다.

그 후 두문동으로 숨어든 고려의 충신들을 대대적으로 살해, 숙청한 이성계는 3개월 만에 조선 왕조를 열고, 태조로 등극하였다. 그러나 왕자들 사이에 계속되던 왕위 다툼으로 인해, 정국은 혼란해져 갔다. 그 결과 태조의 다섯째 아들 이방원은 두 차례에 걸친 '왕자의 난' 을 통해 골육형제들을 잔혹하게 해치우고 권력을 장악하여, 태종으로 등극하였다.

어렵사리 왕위를 차지한 태종은 먼저 왕권을 강화하고 흩어진 민심을 수습하기에 나섰다. 특히 고려 유민들과 개성 지방 사람들의 마음을 되돌리기 위한 방편의 하나로 고려 충신 정몽주 선생을 영의정에 추증하고, 풍천에 남은 선생의 시신을 고향 영천永川으로 이장하는 것을 허락하였다. 그리하여 태종 6년(1406) 3월에, 버려지다시피 했던 선생의 묘소가 현재의 위치인 모현면 능원리 문수산 기슭으로 옮겨와, 부인 경주慶州 이씨李氏와 합장된 것이다.

서울에서 경부고속도로의 판교나들목을 빠져나와 분당 시내를 관통하는 23번 도로를 이용하거나, 경부고속도로의 신갈나들목에서 나와 신갈사거리에서 좌회전하여 역시 23번 도로를 탄다. 그리고 나서 43번 도로와 교차하는 풍덕천사거리에 다다라 광주 방향으로 뻗은 43번 도로를 택해 7.4km 가량을 직진하면 오른쪽에 정몽주 선생 묘소 입구가 나타난다. 여기서 200m 가량 직진하면 장중한 묘역이 보인다.

다음은 그때에 생겨났다고 하는 전
설이다.

선생의 유골을 삼가 상여에 싣
고, 선생의 후손들과 선생을 추모
하는 수많은 인파들이 지금의 용
인시 수지읍을 지날 때였다. 행렬
의 맨 앞에 섰던 명정이 갑자기 불어온 회오리바람
에 펄럭펄럭 날아가는 것이 아닌가? 깜짝 놀란 사람
들이 명정을 잡기 위해 좇아가자, 명정은 잡힐 듯
잡힐 듯하면서 다시 날아가기를 반복하였다.

그러기를 얼마나 했을까? 마침내 명정은 지금의
이석형 선생의 묘소가 차지하고 있는 그 자리에 떨
어져 더 이상 날아가기를 멈추었다. 괴이한 일이라
고 여긴 후손들이 지관을 불러 물어 보니, 아니나
다를까? 지관은 이 자리가 천하에 보기 드문 명당이
라고 말하는 것이었다.

사람들은 '하늘이 충신을 알아보고 이렇게 좋은
자리를 잡아 주었구나!' 하고 감탄하면서, 애초의
영천행 계획을 수정하였다. 그래서 이곳에다 안장
하기로 결정하고 산일을 시작하였다. 그런데 광壙
을 파던 그들은 날이 저물어 하관을 할 수가 없었
다. 먼 길에, 산일에 지칠 대로 지친 사람들은 인부
들에게 광을 지키도록 하고 곤한 잠에 빠졌다.

이때 잠을 자지 않는 여인이 하나 있었으니, 그녀
는 바로 포은 선생의 증손녀 정씨 부인이었다. 그녀
는 이 자리가 천하의 명당이라는 말을 어깨 너머로
듣고 욕심을 냈다. 친정보다는 출가 후 몸을 담은

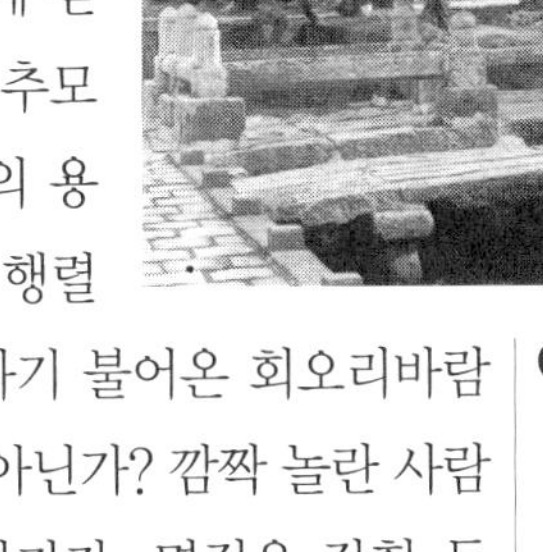

시댁과 자신의 자손들을 위해 욕심을 낸 것이다.

남의 눈에 띌 새라, 슬그머니 숙소를 나온 그녀는 독한 술과 맛있는 안주를 부랴부랴 준비하였다. 그리고는 광중을 지키는 인부들에게 가서 고생이 많다며 짐짓 위로하는 척 술과 안주를 권하였다. 얼마 안 가 술에 취한 인부들은 곤한 잠에 골아 떨어졌고, 정씨 부인은 밤이 새도록 묘 아래에 있는 연못에서 물을 길어 광중에 부었다.

다음날이었다. 선생을 모시려고 보니, 광중에 물이 질펀한 것이 아닌가?

"어허, 명당인 줄 알았더니 물이 나네! 그려."

"경황중에 잘못 본 모양일세."

탄식하던 사람들이 어느 틈에 옆 언덕을 보니, 그곳도 명당이었다. 그래서 그들은 자리를 바꿔 그곳에다 포은 선생을 모셨다.

후일 남편 이석형 선생이 돌아가시자, 정씨 부인은 명정이 떨어진 그 자리에다 장례를 치렀다. 그리고 얼마 후 자신도 그 자리에 함께 들어갔다.

그러나 따져 보면, 포은 선생 증손녀인 저헌 선생의 배위配位는 1406년에 태어나지도 않았다. 본래 이 자리는 포은 선생 손자인 설곡雪谷 정보鄭甫가 자신의 신후지지身後之地로 점찍어 놓은 자리라고 한다. 그런데 1445년 저헌의 배위인 설곡의 따님이 친정에 와 아이를 낳고 산후병으로 세상을 떴다. 이에 설곡은 자신이 쓰려던 자리에다 딸의 묘를 썼다. 32년 후, 저헌이 세상을 등짐에 문중에서는 이 자리에 저헌을 함께 모셨다.

얼마나 좋은 자리였으면, 사실과는 다른 이런 전설이 생겨났을까? 풍수지리에 대한 옛사람들의 깊은 관심이 굴절, 투영된 전설이다.

우리는 먼저 포은 선생의 자리로 올랐다. 오르는 길에 보니, 근래에 수로도 새로 깊이 만들고 묘역을 웅장하게 꾸민 흔적이 여실하다.

묘역 하단에 난 물길 좌우에 깨어진 돌들이 사나운 기세로 박혀 있다. 딴에는 물이 잘 빠지라고 물길을 더욱 깊이 파고 침식에 대비해 따로 돌을 쌓아 조경을 한 모양인데, 이는 좋은 터에다가 일부러 흉석凶石을 박은 꼴이 되었다.

훌륭한 위인들의 묘소에 오면 항상 느끼는 일이지만, 이제 이런 치졸한 단장은 그만두어야 한다. 잘한다고 한 일이 오히려 그르치는 꼴이요, 인력과 자금의 낭비가 되는 탓이다. '긁어 부스럼'이란 속담이 꼭 맞는다.

앞서 얘기한 것처럼 오르며 보니, 묘역은 포은과 저헌의 봉분으로 크게 양분되었다. 그런데 두 곳 모두 완만하게 흘러내리던 능선의 끝자락 즈음에서 여인의 젖가슴 모양으로 봉긋 솟은 유혈이다. 따라서 이곳은 두 개의 유혈이 나란히 맺힌 쌍유혈雙乳穴이기도 하다. 뒷산인 현무봉은 둥그스름한 곡선이 되어 누웠다. 이 현무봉이 누워 있는 소의 형상을 닮았다고 해서, 이곳을 **와우혈**臥牛穴이라고 부르는가 보다.

오른쪽 앞으로 전설의 연못이 자태를 드러낸다. 이는

※**와우혈**(臥牛穴) : 소가 누워 있는 모양을 닮은 혈.

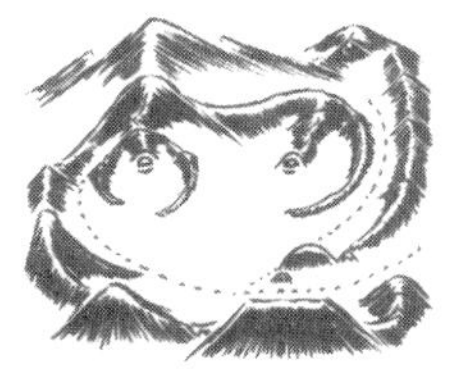

혈을 감싸고 내려온 물기, 곧 원진수가 이제 주어진 임무를 마치고 나서, 혈의 앞이나 옆에서 자연스럽게 솟아나는 진응수이다. 따라서 연못 바로 위쪽에 위치한 저헌 묘소가 더 좋은 자리라는 설명도 된다.

그런데 묘역에 얼마나 복토를 했는지, 두 봉분 사이로 깊은 골이 패었다. 원진수들이 쌓아 놓은 흙을 깎아먹어서 나타나는 현상이다. 잔디 다발이 이리저리 뒤집혀 나뒹굴고 흙 아래에 쌓아 두었던 돌들이 지면 위로 솟아, 보기가 싫다. 설령 복토를 한다고 하더라도 물길만큼은 그대로 두었으면 이런 흉한 몰골은 아닐 텐데, 세심한 배려가 아쉽다. 뒤따라 올라오던 정 선생이 혀를 찬다.

"이것 좀 보십시오. 묘역을 호화롭게 꾸민답시고 저헌 선생 묘소 앞에 있던 요석曜石들을 다 흙으로 덮어 놓았네요. 그전에는 아주 귀하고 아름다운 모습으로 이곳저곳에 박혀 혈장을 탄탄하게 받치고 있어 보기에도 참 좋았는데, 지금은 복토를 해서 다 사라지고 말았습니다. 풍수에 대한 몰이해가 이렇게 좋은 자리를 숫제 망쳐 놓았습니다. 정말 기가 막힐 따름입니다."

포은 선생의 묘소는 단분單墳이다. 상석·혼유석·향로석·망주석·문인석 등은 종전부터 있었는데, 곡담과 호석, 난간석 등은 1970년에 추가로 설치한 것이라고 한다. 1972년에 지방문화재 기념물 제1호로 지정되어, 1980년 묘역 내의 민가 3채를 이전시키고, 신도비각과 재실齋室을 세우는 등 대대적인 정화 사업을 실시하였다고 한다.

정몽주(1337~1392) 선생의 초명은 몽란夢蘭과 몽룡夢龍이다. 선생의 어머니가 선생을 수태하였을 때, 꿈속에 향긋한 난초와 용을 보았다고 해서 어린 시절에 몽란 혹은 몽룡이란 이름으로 불리었다는 것이다. 자는 달가達可, 호는 포은이다. 본관은 연일延日이며, 경북 영천 출신이다.

선생은 어려서부터 시문에 뛰어나 일찍이 문과에 세 번이나 연달아 장원하여 명성을 떨쳤다. 공민왕 9년(1360) 문과에 급제한 선생은 예문검열, 수찬 등을 거쳐 1363년 종사관으로 여진족 토벌에 참가하였다. 우왕 2년(1376)

에는 성균대사성으로 이인임李仁任
등이 주장하는 배명친원排明親元의
외교 정책에 반대하다가 언양에 유
배되었다.

선생은 성균관 박사로 있으면서
강론을 맡았을 적에 자신만의 독자
적인 학설을 가르쳤다고 한다. 그래
서 목은 이색은 '포은의 학설은 횡설
수설하는 것 같으면서도 이치에 맞
지 않는 것이 없다'고 찬탄하면서,
그를 '동방 이학理學의 시조'로 추대
하였다.

❶ 포은 정몽주

이듬해 유배에서 풀려난 선생은 일본에 사신으로
가 왜구의 단속을 청하고, 그들에게 잡혀간 고려 백
성 수백 명을 귀국시켰다. 또한 당시까지 유행하던
몽고풍의 제도와 풍습을 바로잡았으며, 사전私田 혁
파를 주청하여 백성들의 생활을 안정케 하였다. 교
육에도 남달리 힘을 써서 개성의 오부五部에는 학당
을, 지방에는 향교鄕校를 세워 유학을 진흥시켰다.

조선의 태종은 즉위 원년인 1401년에
그의 충절을 기리기 위하여, 문충文
忠이라는 시호와 익성부원군益城
府院君의 작훈을 내렸다. 중종
때 문묘에 배향되었다.

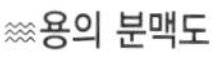

≋용의 분맥도

백두산에서 출발한 백두대간은 지
리산 천왕봉까지 달리는 도중, 속리
산에서 한남금북정맥漢南錦北正脈으로

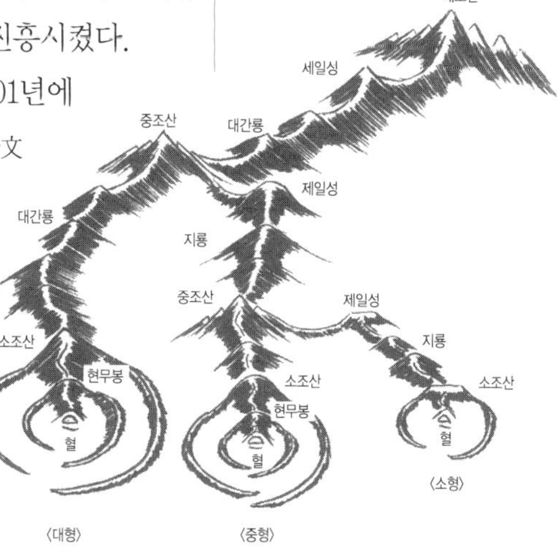

분맥分脈을 한다. 한남금북정맥은 다시 칠현산七賢山에서 한남정맥漢南正脈으로 나뉜다. 한남정맥은 그 후 안성의 동쪽에 있는 백운산을 지나 구봉산과 용인 동남쪽의 부아산을 거쳐, 용인정신병원의 뒤쪽에 보개산寶蓋山을 솟아 올린다. 여기서 한 줄기는 서쪽으로 몸을 꺾어 수원 광교산을 거쳐 김포까지 나아가 그 진행을 멈춘다. 보개산에서 갈라져 나온 다른 한 줄기는 영동고속도로 에버랜드 입구 오른쪽에서 석성산石城山으로 솟구친다. 이 석성산이 포은과 저헌 두 선생 묘소의 태조산 역할을 한다.

석성산에서 내려온 용은 작고개에서 크게 과협을 한 다음 **제일성봉**第一星峰으로 할미성이 있는 해발 349m의 봉우리로 솟구친다. 그리고 다시 에버랜드 뒷산과 여러 봉우리를 만들면서 내려오다가 다시 한번 안골고개에서 크게 과협을 한 다음, 문수산文殊山을 수려하고 단아하게 솟아 올린다. 문수산은 두 묘소의 소조산이자, 주산에 해당한다. 풍수지리에서는, 용맥이 태조산에서 빠져 나온 후 제일 처음 솟아 올리는 산을 제일성봉이라고 한다. 그런데 제일성봉의 모양이 어떠한가에 따라서 앞으로 뻗어갈 용의 근본 오행이 결정된다.

태조산을 출발한 주룡은 제일성봉에서 오행 정신을 부여받은 다음, 거친 기氣를 정제·순화시키기 위해서 과협, 기복, 박환, 개장, 천심 등의 수많은 변화 과정을 거치면서 수백 리 혹은 수십 리를 행룡한다. 그러나 결혈結穴을 하고자 할 때에는 제일성과 똑같은 형태와 정신을 가진 산을 기봉起峰한다. 이를 소조산小祖山 또는 주산主山이라고 한다. 제일성과 혈을 상응시키는 산이라고 해서 응성應星이라고도 부르는데, 주룡이 지닌 정신을 뚜렷이 보여주는 산이다.

이 주산이 탐랑貪狼 목성木星이면 **유두혈**乳頭穴을 결지하고, 거문巨門 토성土星이면 **겸차혈**鉗叉穴, 녹존祿存 토성土星이면 겸차혈 또는 **소치혈**梳齒穴, 문곡文曲 수성水星이면 **장심혈**掌心穴, 염정廉貞 화성火星이면 **여벽혈**犁壁穴, 무곡武曲 금성金星이면 **원와혈**圓窩穴, 파군破軍 금성金星이면 **첨창혈**尖槍穴, 좌보左輔 토성土星이면 **반와혈**半窩穴 또는 연소혈燕巢穴이나 괘등혈掛燈穴, 우필右弼 금성金星이면 눈에 잘 뜨이지 않는 은맥으로 행룡하여 **와중미돌혈**窩中微突穴을 결지하는 것이 원칙이다.

주산인 문수산은 제일성봉인 할미성이 있는 봉우리와 똑같은 모양을 한 탐랑 목성체이다. 따라서 한가운데 줄기로 뻗은 이 주룡이 진행을 멈추는 용진처에는 반드시 유두혈이 맺힌다.

이곳의 주산은 문
수산에서 뻗어 내려
온 산줄기로, 마치
암소가 누워 있는 모

습을 한 와우형이다. 그리고 혈이 차지한 자리는 암소의
유방에 해당하는 곳이다. 암소의 생기가 가장 많이 온축된
다고 여겨지는 젖가슴 자리에 쌍유雙乳로 나란히 맺혔는
데, 이곳에 바로 포은과 저헌 선생의 묘가 자리를 잡았다.

전방을 내다보니, 널찍하고도 시원하다. 내백호는 주산
에서 개장한 능선이 혈을 끌어안듯 감싸주면서 혈 앞을 지
나 진응수에 해당하는 연못까지 내려왔다. 내청룡도 바짝
다가붙었지만 끝이 야물지 못하다. 여기에 대해서는 아래
에서 자세히 언급된다. 외청룡과 외백호는 아주 좋은 형상
으로 신도비가 있는 곳까지 내려왔다. 혈을 폭 싸서 안아
주는 다정한 형상이다.

그 안에 펼쳐진 공간은 평탄하면서도 원만한 명당이다.
어느 쪽으로 물이 빠져나가는가 파악할 수 없을 정도로 매
우 평탄하다. 이로 보아, 재물이 풍족하게 쌓일 아주 길한
명당이다.

그리고 수구에는 구사한문이 있어 물길을 통해 기가 빠
져나가는 것을 가로막고 있다. 게다가 자물쇠로 채운 듯
물길이 첩첩의 산자락으로 막힌 관쇄關鎖의 형상을 하고
있다. 이 또한 후손들에게 길이 부귀를 기약한다.

명당 너머 멀리 남한산성이 있는 청량산과 검단산으로
뻗어 내린 능선들이 중첩으로 혈을 향해 늘어섰다. 바깥에
서 들어오는 바람을 막아 주고, 명당 안의 보국을 감싸 혈
을 보호해 주는 모습이다. 그래서 우리에게 포근한 느낌을

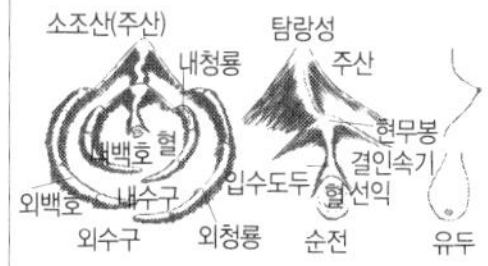

소조산(주산)　　탐랑성
내청룡　　주산
내백호 혈　　현무봉
결인속기
입수도두　혈　선익
외백호　내수구
외수구　외청룡　순전　유두

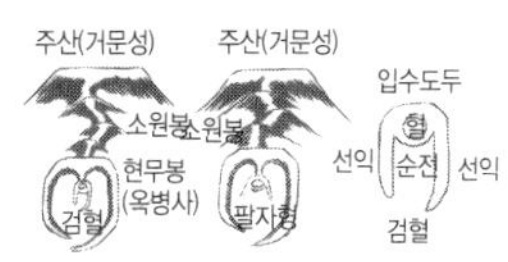

주산(거문성)　　주산(거문성)
입수도두
소원봉 소원봉
현무봉　혈 순전　선익
검혈　(옥병사)　팔자형
선익
검혈

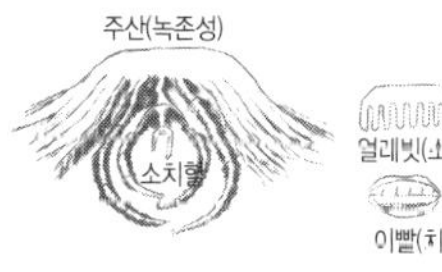

주산(녹존성)
얼레빗(소)
소치혈
이빨(치)

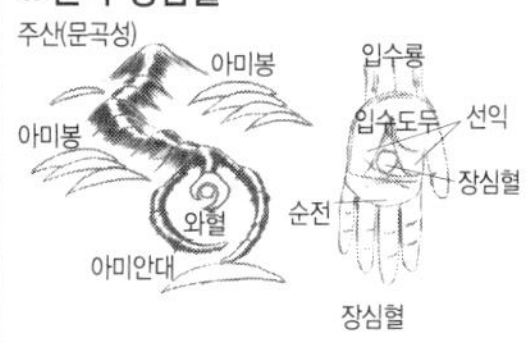

주산(문곡성)　아미봉　입수룡
아미봉　입수도두　선익
외혈　순전　장심혈
아미안대
장심혈

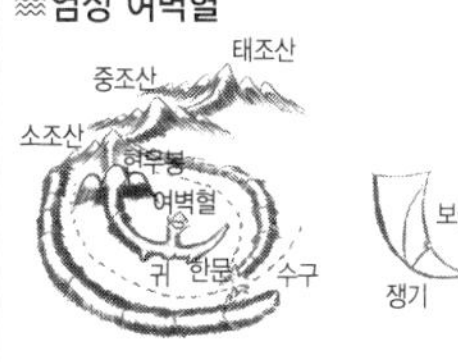

태조산
중조산
소조산　현무봉
여벽혈
귀　한문　수구
보습
쟁기

건네준다.

이곳에도 아쉬움은 남는다. 먼저 안산으로 삼을 만한 특출한 산이 없다는 점이다. 또 다양하고 아름다운 산세가 주변에 없다. 눈에 띌만한 사격砂格이 없다는 말이다.

포은 선생 묘소의 입수룡을 보면, 큰 변화는 없지만 나름대로 몸통을 좌우로 흔들며 구불구불 내려오는 것처럼 보인다. 이를 용의 위이라고 불러 길하게 여기는데, 이곳의 용맥은 땅위로 드러날 만큼 얕게 내려왔다. 용맥이 얕다는 것은 혈도 얕은 곳에 맺혔다는 뜻이다. 따라서 푹 들어간 선생의 묘소로 미루어, 너무 깊게 판 것이 아닌가 하는 염려가 든다. 광중을 팔 때 혈토穴土가 나오면 그만 일을 멈추고 혈토 위에 유골을 모시는 것이 풍수지리의 원칙이다. 그런데 선생의 묘는 입수룡에 비해 너무 깊다는 느낌이다. 그렇다고 이제 와서 광중을 파 확인해 볼 수는 없는 일이다.

용맥을 보기 위해 묘소의 뒤쪽으로 오르는 길이다. 한 회원이 외쳤다.

"야! 이쁘다! 미스코리아 가슴이 저렇게 예쁠까?"

여성 회원들이 말을 이었다.

"우리도 여자지만, 정말 예쁘네요! 미스코리아보다 더 예쁜데요….."

무슨 소리를 하는 건지 고개를 돌리자, 건너편에 저헌 선생의 묘가 한눈에 들어온다. 참으로 고운 젖가슴이 되어 능선과 묘가 흐르고 솟았다. 옆에서 보는 유두혈의 탐스럽고 절묘한 곡선이다.

용맥을 구경하고 내려온 우리는 저헌 선생의 묘 앞에 서서 잠시 참배를 올렸다. 그리고 나서 같은 보국에, 같은 수구에, 같은 향을 하고 나란히 서 있는 두 묘 가운데 어느 곳이 더 좋은 혈일까 하나씩 따져보기로 하였다.

첫째 입수도두처入首倒頭處와 용맥의 기세 차이를 들 수 있다. 혈을 맺기 위해서

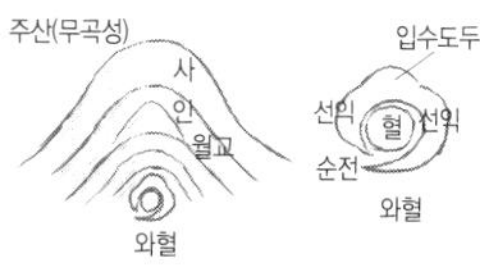
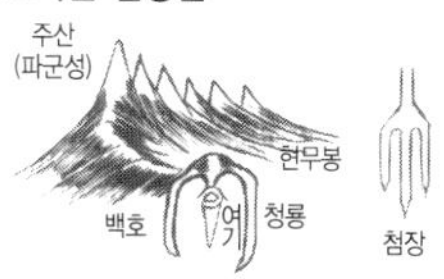
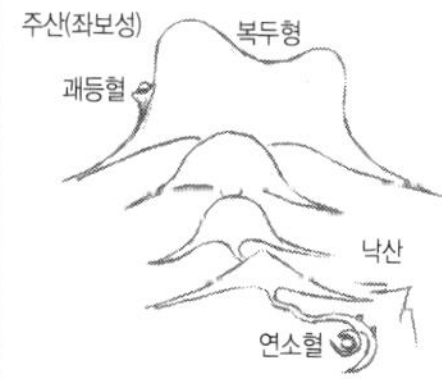

는 먼저 생기를 실어 나르는 용의 기세가 힘차고 좋아야 하고, 그 생기를 잠시 저장해 두는 입수도두가 확실한 모습을 지니고 있어야 한다. 그런데 포은 선생 묘소의 입수도두처는 뚜렷하지 않은 반면, 저헌 선생의 묘에 있는 입수도두처는 크고도 단단하며 아름답다. 저헌 묘소의 입수도두처는 마치 정랑 주머니 같다. 그리고 입수도두가 크다는 것은 그만큼 용의 기세가 크다는 것을 나타낸다. 포은 묘의 입수룡은 주룡主龍에서 거의 직각에 가깝도록 꺾어져 내려와 힘이 상당히 풀린 반면, 저헌 묘의 입수룡은 힘을 몰아 휘어 내려왔기 때문에 힘이 강하고 기세가 있어 보여 좋다.

둘째 순전脣氈의 차이 때문이다. 순전은 혈 앞에 약간 두툼하게 뭉쳐진 흙덩이로 사람의 얼굴로 치면 턱에 해당한다. 혈을 맺고 남은 기운이 뭉쳐 이루어진 것으로, 자세히 살펴야 확인된다. 순전은 아래쪽에서 혈을 지탱해 주고, 나아가 혈에 맺힌 생기가 앞으로 빠져나가지 않도록 보호해 주는 역할을 한다. 이곳의 두 묘소 모두 순전이 있기는 하다. 그런데 포은의 묘소 앞에 자리한 순전에는 약간 파이고 빗물에 씻겨 나간 흔적이 있다. 이는 아래쪽에서 혈을 받쳐 주는 힘이 약하며 기가 새고 있다는 증거이다. 한마디로 야무지고 단단한 순전이 좋은데, 포은 묘의 순전은 저헌 묘의 순전만큼 탄탄하지 못하다는 말이다. 반면에 저헌 묘의 순전은 흠집 하나 없이 깨끗하다. 그리고

저헌 이석형 선생 묘

순전 밑에 혈장을 지탱해 주기 위한 작은 요석이 여러 개 박혀 있어 더욱 좋다. 지금은 복토를 해서 대부분 흙 밑으로 숨었지만, 잘 살펴보면 두어 개가 지표 위에 머리를 내민 것을 볼 수 있다. 요석은 용의 강한 기세를 순전의 흙만으로는 감당할 수 없어 그 아래쪽에 돌이 박힌 것이다. 요석 하나에 정승과 판서가 하나라고 말하는 귀한 돌로써, 기세가 넘치는 용이 아니면 볼 수 없다.

셋째 하수사下水砂의 차이 때문이다. 이곳의 두 묘는 모두 하수사가 잘 발달되어 오른쪽에서 왼쪽으로 혈장을 감싸고 연못까지 뻗어 나갔다. 그런데 저헌 묘의 하수사는 끝단을 왼쪽으로 살짝 돌려 오른쪽에서 나오는 물을 걷어 주는 반면, 포은 묘에 있는 하수사는 물 흐르는 방향을 따라 오른쪽으로 뻗어 있어 흘러내리는 물기를 완전하게 걷어 주지 못하고 있다. 하수사가 물을 걷어 주어야 양陽인 물과 음陰인 용이 음양의 조화를 이루어 생기를 응결할 수 있는 것이다. 포은 묘소의 하수사 아랫부분에는 작은 능선이 여러 겹으로 갈라져 나와 물을 걷어 주고 있어 음양의 조화는 충분히 이룬다고 하겠지만, 전체적으로 저헌 묘의 하수사가 더욱 확실하게 음양의 조화를 이루고 있다.

넷째 청룡과 백호 그리고 물길 때문이다. 두 곳의 묘소 앞에 서 보면, 저헌의 묘소 쪽이 더욱 편안하고 안정감이 있다. 그 이유는 혈을 보호해 주는 청룡과 백호 때문이다. 청룡과 백호는 혈을 감싸 보호해 주는 능선인데, 이곳의 두 묘소는 모두 같은 장소에 있기 때문에 차이점이 없어 보인다. 그러나 찬찬하게 살펴보면 그렇지 않다. 양쪽 묘소의 외청룡과 외백호는 보국을 다정하게 감싸 주고 있지만, 내청룡과 내백호는 약간 다르다. 포은의 묘가 있는 능선은 바로 저헌 묘의 내백호가 되어 혈을 완전하게 감싸 준 반면, 저헌 묘가 있는 능선은 포은 묘의 내청룡이 되어 완전하게 감싸 주지 않고, 매정하게 연못만을 바라보고 곧게 흘러내렸다. 물길의 차이는 다음과 같다. 저헌의 묘를 보면, 두 묘소의 사이에서 흘러내리는 우측의 물이 가까이서 혈을 감싸 주고 연못 쪽으로 들어간다. 반면에 포은 묘는 우측의 물이 저헌의 묘에 비해 얼마간 먼 거리에서 감싸고 있다. 그런데 이 물길을 저헌의 묘에서 보면, 이중으로 감싸 주는 역할을 하고 있어 더욱 좋은 형상이 되고 만다.

마지막으로는 저헌 선생의 묘소 혈판에 비해 포은 선생 묘소의 혈판이 왠지 느슨하고 퍼진 것 같다는 점이다. 혈판이 느슨해 보인다는 것은 기가 샌다는 뜻이기

도 하다. 육안으로 보기에도 혈판이 야문 형상을 지녀야 정기가 응축되는 좋은 혈이 맺히는 것이다.

이상의 논의에서 보았듯이, 포은 선생의 묘보다는 저헌 선생의 묘가 더 큰 혈임에 틀림없다. 발복을 따져 봐도, 포은의 후손보다는 저헌의 후손들이 더욱 번창하였다.

연안 이씨는 광산光山 김씨金氏, 달성達城 서씨徐氏와 함께 조선시대 3대 명문 중의 하나이다. 연안 이씨의 시조는 이무李茂이다. 이무는 본래 중국 당나라의 중랑장으로써, 신라 무열왕 7년(660)에 소정방蘇定方의 부장으로 우리나라에 와 백제를 멸망시킨 공로를 인정받아 연안후延安侯에 봉해졌다. 그가 황해도 해주 근처인 연안에 터를 잡아 세거하면서 후손들이 연안을 관향으로 삼았다.

저헌 선생이 차지한 묘소 때문이었을까? 연안 이씨들의 명성은 저헌의 후손들이 누렸다. 저헌의 4대손부터 발복이 시작되었는데, 조선시대 8대 고문가古文家이자 선조 때 대제학을 지낸 월사月沙 이정구李廷龜를 비롯하여, 그의 아들 명한明漢이 인조 때 대제학을 지냈고, 손자 일상一相이 효종 때 대제학을 지내 3대에 걸친 대제학이 배출되었다. 본래 대제학 자리는 정승 셋과도 바꾸지 않는다고 말할 정도로 학식과 덕망 높은 인사들의 자랑스런 자리이다.

저헌의 5대손 귀貴는 인조반정 때 큰 공을 세워 연안 이씨 가문을 정치적으로 뒷받침하여 명문의 위치에 올려놓은 인물이 되었다. 그의 아들 시백時白은 효종 때 영의정을 지냈다. 사도세자의 스승이었던 후후厚는 좌의정, 천보天輔는 영조 때 영의정, 복원福源과 그의 아들 만수晩秀는 영조 때 대제학을 지냈다. 복원의 큰아들 시수時秀가 영의정을 지내는 등 연안 이씨는 조선조에 들어와 총 250명의 문과 급제자를 배출했다. 그리고 정승 8명, 대제학 8명, 청백리 7명을 각각 배출하여 조선의 명문 가문으로 명성을 드날렸다.

이에 비해, 포은의 후손들은 현종 때 우의정에 오른 9대손 유성維城과 판서 2명이 있었을 뿐, 큰 벼슬을 지낸 사람이 없다. 나아가 포은의 후손들은 혹 극형을 받을 짓을 저질러도 특별히 형량이 감형되는 등 조선 왕조의 정치적인 배려를 받았지만, 오히려 그들은 벼슬을 멀리하고 학문에만 힘쓰는 가풍을 유지했다.

이석형(1415~1477)의 본관은 연안, 자는 백옥伯玉, 호는 저헌樗軒, 시호는 문강文康이다. 연안 이씨의 번성을 불러온 중흥조로써, 대호군 회림懷林의 아들이며 김반金泮의 문인이다. 1441년(세종 23)에 사마시에 합격, 이어 식년 문과에 장원으로 급제하여 사간원좌정언에 제수되고, 이듬해에 집현전부교리에 임명되어 14년 동안 집현전 학사로 재임하면서 집현전의 응교, 직전, 직제학을 두루 역임하였다. 집현전응교로 재임하던 1447년 문과 중시에 합격하였으며 왕명에 의하여 진관사에서 사가독서賜暇讀書로 학문에 진력하였다. 1461년(세조 7) 대사헌을 거쳐 경기관찰사를 역임하고, 이듬해 호조참판을 거쳐 판한성부사에 7년 동안 재임하였다. 1470년(성종 1)에는 판중추부사에 올라 지성균관사를 겸직하고, 1471년에는 좌리공신 4등에 책록되어 연성부원군에 봉해졌다. 집현전의 학사로 있을 때『치평요람治平要覽』,『고려사高麗史』의 편찬에 참여하였으며, 저서로는『대학연의大學衍議』와『저헌집樗軒集』등이 있다. 문장과 글씨에 능하였다.

성종 8년에 63세를 일기로 세상을 등졌는데, 묘역에는 문관석 4기와 묘비석, 상석 등의 석물이 있다.

묘역의 아래쪽 좌측에 서 있는 신도비는 인조 2년(1624) 11월에 건립한 것으로, 전액은 '延城府院君李先生神道碑銘(연성부원군이선생신도비명)'이라고 되어 있다. 신도비는 개석蓋石이 없는 비갈의 형태로 마멸이 심하다. 조선

인조 때의 문신 김상용金尙容이 전액을 하였
고, 비문은 선생의 4대손으로 우의정을 지낸
이정구가 짓고, 글씨는 선조의 딸인 정숙옹
주의 남편인 신익성申翊聖이 썼다.

두 묘소의 좌향坐向은 공통적으로 손좌건향巽坐
乾向이다. 물은 우측에서 나와 좌측으로 흘러가는
우수도좌右水倒左로, 파구 방향은 신술辛戌이다. 88
향법 가운데 자생향自生向에 해당하는 향법이다.
　자생향은 물이 우수도좌하여야 하며, 정미파丁未
破에 곤신향坤申向이거나, 신술파辛戌破에 건해향乾
亥向, 계축파癸丑破에 간인향艮寅向, 을진파乙辰破에 손사
향巽巳向이 이에 해당한다. 자생향은 고립무원의 어려운
지경에서도 살길을 만나 스스로 일어서는 향이다. 아침에
는 가난해도 저녁이면 곧 부를 이룰 정도로 발복이 매우
빠르고, 자손이 번창하며 부귀를 이룬다는 좋은 향이다.

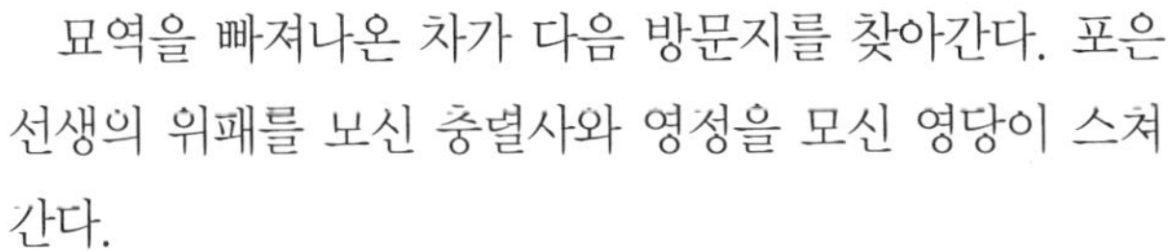
♦ 충렬서원 영당의 포은 영
정

　묘역을 빠져나온 차가 다음 방문지를 찾아간다. 포은
선생의 위패를 모신 충렬사와 영정을 모신 영당이 스쳐
간다.
　『포은문집圃隱文集』「화상편畵像編」에 의하면, 선생의
초상화는 고려 공양왕 2년(1390)에 좌명공신에 녹봉되어
입각봉안立閣奉安된 때의 공신도상功臣圖像이라고 한다.
그런데 조선 명종 10년(1555)에 가묘의 영당에 인각麟閣된
초상 1본을 이모移摸하여 영천의 임고서원林皐書院에 봉안
했으며, 선조 8년(1575)년에도 가묘본을 이모하여 개성의
숭양서원崧陽書院에 봉안했다고 한다. 이 기록에 의하면,
임진왜란 이전까지 선생의 초상은 3본이 전하고 있었으

나, 임진왜란중 소실되어 임고서원본만 남았다는 것이다.

　그 후 광해군 11년(1619)에 박경신朴慶新이 화사畵師 권응權應에게 임고서원본을 이모케 하고, 이듬해 봉사손奉祀孫 준전이 가묘에 봉안했다. 임진왜란 이전의 작품으로 유일하게 전하던 임고서원본 역시 훼손이 되자, 인조 7년(1629) 화사 김육金埔에게 이모토록 하여 신본新本을 봉안하고, 구본舊本은 궤에 넣어 보관하다가, 효종 5년(1654) 후손 간侃이 충렬서원으로 옮겨 모셨다.

　숙종 3년(1677)에는 화사 한시각韓時覺으로 하여금 다시 가묘본 3본을 이모케 하여 가묘의 영당과 충렬서원·숭양서원에 각기 봉안토록 하였다. 한시각이 전사傳寫한 이모본도 얼마 안 가서 멸실되어 다시 이모를 착수하였는데, 충렬서원에서는 영조 27년 화사 장경주張景周가, 숭양서원에서는 영조 44년 화사 한종유韓宗裕가, 이듬해 영조 45년에는 가묘에서 한종유가 전사한 초상화를 해당 서원과 영당에 각기 봉안했다. '가정고본嘉靖皇本' 즉 명종 10년 을묘본乙卯本은 고종 때인 1906년에 철향撤享했는데, 지금은 가묘에서 궤에 넣어 보전하고 있다.

　충렬서원 영당에 소장된 초상은 전신교의좌상全身絞椅坐像으로 고려 말엽의 복제服制인 오사모烏紗帽를 쓰고 청포단령靑袍團領을 입은 좌안팔분상左顔八分像이다. 양손을 소매 속에서 맞잡은 위로 금박의 각대角帶가 있고, 단령團領 사이로 첩의帖衣가 나타난다. 비록 중모본重摸本이기는 하나, 고려 말엽의 화격畵格을 보여주는 귀중한 자료로 평가받는다 ▮

조선 왕조를 연 준경묘

삼척에 있는 준경묘濬慶墓는 태조 이성계의 5대조 이양무李陽茂를 모신 곳이다. 이 묘소의 발복으로 조선 왕조가 나왔다고 한다. 이안사李安社가 묏자리를 구하고자, 여러 곳을 살필 때의 일이다. 지친 그가 풀숲에 누워 바람을 쐬고 있던 차였다. 그는 마침 근처 산길을 지나가던 고승과 동자승의 대화를 우연히 듣게 되었다. 고승이 동자에게,

"이 자리에 묘를 쓰면 5대 후손이 왕이 될 것이다!"

하고 이르는 것이었다.

이 말에 귀가 번쩍 뜨인 안사는 스님에게 달려가서 자세히 물었다. 그러자 스님이 마지못해 답하였다.

"이 자리는 천하의 명당이라, 묘를 쓰되 말 백 마리를 잡아 제물로 하고, 황금으로 만들어진 관을 써야 하느니. 그래야만 5대 후손이 왕이 될 수 있는 자리로다!"

이 말을 들은 안사는 고민에 빠졌다. 욕심은 나는데 돈이 없는 탓이었다. 며칠을 두고 고민만 하던 중, 어느 날 안사는 꿈속에서 한 동자를 만났다. 동자는 다음과 같은 답을 주었다.

"걱정하지 마오! 들판에 나가 보면 황금을 얻을 수 있을 것이고, 장에 나가 보면 말을 얻을 수 있을 것이오."

놀라 일어난 안사는 믿을 수 없었지만 아침 일찍 일어나 들판에 나가 보았다. 수확을 기다리는 벼가 들판에 황금빛 물결로 넘실대고 있었다. 그는 자신도 모르게 무릎을 쳤다. 다음날 안사는 장으로 나갔다. 우마전에는 하얀 말을 팔려고 나온 사람이 있었다. 안사는 또 무릎을 쳤다.

얼마 후 안사는 아버지 양무를 안장하였는데, 볏짚으로 시신을 싸고 흰 말을 잡아 제를 올렸다. 황금 관 대신에 누런 볏짚을, 백마리 말(百馬) 대신에 백마(白馬)를 쓴 것이다.

4. 임경업 장군을 낳았다는 임인산 선생의 묘소

경기도 광주시 홈페이지에 보면, '임 도령과 암구렁이 낙매화落梅花 터'란 전설이 실려 있다. 다음은 재미있는 그 전설이다.

남한산성의 서문인 우익문을 나서서 서쪽 산등성이에 오르면 낙매화 터라고 불리는 큰 무덤이 하나 있다.

지금으로부터 약 600년 전의 일이라고 한다. 한양에 홀어머니를 모시고 가난하게 사는 임 도령이라는 총각이 있었다. 가세가 날로 기울어 끼니마저 제대로 잇지 못하자 임 도령은 광주에 있는 친척집에 식량을 얻으러 가게 되었다.

때는 이른 봄철이었다. 짧은 해는 임 도령이 남한산에 이르렀을 무렵에 아주 캄캄하게 저물어 버렸고, 아침부터 굶고 나온 임 도령은 지칠 대로 지쳐 있었다. 산 속의 어두움은 평지보다 더욱 짙었고, 갑자기 하늘에 먹구름이 일더니 억수같은 비와 함께 광풍이 일기 시작했다.

'큰일 났구나!'

임 도령은 당황했다.

날씨까지 사나운 산속의 어두움은 칠흑만 같았고, 허둥대다 보니 그만 길을 잃고 말았다. 그런데 정신없이 산속을 헤매고 있던 임 도령은 문득 비바람 속에서 반짝이고 있는 불빛 하나를 발견했다.

‘집이다!’

임 도령은 앞뒤 헤아릴 겨를도 없이 불빛을 향해 달려갔다. 가 보니 과연 초가집 한 채가 있었다.

“주인 계십니까? 주인장 어른!”

임 도령은 급히 주인을 찾았다.

그랬더니 기다렸다는 듯 방문이 열리며 나타난 사람은 묘령의 아리따운 처녀였다. 이 깊은 산속에 집이 있다는 것부터 생각해 보면 괴이한 일인데, 더구나 묘령의 처녀 혼자 살고 있다니! 임 도령은 머리끝이 쭈뼛해졌다. 그러나 처녀의 자태가 너무도 아름다워 차츰 황홀감에 사로잡혔고, 설사 이 여인이 천 년 묵은 여우나 도깨비의 화신이라고 하더라도 도망갈 수 있는 형편도 아니었다.

“이 밤중에 산속에서 길을 잃으시다니, 큰일 날 뻔 하셨습니다. 어서 들어오시지요. 날이 새면 소녀가 길을 가르쳐 드리겠습니다.”

처녀의 말이었다.

이미 제 정신을 잃은 임 도령은 홀린 듯 방으로 들어갔다. 처녀가 차려다 주는 진수성찬의 저녁밥을 먹은 뒤, 임 도령은 그녀와 더불어 뜨거운 정을 나누었다.

얼마의 시간이 흐른 뒤, 처녀는 자기가 산속에서 혼자 살게 된 것이나, 임 도령이 길을 잃고 산속을 헤매게 된 것이나 모두가 옥황상제의 뜻이며, 두 사람의 만남도 옥황상제가 점지해 준 인연이라 말했다. 그러면서도 처녀는 날이 밝자 임 도령에게 서둘러 길을 떠나기를 재촉하였다. 임 도령은 하는 수 없이 처녀와 이별하고 그 집을 나섰다.

그러나 도저히 처녀를 잊어버릴 수가 없었다. 얼마를 가다가 임 도령은 처녀를 향해 다시 발길을 돌렸다. 그때였다. 어디선가 산이 쩌렁쩌렁 울리는 목소리가 들려 왔다.

"임 도령 듣거라! 나는 이 산의 산신령이다. 네가 품고 잔 여인은 이 산의 오백 년 묵은 암구렁이니라. 뒤돌아보지 말고 어서 길을 재촉하여라!"

임 도령은 비로소 처녀의 정체를 알았다. 그래도 그는 어젯밤의 그 황홀했던 정경을 잊을 수 없어 처녀의 집으로 돌아왔다. 그랬더니 이 어찌된 일일까? 초가집은 간 곳이 없고 그 자리에는 해묵은 고목 한 그루가 서 있었으며, 고목 밑에 머리를 풀어헤친 어젯밤의 그 처녀가 하늘을 쳐다보며 무엇인가를 기도하고 있었다.

"왜 돌아오셨습니까? 산신령의 말대로 저는 오백 년 묵은 암구렁이입니다. 그러나 도령님과의 어젯밤 인연으로 이제 허물을 벗고 승천을 하게 되었습니다. 제가 승천한 뒤 이곳에 비늘 세 개가 떨어질 것이니, 그 자리에 도령님의 묘를 쓰십시오. 그러면 후일 자손 중에 유명한 장수가 태어날 것입니다."

싸늘한 눈으로 임 도령을 돌아보며 처녀가 말했다. 그리고 빨려 들어가듯 곧 하늘로 올라가 버렸는데, 과연 비늘 세 개가 떨어졌다. 비늘은 떨어지자마자 매화나무로 변하였다. 그 후 임 도령은 장가를 들어 다복한 가정을 꾸리다가 죽었다.

그리고 죽을 때 암구렁이 처녀의 말대로 남한산의 매화나무 터에 묻어 달라고 유언을 하였다. 가족들이 그 유언대로 임 도령의 묘를 썼다. 그 후 과연 자손 중에 유명한 장군이 나왔으니, 그가 바로 임경업 장군이라고 한다.

그러나 지금은 그 위치를 잘 알 수가 없다.

임경업林慶業(1594~1646)은 조선 인조 때의 장군이다. 그는 안으로 이괄李适의 난을 진압하는 데 큰 공을 세우고, 밖으로 청나라를 물리치는 데 일생을 바친 명장으로 북벌北伐을 주장했던 대표적인 인물이다.

장군은 충주의 달평천에서 태어나, 점차 자라나면서 말을 잘 타고 활을 잘 쏘아, 1618년 25세의 나이로 무과에 급제하여 사람들 사이에 널리 알려지게 되었다. 그리고 1624년에 이괄의 난이 일어나자, 이를 진압하여 일등 공신이 되었다. 장군은 인조 11년(1633) 영변부사로 임명되었는데, 천가장에 주둔하면서 약탈을 자행하던 명나라 반란군인 공유덕孔有德과 경중명耿仲明의 군대를 물리쳐 방어사防禦使로 승진하였다. 당시 북방 경계의 요충지인 검산성劒山城이 너무 퇴락해 있음을 걱정하여 조정에서는 장군에게 성첩 수축의 임무를 부여하였다.

장군은 즉각 검산성 수축에 착수하여 스스로 옷을 벗어 제치고 병사들과 함께 돌을 굴리고 나무를 베어 운반하는 등 솔선하여 성의 수축에 혼신의 노력을 다했다. 이렇게 공사가 진행되던 어느 날의 일화이다.

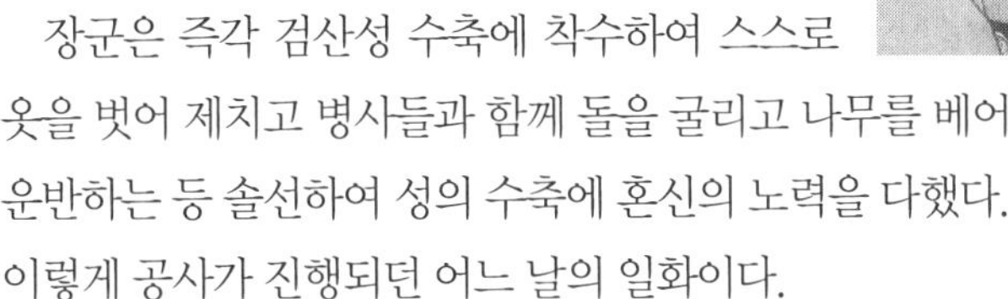

● 임경업

일에 지친 병사들이 잠깐 쉬고 있을 때였다. 그러다가 한 병사가 벌떡 일어나면서 말하였다.

"어서들 일어나 일을 하도록 하세. 방어사께서 보시면 걱정하실 텐데…."

그러자 저쪽에서,

"쓸데없는 소리 말게. 임경업인가, 방어사인가는 우리가 이렇게 고생하는 줄 알기나 하려는지?"

하고 불평하는 소리가 들려 왔다. 이때이다.

"어허, 임경업이 여기 있소. 그러니 걱정 말고 푹 쉬시게나."

하는 소리가 뒤편에서 들려 왔다. 모두가 돌아보니, 장군도 허름한 옷차림에 구슬땀을 흘리면서 반석 같은 큰 돌을 등에 진 채 비스듬히 누워서 쉬고 있는 것이 아닌가? 모두들 깜짝 놀라 일어났으나, 장군은 병사들에게 기어코 좀더 쉬라고 했다.

그러자 병사들은 '이런 분은 생전 처음이며 이런 분 밑에서야 무엇인들 못하겠는가?' 하며 눈물까지 흘렸다. 소문은 삽시간에 퍼졌다. 게다가 장군은 넉넉한 세 끼의 밥에 때로는 소와 돼지를 잡아서 장병들을 위로해 줄 뿐만 아니라, 새참 때는 직접 술통을 들고 다니면서 잔에 따라주기도 했다.

이렇게 하여 검산성 수축은 더욱 견고하게 예정보다 훨씬 빨리 끝마칠 수 있었다.

인조 14년(1636)이 되던 병자년에 청나라 태종은 13만 대군을 이끌고 조선을 침공하였다. 이때 장군은 청북방어사淸北防禦使로써 조정의 방어 계획에 따라 3,000의 병력을 거느리고 백마산성白馬山城을 굳게 지켰다.

장군의 저항이 완강하자, 청군은 할 수 없이 진로를 바꿔 서울로 진격하였다. 이에 장군은 평안병사平安兵使 유림柳琳에게 군사 1만으로 곧바로 적의 수도인 심양으로 쳐들어가자고 건의하였다. 그러나 유림은 우선 근왕勤王을 해야 한다는 이유를 들어 그의 의견을 받아들이지 않았다.

청군은 곧 남한산성을 포위하게 되었다. 결국 인조는 3정승과 6판서를 거느리고 남한산성에서 청나라의 군진 삼전도로 내려와 청 태종에게 세 번 절하고 아홉 번 머리를 조아리는 이른바 삼배구고두三拜九叩頭의 신하의 예로 항복하는 수모를 당

》》가는 길

① 지방에서 찾아갈 경우에는 경부고속도로의 서안성나들목으로 나간 다음 45번 국도를 이용하여 용인 방향으로 16km를 직진하면 이동저수지 옆에 자리 잡은 묘봉교라는 다리가 나온다. 묘봉교에서 2.5km 가량 들어가면 중리마을삼거리가 나오는데, 여기서 좌회전하여 상리마을 쪽으로 향하다가 400m 가량 올라가면 전방에 동그랗게 생긴 동산 하나가 나타난다. 온통 소나무가 자라나는 정상에서 하단까지 일자로 계단이 허옇게 나 있어 얼른 눈에 띄는 산이다. 이 산 정상에 임인산 선생의 묘소가 있다.

② 서울 쪽에서 갈 경우에는 경부고속도로의 수원나들목에서 나가 우회전하여 42번 국도를 이용해 용인에 다다른 다음 우회전하여 45번 국도를 타고 안성 방향으로 14km 가량 내려가면 묘봉교가 나타난다.

하고 말았다.

인조가 청나라와 화친을 맺자, 장군은 명나라에 협력하였다. 인조 20년(1642) 장군은 평안병사가 되었다. 이때 명나라 총독 홍승주洪承疇라는 자가 청나라에 항복한 후, 임 장군이 명나라와 내통한 사실을 폭로하였다.

청 태종은 이 사실을 알고 크게 노하여 인조로 하여금 장군을 잡아 보내도록 요구하였다. 우여곡절 끝에 장군은 결국 청군에게 잡혀 연경燕京으로 끌려갔다. 장군은 옥에 갇혀 있으면서도 조금도 굴복하지 않았다. 이 시기 장군이 몇 년 동안 죽지 않고 감옥에서 살아남을 수 있었던 것도 청나라 사람들이 장군의 의리를 고상히 여겨 준 때문이었다. 함께 끌려간 장군의 처는 이때 옥 안에서 자결하였다.

1646년 조선 조정은 장군을 환국시켜 줄 것을 요청하여 허락을 받았다. 이 무렵 조선의 조정은 김자점金自點이 실권을 잡고 있었는데, 그는 1644년에 있었던 심기원沈器遠의 무고 사건에 앙심을 품고 단근질을 하면서 장군을 혹독하게 심문하였다. 이때 장군은 당당한 자세를 견지하고 큰 소리로 항변하였다.

"국사가 아직도 안정되지 못했는데, 어찌 나를 먼저 죽이려 하는가?"

그러나 장군은 마침내 모진 매질 아래 옥사하고 말았다. 조선의 백성들과 산천은 그의 죽음을 매우 안타까워했다

장군은 1697년(숙종 23) 숙종의 특명으로 복관되었다. 충주의 충렬사忠烈祠, 선천의 충민사忠愍祠, 백마산성의 현충사顯忠祠, 겸천兼川의 충렬사忠烈祠 등에 제향되었다. 시호는 충민忠愍이다.

임경업 장군 같은 우국지사들의 애통한 죽음은 항용 많은 설화와 전설을 낳는다. 그래서 조선 후기의 야담집인 『동야휘집東野彙輯』에는 「대녹림논검결의對綠林論劍結義」라는 제목으로, 다음의 내용이 수록되어 있다.

임경업이 어느 날 사냥을 나가서 태백산 속에서 길을 잃고 헤매다가 한 나무꾼을 만났다. 나무꾼은 검술이 신통해서 자기 여자와 간통한 세 남자를 죽이는 장면을 임경업에게 보여준 뒤, 뒷날에 반드시 쓸 일이 있을 것이라면서 검술을 가르쳐 주었다. 이 설화는 『청구야담靑邱野談』 등 다른 문헌에도 널리 수록되어 있다.

입에서 입으로 전승되는 임경업의 이야기 중에는 서해 연평도의 임경업 장군 사당과 관련된 것이 있다. 임경업은 제일 처음 우리나라의 수군대장이 되어 명나라를 치기 위하여 서해를 건넜고, 다시 청나라를 치기 위하여 서해를 건넜으며, 다시 청나라로 잡혀가다가 도망하여 서해를 건너 명나라에 망명하였다. 이런 과정에서 연평도 부근에 머물게 되었을 때이다. 바다 한가운데에서 식수가 떨어져 군사들이 동요하자, 장군은 바다 어느 한 군데에다 닻을 내리고 바닷물을 퍼서 마시게 하였는데 이 물이 바로 담수였다는 것이다. 또한 반찬이 떨어지자, 근처의 가시나무를 베어다가 바다에 꽂아 놓았는데 조기 떼가 가시에 많이 걸려 반찬으로 먹을 수 있었다는 이야기가 전한다.

그 밖에도 임경업 장군 사당에 왜병들이 들어갔다가 모두 죽음을 당하였다는 이야기와 함께 임경업 장군이 호국胡國 공주에게 관상을 보인 이야기, 병자호란 때 호국의 항복을 받으려 하였으나 국왕의 항서 때문에 참았다는 이야기들이 두루 전하고 있다.

그리고 한문소설과 국문소설로 남아 있는 여러 형태의 『임경업전』과 『임충신전林忠臣傳』 등은 정조의 명령에 따라 장군에 관한 실기를 모아 1791년에 간행한 『임충민공실기林忠愍公實記』를 참고하고, 민간에서 구전되는 설화를 토대로 하여 창작된 것으로 보인다. 창작 연대와 작자는 미상으로, 역사를 바탕으로 허구가 적절하게 가미된 재미있는 내용이다. 임진왜란과 병자호란을 치른 뒤의 척외사상斥外思想, 특히 배청사상排淸思想이 전편을 통해 그 저류를 이루고 있다.

묘봉산卯峰山을 바라보며 달리던 차가 중리에 다다랐다. 중리에는 삼거리가 나

있다. 여기에서 좌측으로 올라가면 임경업 장군의 7대조 임인산林仁山의 묘소이고, 여기서 오른쪽 길을 택하면 그 길 끝에 김대중 대통령의 부모 묘소가 나타난다.

좌측으로 머리를 돌린 차가 얼마쯤 앞으로 나아가자, 전방의 차창에 동그랗게 생긴 동산 하나가 나타난다. 온통 소나무가 자라나는 정상에서 하단까지 일자로 계단이 허옇게 나 있어 얼른 눈에 띄는 산이다. 지난날 고교 시절에 머리를 기르는 학생들을 혼내 주기 위해, 훈육 주임 선생이 이발기로 머리 한가운데를 밀어 깎아놓은 그런 우스꽝스런 모습이다. 차라리 계단을 측면에 조성했더라면 보기에도 더욱 좋을 뻔했다. 묘역에 올라 숨을 고른 일행들은 묘역 앞에 서서 예를 올렸다.

임경업 장군의 본관은 평택이다. 임씨들의 도시조都始祖 임팔급林八及은 당나라 문종 때 한림학사를 지냈던 인물로, 840~900년경에 간신들의 참소를 피해 신라에 온 8학자 가운데 한 사람이다. 그는 신라에 와서 이부상서를 역임하고, 노년에는 지금의 평택에 속하는 팽성彭城에 살았다고 한다. 그러나 그 후의 기록은 사라져 부득이 고려 말 충렬왕 때 문과에 급제해서 세자전객령을 지낸 임세춘林世春을 중시조로 삼아, 1세조로 모시고 있다.

2세조는 재梓이고, 3세조는 태순台順이다. 그리고 조선 태조 때 문과에 급제해서 태종 때 예조판서를 지내고 성종 때 청백리에 녹선된 정整은 5세조로써, 이 묘역의 맞은편 산자락에 잠들어 있다. 이곳에 부인 한산 이씨李氏와 합장된 임인산은 평택 임씨들의 5세조로, 임경업 장군에게는 7대조가 되는 분이다.

참고로, 나주와 회진을 본관으로 하는 임씨를 제외한 대부분의 임씨들은 평택 임씨에서 분관하였다고 한다.

전방을 바라보자, 앞쪽으로 먼저 쥐가 엎드린 형상을 지닌 능선 하나가 정면의 들판 끝에 서 있다. 오른쪽을 바라보며 머리와 몸통을 바짝 땅에 붙이고는, 뒷다리 쪽인 왼쪽으로 제법 솟구친 능선의 흐름이다. 정 선생은 거북이 형상을 닮았다지만, 모두들 눈에는 영락없는 쥐이다. 주둥이 바로 뒤에 자리한 봉분이 임인산 선생의 부친 정을 위한 자리이다. 주둥이 맨 앞으로는 나무를 주욱 심어 쥐의 수염으로 만들었다. 이른바 **노서하전형**老鼠下田形의 전형적인 모습이다.

그 뒤로는 멀리 고축사가 보인다. 오른쪽 앞으로 천마사가 벼슬을 재촉한다. 그러나 전체적으로 짜임새가 떨어지는 주변 산세이다.

명당은 여러 곳에서 나온 물길이 합쳐져 하나로 빠져나가는 형국이다. 이는 다득단파多得單破라고 줄여 부른다. 그런데 문제는 명당을 가로지르는 물길이 이 자리를 약간 등졌다. 명당 또한 평탄하고 원만한 모습이 아니다. 좌우로 길쭉하게 생겨 산만한 모습이다. 아무래도 부富보다는 귀貴가 보장되는 자리이다.

일부 사람들은 이 자리를 **장군대좌형**將軍大坐形으로 부른다고 한다. 그래서 임경업 장군을 낳았다고 한다. 장군대좌형은 먼저 높다란 곳에 자리를 잡아, 좌우의 산세를 내려보며 군진으로 거느리는 형상을 지녀야 한다. 그리고 좌기우고左旗右鼓라고 해서, 좌측에 깃발을 닮은 산세와 우측에 북을 닮은 산세를 끼고 있어야 한다. 깃발은 병사의 숫자와 위용을 상징하고, 북은 출전 신호와 전쟁을 독려하기 위해 필요한 탓이다.

이곳의 묘소는 종을 뒤집어 놓은 모습을 닮은 산꼭대기에 높다랗게 자리를 잡았다. 그래서 **복종형**伏鍾形이라 불리기도 하는데, 좌우에서 청룡과 백호가 이 묘소를 잘 감싸고 있다. 청룡은 몇 갈래로 높이 솟았고, 백호는 한 줄기로 높이 솟았다. 전반적으로 고도高度가 잘 어울린다.

그런데 청룡이 깃발을 닮은 모습이 아니다. 백호도 청룡보다는 약간 낮게 능선을 뻗어 내렸지만, 중앙 부분이 슬쩍 주저앉았다. 따라서 북의 형상이라고 보기는 어렵다. 그런데 어째서 이곳을 장군대좌형이라고 했을까? 그 의문은 건너편 능선으로 올라갔을 때 비로소 풀렸다.

혈장을 살펴보니, 이곳은 전체적으로 당연히 돌혈突穴인데, 혈만큼은 약간 우묵하다. 정확하게 말하면, 돌중와혈突中窩穴이다. 그리고 **천풍혈**天風穴에 해당한다. 팔풍취혈八風吹穴이라고도 불리는 천풍혈은 외롭게 노출된 혈로써, 얼핏 보면 사방팔방에서 불어오는 바람을 다 맞는 팔풍받이의 형상이다. 그러나 실제로 혈처에 오르면, 전혀 의외로 아늑함과 따뜻함이 느껴지는 그런 자리이다.

바깥 멀리서 천풍혈을 바라보면, 외로운 용이 홀로 우뚝하게 높이 솟아 비바람에 노출되어 추워 보인다. 그러나 혈지에 가 보면, 오목하게 들어간 와혈을 맺었는데, 좌우로 드는 바람을 막아 주는 어깨가 있다. 천풍혈은 방풍防風과 장풍藏風이 잘 되어 있기 때문에, 생기가 엉겨 혈을 맺게 된 것이다. 그래서 혈판에 오르면 따뜻하고 온화한 느낌이 드는 것이다.

천풍혈은 출중한 자손이 많이 나와 가문을 빛내지만, 외로움과 고독을 면치 못해 주로 승려나 종교 지도자가 많이 나온다고 전해 온다. 반면에 혈을 맺지 못한 팔풍받이는 돌로突露라고 하여 가산이 속히 패하며, 과부나 고아가 줄지어 나온다고 해서 흉지로 꼽힌다.

이 자리를 인체에 비추어 보면, **정문백회혈**頂門百會穴에도 속한다. 사람의 머리끝 정수리에 해당하는 그런 자리인 것이다. 마치 젖먹이들의 머리 꼭대기에서, 숨을 쉴 때마

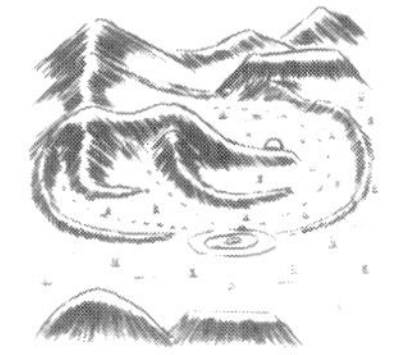

≋**노서하전형**(老鼠下田形) : 늙은 쥐가 밭에 널린 곡식을 먹으러 내려오는 형국의 혈.

≋**장군대좌형**(將軍大坐形) : 장군이 진영에 단정하게 앉아 있는 형세.

≋**복종형**(伏鍾形) : 종을 엎어놓은 것처럼 생긴 혈.

≋**천풍혈**(天風穴) : 우뚝 솟은 봉우리 정상에 있는 혈.

≋**정문백회혈**(頂門百會穴) : 불룩하게 솟은 산의 약간 평평한 꼭대기에 약간 우묵하게 맺히는 와혈.

다 들썩거리는 약간 오목한 정수리를 차지한 혈인 것이다.

정문백회혈은 불룩 솟은 산의 약간 평평한 꼭대기에 약간 우묵하게 맺히는 와혈을 가리킨다. 이때 사방의 산들이 대체로 같은 높이를 하고 호위를 해 주어야 진혈이 된다. 그렇지 못하면 역시 팔풍받이에 지나지 않을 따름이다.

묘소는 임좌병향壬坐丙向으로 앉았다. 물길은 좌에서 우로 흐르는 좌수도우로 정미방丁未方으로 빠져 나가는 정미파丁未破이다. 이를 88향법에 대입해 보니, 자왕향自旺向에 해당하는 좋은 향이다.

자왕향은 좌수도우하고, 정미파丁未破에 병오향丙午向이거나 신술파辛戌破에 경유향庚酉向, 계축파癸丑破에 임자향壬子向, 을진파乙辰破에 갑묘향甲卯向이 여기에 속한다. 자손들이 번창해서 남자는 총명하고 여자는 수려하며 부귀와 장수를 불러온다는 훌륭한 향이다.

건너편의 노서하전형 묘소로 건너갔다. 임인산의 부친이자, 평택 임씨의 4대조 공혜공恭惠公 정整이 부인 청주淸州 한씨韓氏와 함께 모셔진 자리이다.

얼추 왕릉 만한 봉분의 크기로 보면, 혈판이 커야 하는데 그렇지 않다. 도리어 현재의 묘소보다는 앞쪽의 빈터가 어떨까 싶다. 이장해 나간 자리가 아닌가 여겨지는데, 잔디가 깨끗하게 잘 깔려 있다. 안산이 얕은데다가, 천심십도天心十道로 보아도 진혈은 이 아래쪽일 듯싶다.

고개를 갸웃거리던 정 선생이 회원들을 불러 모은 뒤,

"이 아래쪽의 빈자리가 의심스럽지 않습니까?"

하고 지적한다. 그런데 파구破口를 재어 보자, 좌선룡에 우선수로 곤신파坤申破이다. 88향법으로는 맞지 않는 향법이다.

그러자 정 선생이,

> "다시 재어 보시길 바랍니다. 여기 바로 아래쪽에 하수사와 우선룡右旋龍이 있으니, 물길은 내파內破로 보아 좌선수左旋水에 신술파辛戌破로 보아야 합니다. 그래야 합법合法이 됩니다."

한다. 그런데 이곳은 청룡과 백호 자락이 좋지 않다. 청룡의 앞쪽 가닥이 깨진 채로 붉은 흙 절벽을 드러내고 이곳을 바라본다. 아들을 잃을 암시이다. 그리고 백호 쪽 끝자락은 혈을 향해 치고 들어오는 모습이다. 이른바 백호투흉白虎投胸이니, 이는 부인이나 딸자식 문제로 가슴을 칠 일이 생길지도 모른다는 뜻이다.

그런데 문득 임인산 선생의 묘소를 돌아보던 나는 감탄을 하고 말았다. 맞은편에서 보니, 선생의 터가 이렇게 장중한 형국일 수가 없다. 커다란 청룡과 백호를 좌우에 포진시키고 한가운데 버티고 있는 그 기상이 자못 헌걸찬 장수의 기개 어린 표상이다. 특히 청룡 자락의 지맥들은 더욱 볼 만하다.

마침 정 선생이 옆으로 다가오기에, 나는 저 묘역을 다시 한번 보라고 권하였다. 그러자 정 선생도 감탄을 연발한다. 이곳에 몇 번을 와 보았지만 한번도 장군대좌형이란 남들의 말이 실감나질 않았는데, 오늘 이렇게 반대편에서 보니 정말 실감이 난다고 소회를 실토한다 ■

5. 육관도사가 찍어 준 김대중 대통령 부친 묘소

다시 중리로 나온 차는 김대중 대통령의 부친 묘소를 향해 올라갔다. 잘 다듬어진 콘크리트 포장 끝이 묘역이다. 그런데 들어가는 길에 보니, 왼쪽의 산자락들이 한결같이 물길이 흐르는 방향을 따라 아래로 흘러내린다. 어라? 물길의 위를 보고 감아주어야 맞을 텐데…. 차에서 내리자, 묘역으로 오르는 길도 빙 둘러 좌로 꺾어진다.

봉분 앞에 서서 예를 올린 뒤 비문을 보니, 부친 김운식金雲植 옹과 인동仁同이 본관인 장수금張守錦 여사의 이름이 올라 있다.

이곳은 육관六觀 손석우孫錫宇 옹이 잡은 자리이다. 하늘의 선녀가 땅으로 내려오는 이른바 **천선하강형**天仙下降形이란다. 그래서 김 대통령이 이 묘소로 부모님을 옮겨 모신 뒤, 대통령에 당선되었다고 해서 화제를 불러 모은 곳이다.

풍수지리 이론이 아니라 신안神眼으로 잡은 곳이라니, 풍수 이론이 맞아도 그만이고 안 맞아도 그만이다. 그러나 어째 좀 이상하다. 풍수 이론과 너무 안 맞으니까 그런 느낌이 드는 모양이다.

우선 이 묘소에서는 용맥을 찾아보기가 힘들다. 손길이 많이 닿은 까닭인지, 용맥이 숫제 없어 보인다. 전방은 상쾌하지만, 명당도 전무하다. 특히 청룡 자락은 묘소의 앞쪽으로 흘러 안산이 된 다음 중리 방향으로 뻗어 내렸는데, 끝부분이 묘역을 등진 모습이다. 그리고 옆으로 내려온 짧은 산자락인 요도지각마다 골짜기가 드러나 마치 묘소를 향해 쏘는 형국이다. 그 겹겹의 산자락은 얼핏 보아 선녀의 치맛

김대중 대통령 부친 묘

자락에 치렁치렁 드리워진 주름으로 보이기도 한다.

그런데 천녀하강형이란 이름을 붙이기 위해서는 묘소 주변에 옥처럼 맑은 물이 흐르는 계곡이나, 널찍하고 깨끗한 너럭바위가 있어야 한다. 그런데 이곳은 온통 산으로, 무언가 특이한 자연물이 하나도 없다. 선녀가 인간 세상에 내려오는 것은 목욕이나 놀이를 위해서가 아니던가?

묘소는 임좌병향壬坐丙向으로 앉았다. 물길은 좌에서 우로 흐르는 좌수도우로 정미파丁未破이다. 방금 전에 들렀던 임인산 선생의 묘와 똑같은 향들이다. 물론 자왕향自旺向에 해당한다.

모두들 어처구니가 없다는 표정이다. 그런데 이 묘역을 조성할 무렵, 정 선생은 여기에 와 보았다고 한다. 그때 이 묘소의 광중에서 나온 혈토를 사진으로 찍어 홈페이지에 올렸단다. 혈토라기보다는 작은 자갈돌이 광중에서 나왔으니, 그걸로 보아도 여기는 혈로 보기가 어렵다는 설명이다.

이때였다.

"어디서 무얼 하러 온 분들이십니까?"

두 명의 경찰이 순찰을 위해 들른 모양이다. 몇 마디

≈ **천선하강형**(天仙下降形) : 하늘의 선녀가 땅으로 내려오는 형상의 혈.

이야기를 나누던 중에, 나는 이 묘소로 오르면서 보았던 오른쪽의 봉분 둘에 대해 물었다. 여기서는 왼쪽으로 보인다.

　　“아, 그 무덤은 삼풍백화점 붕괴 사고로 죽은 두 모녀의 무덤이라고 합니다.”

경찰들은 곧바로 내려갔고, 나는 돌발 제의를 하였다.

　　“슬픈 사연을 지닌 무덤이니, 내려가는 길에 우리가 잠시 들러 그 영혼이라도 위로해 줍시다.”

모두들 그렇게 하자며 기꺼이 동조를 한다.

발길을 옮겨 모녀의 봉분으로 향하는데, 깎아 만든 길 곁으로 푸석푸석한 흙이 부슬부슬 떨어진다. 땅에 생기가 없어 일어나는 현상으로 지반이 약하다는 증거이다. 잘못하면 모녀가 잠든 여기마저 무너지는 것은 아닐까 걱정이 든다.

누가 최근에 다녀간 모양이다. 생화가 담긴 꽃바구니 하나가 봉분 앞에 외롭게 놓여 있다. 우리는 두 모녀의 봉분 앞에 서서 간단히 예를 올렸다.

나라가 올바로 다스려져야 이런 억울하고도 참혹한 희생이 없을 텐데. 우리들은 앞날의 정치 현실이 더욱 더 밝아지길 간절히 염원하면서, 이 깊은 산중에 쓸쓸히 묻힌 두 모녀의 무덤을 측은한 눈길로 보듬었다. 서쪽 하늘에 석양이 붉게 물든다. '산바람'을 쐬는 사람들은 말을 잃었다 ■

》)가는 길 ────────────────────────────────

　① 지방에서 찾아갈 경우에는 경부고속도로의 서안성나들목으로 나간 다음 45번 국도를 이용하여 용인 방향으로 16km를 직진하면 이동저수지 옆에 자리 잡은 묘봉교라는 다리가 나온다. 묘봉교에서 2.5km 가량 들어가면 중리마을삼거리가 나오는데, 여기서 우회전을 해서 700m 가량 직진하면 콘크리트 포장도로의 끝에 묘역의 주차장이 나온다.

　② 서울 쪽에서 갈 경우에는 경부고속도로의 수원나들목에서 나가 우회전하여 42번 국도를 이용해 용인에 다다른 다음 우회전하여 45번 국도를 타고 안성 방향으로 14km 가량 내려가면 묘봉교가 나탄난다.

관악산冠岳山은 생긴 형상이 마치 관冠처럼 뾰족한 아름다운 바위산이라 하여, 그렇게 이름이 붙여진 산이다.

그러나 날카로운 자태로 인해, 예로부터 쳐다보기도 꺼려지는 산으로 간주되어 왔다.

풍수로 보아, 서울 남쪽에 있는 불산에 해당하기 때문이었다.

1. 관악산과 풍수지리

산과 들에 고운 빛의 꽃들이 도처에 피어오르는 3월의 마지막 날이다. 버스가 서울을 벗어나자, 곧바로 과천 땅이다. 오른쪽 차창으로 해발 632m의 관악산이 육중한 자태를 드러낸다.

백두산에서 출발한 백두대간룡은 지리산의 천왕봉까지 가는 중간에, 보은의 속리산에서 한남금북정맥漢南錦北正脈으로 나뉜다. 한남금북정맥은 죽산의 칠현산七賢山까지 달려와, 다시 금북정맥을 남으로 흘러 보낸 뒤, 한남정맥의 흐름을 보이며 김포, 강화까지 달려 나간다. 그런데 부아산負兒山과 석성산石城山을 거쳐, 수원 광교산光敎山(해발 582m)과 백운산白雲山(해발 564m)을 지나는 한남정맥은 다시 한 줄기를 뻗어내려 청계산淸溪山을 솟아 올린다.

그리고 남은 힘을 몰아 다시 북진을 해서 인덕원 고개에서 아주 큰 과협을 한 다음, 관악산을 힘 있게 세운다. 그 기운은 다시 남태령을 지난 뒤, 마침내 우면산牛眠山으로 용솟음을 하고 멈추었다.

관악산冠岳山은 생긴 형상이 마치 관冠처럼 뾰족한 아름다운 바위산이라 하여, 그렇게 이름이 붙여진 산이다. 그러나 날카로운 자태로 인해, 예로부터 쳐다보기도 꺼려지는 산으로 간주되어 왔다. 풍수로 보아, 서울 남쪽에 있는 불산(왕도남방지화산王都南方之火山)에 해당하기 때문이었다. 삼막사三幕寺가 자리 잡은 바로 옆의 삼성산 또한 같은 취급을 당하였다.

조선 초기 도읍터를 정하는 과정에 있었던 무학無學 대사와 정도전鄭道傳의 의견

대립은 대개가 알고 있는 사실이다. 관악산을 정남향으로 바라보고 궁궐을 세우면, 관악산의 살기가 궁성을 위압하여 국가가 평안치 않다는 무학 대사의 주장이 먼저 있었다. 화기火氣는 화재와 병란을 암시한다. 그러자 남쪽에 둘려진 큰 강물인 한강이 관악산의 화기를 막아 내니, 관악산을 바라보며 정남향으로 궁궐을 세워도 무방하다는 정도전의 주장이 대두하였다. 결국 궁궐은 정도전의 의견에 따라 관악산을 바라보며 정남향을 하고 세워졌다.

그런데 이게 무슨 일일까? 한양에 정도定都한 이후로, 도성에는 왕자의 난과 화재가 연이었다. 그래서 풍수설에 따라 불의 산인 관악산과 삼성산의 불기를 끊는다는 비보책裨補策으로, 서울 남대문 바로 앞에 남지南池라는 연못을 인공적으로 조성하였다. 연못뿐만이 아니다. 남대문의 현판에 숭례문崇禮門이란 글씨도 결국 세로로 쓰여지게 되었다.

현액懸額의 글씨는 가로로 쓰는 것이 관례이다. 숭례문이란 현액을 세로로 쓴 것은 관악산과 삼성산의 화기가 도성으로 번지는 것을 막는다는 의미에서였다. 그리고 예禮란 글자를 오행五行으로 따져 보면, 이는 화火에 속한다. 화를 오방五方으로 따지면 남南에 해당한다. 따라서 남쪽에 불을 지른다는 뜻이 되니, 이는 맞불 작전인 셈이다.

숭례崇禮라는 글자는 세로로 써야 불이 더 잘 타오르는 모양이 된다. 그래서 활활 타오르는 숭례문의 화기로 불산에서 옮겨오는 불을 막을 수 있다고 여겼다. 숭례문의 현판은 양녕대군의 솜씨이다.

뒷날 흥선대원군이 집정해서 경복궁을 재건할 때의 일이다. 화재와 병란으로 계속되는 관악산의 불기운을 막아 내기 위해, 대원군은 물짐승인 해태 조각상을 궁궐의 대문이나 건물의 좌우에 안치하도록 하였다. 또 관악산 꼭대기에다 우물을 판 다음, 구리로 만든 용龍을 우물에다 넣어서 화기를 진압토록 하였다. 관악의 주봉인 연주봉戀主峰에 아홉 개의 방화부防火符를 넣은 물 단지를 묻은 것도 같은 맥락이었다.

관악산의 화기는 민간의 풍습에도 적지 않은 영향을 끼쳤다. 실례로, 서울의 양반들이 모여 사는 가회동 일대 북촌北村에서는, 관악산을 마주하고 있는 집에서 자라난 규수와는 혼인을 거절하기도 하였다. 주민들 역시 관악산을 마주 보는 택지를 피한다든지, 부득이한 경우에는 친정으로 가 아이를 낳는 풍습까지 있었다. 관악산을 마주 보고 자란 여자들은 불같은 성미를 지녔다고 여긴 때문이었다. 이는 불이 열정적이고 가변적이기 때문에, 관악산의 화기를 쏘인 여인은 요망스럽고 음탕하여 일부종사一夫從事를 할 수 없으리라고 여긴 까닭이다.

관악산의 그 서러운 숙명 때문이었을까? 과천에서 사당동으로 넘어가는 고개 남태령南泰嶺은 지난날 산적들이 길손의 행장을 터는 길목이기도 하였다. 서울 남쪽의 가장 큰 고개라는 뜻을 지닌 자랑스런 이름이었음에도, 산적들의 소굴로 전락하고 만 것이다. 서울을 목전에 둔 진입로 남태령에서 길손들이 산적들에게 얼마나 호되게 경을 쳤으면, '서울 무서워 과천서부터 긴다' 는 속담이 생겨났을까?

그러나 산맥의 흐름으로 보면, 과천은 썩 잘 짜여진 구도를 지닌 지역이다. 앞서 언급한 대로, 한남정맥의 한 가닥이 북쪽 자락으로 빠져나와 커다란 S자 모양으로 감도는 곳이다. S자의 위쪽 터진 곳에는 신도시 의왕儀旺이 자리를 잡았지만, 과천은 일찍이 고구려 때부터 S자의 아래쪽 터진 곳에 자리를 잡아 왔다. 지도를 펴고 산세의 흐름을 좇아 보면, 이를 선명하게 알 수 있다.

이렇게 포근히 자리 잡은 과천 땅 한가운데로 양재천이 흐른다. 인덕원 고개에서 발원한 양재천의 맑은 물은 과천의 너른 들을 지나면서, 알곡들을 품은 대지를

흡족하게 적시고 있다. 흐름조차 정부종합청사를 넉넉하
게 감싼 다정한 품새이다.

　고구려 때 과천의 지명은 동사힐冬斯肹 또는 율목군栗木
郡이었다. 고려 때는 과주果州로 불리다가, 조선 태종 13년
(1413)에 들어서야 비로소 오늘의 지명 과천으로 불리게 되
었다. 그런데 고구려 때의 지명 '동사힐'의 어원을 따져보
면, '돋할(日出)'로 추측된다고 한다. 따라서 이 설명을 따
른다면, 과천은 해가 뜨는 마을이란 이름을 일찌감치 지니
고 있었다 ▣

2. 조선의 팔대 명당, 청풍 김씨 발복지

과천을 지난 버스가 의왕으로 들어섰다. 그리고는 계속해서 시청 표지판을 따라 달린다. 첫 답사지가 의왕시청 뒷산에 자리를 한 탓이다. 고천사거리를 막 지나 버스가 선다.

조선의 8대 명당 가운데 하나로 꼽히는 청풍淸風 김씨金氏 발복지는 고천동의 오봉산에 있다. 원래는 산봉우리가 다섯 개라고 해서 오봉산五峯山이라고 불렸던 산이다. 그런데 언제부터인가 '봉우리 봉(峯)' 자가 '큰새 봉(鳳)' 자로 바뀌어, 근자에는 '오봉산五鳳山'이라고 지도에까지 표기된 산이다.

의왕시청 앞에서 보면, 청사 건물 뒤로 야무지게 생긴 봉우리 다섯 개가 나란히 나타난다. 그런데 자세히 살펴보면, 끝에 봉우리 한 개가 더 있기도 하다.

오봉산은 비록 작고 야트막하지만, 한남정맥의 대간룡大幹龍이다. 한남정맥이 수원의 광교산과 백운산을 지나 안양의 수리산水理山(해발 475m)을 향해 뻗어 가는 중간에 작은 봉우리 대여섯 개로 솟구친 산이다. 따라서 작다고 해도 산천의 정기가 응집되어 있을 뿐 아니라, 수려한 경관을 자아내는 산이기도 하다.

다섯 개의 봉우리 중에, 첫째 봉우리에서는 '약바위'가 독특하고도 기묘한 모양을 자랑한다. 구전에 따르면, 옛날하고도 아주 오랜 옛날에 마고 할머니가 돌을 이고 가다가 이곳에 떨어뜨려 바위에 따리 자국이 생겼다고 한다. 그런데 비가 오면 여기에 빗물이 고이는데, 이 물이 어찌나 영험한지 팔·다리·등의 피부병에 특효라고 한다. 그 후로부터 이 바위를 '약바위'로 불렀다고 한다.

그리고 병풍을 닮은 '병풍바위'가 약바위 북쪽 약 50m 지점에 있다. 바위가 깎아지른 듯 솟았다.

다섯 개 봉우리 가운데, 제일 마지막 봉우리에는 두꺼비 형상을 하고 있는 '두꺼비바위'가 있다. 여기에도 재미있는 이야기가 깃들여 있다. 이 두꺼비의 입은 이동의 창말을 향해 있고, 꽁무니는 오전동의 오매기(오늘날의 오마동 五馬洞)를 향해 있다고 한다. 그래서 두꺼비가 창말에서 밥을 먹고 오매기에다 대소변을 누기 때문에, 창말은 가난하고 오매기는 부자 마을이 되었다는 것이다. 실제 창말은 빈촌이고, 오매기는 부촌이라고 한다.

청풍 김씨 가문이 조선 중기 이후 줄줄이 부자父子 영의정에 삼정승과 육판서를 배출하여, 조선의 명문가로 자리 잡은 것은 오봉산의 정기를 받았기 때문이라 한다. 그런데 청풍 김씨들이 이곳에다 산소 자리를 잡게 된 배경에 대해서는, 다음과 같은 전설 두 개가 전해 온다.

옛날 풍수지리에 밝은 두 지관이 팔도 유람을 하였다. 그들이 이 근처를 지나던 때였다. 큰 봉황이 알을 품고 있는 듯한 형상을 한 이곳의 가옥 하나를 그들은 혈처로 보았다. 그래서 명당의 반응이 어떻게 나타나는지 확인하기 위해, 몰래 마루 밑에 땅을 파고 솔잎을 묻어 두었다. 그리고는 1년 뒤에 다시 와서 솔잎이 어떻게 변했는지 보자고 하였다.

본래 이 자리는 부자인 석씨石氏네 집터였다고 한다. 그런데 마침 이 집에 놀러왔던 김인백金仁伯의 아들 극형克亨이 이들의 얘기를 엿들었다. 1년 뒤, 그는 지관들이 오기로 한 날짜보다 앞서 이곳에 찾아왔다. 그리고는 마루 밑에 묻어 둔 솔잎을 확인해 보니, 솔잎은 어느 때부터인가 누런 황금빛으로 변해 있었다. 이곳이 혈이라는 것을 안 김극형은 얼른 썩은 솔잎을 끌어다가 황금빛 솔잎과 바꾸어 놓았다.

정확하게 1년이 지난 뒤, 두 지관이 다시 왔다. 솔잎을 확인해 보니, 예상과는 달리 솔잎은 모두 썩어 있었다. 그들은 믿을 수 없다는 듯 고개를 갸우뚱거리다가, 마침내 다른 곳으로 멀리 떠났다.

세월이 흘러 김극형은 친구인 주인 석씨를 설득하여 이 집을 매입하였다. 그리고는 어머니 안동安東 권씨權氏가 돌아가시자 집을 헐고는, 마루가 있던 자리에 장례를 치루었다.

다음의 전설은 더욱 긴 형식에다, 더욱 황당한 내용으로 이루어져 있다. 앞서 소개한 전설보다 현실감이 떨어진다. 이는 안동 권씨 사후에 아주 큰 발복이 일어나자, 점혈占穴 과정이 더욱 과장되고 신비화된 탓이리라.

옛날에 중국에서 어떤 지관 하나가 무슨 일로 그만 죄를 얻게 되었다. 그것도 역적이라는 죄명을 뒤집어써서, 그나마 목숨이라도 건지기 위해 조선 땅으로 피신을 왔다. 겨우 도망을 온 터라 가진 것도 없어, 그는 별로 먹지도 못하고 제대로 입지도 못했다.

어느 날 그는 기진맥진한 모습으로 이곳 의왕까지 와서, 저잣거리의 한 구석에 멍하니 앉아 있었다. 그런데 우연한 계기로, 초라한 초립동이 차림의 중국 지관 곁에 앉았던 청풍 김씨 한 분이 그를 딱하게 여겼다. 그리고는 집으로 데리고 가 음식을 내주고, 옷도 새로 마련해 주면서 며칠 쉬다 가라고 하였다.

마침 그때 김씨 댁 할머니가 중환이 들어, 매우 위독한 상태로 사경을 헤

》가는 길

경기도 의왕시 고천동 오봉산에 있다. 의왕시로 가서 시청 표지판을 따라가면 시청의 뒤쪽으로 고천사거리가 나오고, 이 위쪽에 청풍 김씨의 발복지가 있다. 시내버스 종점의 바로 뒤이다.

매고 있었다. 이에 중국에서 온 지관이 할머니의 병환을 살펴보았다. 도저히 소생할 가망이 없음을 판단한 그는 김씨에게 이렇게 말을 건네었다.

"제가 아무것도 모르는 사람이지만, 노부인의 병환은 아무래도 회복하시기 어려운 지경에 이른 것 같습니다. 그런데 저는 이렇게 타국에 와 생면부지인 당신을 만나 겨우 고생을 벗어나 이제 몸도 다 회복하였습니다. 당신께 고마움을 표시해야 할 아무것도 지니지 못하였으나, 다만 중국에서 약간 배운 눈이 있는지라 저 노부인을 모실 산소 자리라도 하나 추천하도록 하겠습니다."

김씨는 중국 지관의 말이 하도 고마워서 함께 산소 자리를 보러 나섰다. 그러자 지관은 앞에 바라보이는 오봉산을 살펴본 다음, 함께 그리로 가자고 하였다. 김씨가 지관의 뒤를 따라 오봉산에 이르러 뒤편으로 돌아가니, 어떤 집 한 채가 나타났다. 지관은 이 집터가 자리라고 일러주는 것이었다. 그리고는 광중을 만들 자리까지 지정하여 주는데, 바로 장독대가 있는 지점이었다.

김씨는 딱하였다. 아무리 자기 노모를 모실 자리로써 명당을 추천받았다고는 하지만, 어엿이 살림을 차리고 있는 남의 집에 들어가 집터를 산소 자리로 양보해 달라고 하기가 못내 어려웠다. 그래서 여러 시간을 끙끙거리다가 마침내 큰마음을 먹고 그 집으로 들어갔다. 그리고 자초지종을 이야기하고 찾아온 뜻을 말하였다. 처음부터 쉽게 승낙을 받으리라고는 생각하지 않았으나, 역시 그랬다. 뿐만 아니라, 집주인에게 이만저만한 노여움을 산 게 아니었다. 김씨는 결국 사과의 말을 남기고 되돌아올 수밖에 없었다.

그런데 참으로 이상한 일이 벌어졌다. 김씨가 그 집터에서 돌아온 날 밤에, 그러니까 집터를 산소 자리로 양보하여 달라고 말을 건넸다가 오히려 잘못했다고 사과까지 하고 돌아온 날 밤에, 어찌된 영문인지 그 집에 불이 나서 몽땅 타 버리고 말았다. 그리고 바로 그날 밤 같은 시각에 김씨 댁 노부인 또한 세상을 뜨고 말았다.

마을에는 이야깃거리가 생겼다. 멀쩡하게 집 짓고 사는 이에게 산소 자리로 내어 달라고 한 것 자체도 이야깃거리인데, 거절한 날 밤에 이상하게 원인 모를 불이 나 집 한 채를 몽땅 태웠고, 뿐만 아니라 김씨 댁 노부인 또한 시간을 맞추어 운명하셨으니 더욱 그러하였다. 그래서 말하기 좋아하는 사람들은 김씨네가 그 집터를 산소 자리로 쓰려고 일부러 불을 질렀다느니, 혹은 불이 난 것은 그 집터가 김씨네 노부인 산소 자리로 이미 하늘이 정해 준 것이어서 그렇다느니, 말은 꼬리에 꼬리를 물고 이어나갔다.

아무튼 산소 자리를 위한 이야기가 당시 양가 사이에서 본격적으로 거론되었다. 결국 원만한 합의를 얻어 타 버린 집터에 김씨가 묘를 쓰게 되었다.

장례를 치르기 전날, 중국에서 온 지관은 다시 김씨에게 이렇게 말하였다.

"이제 노부인을 모실 자리도 확정되었으니, 저로서도 그간의 은혜에 보답할 수 있게 되었습니다. 다만 한 가지 꼭 드리고 싶은 말씀이 있습니다. 이것은 꼭 지켜 주시기 바랍니다. 노부인을 모시기 위해 땅을 파서 광중을 만들 때, 얼마만큼 파 내려가면 펑퍼짐한 돌에 부닥칠 것입니다. 그러면 그 이상 더 파지 마십시오. 꼭 지켜야 합니다."

그리고는 다시 옷을 가다듬어 입고, 이번엔 떠나는 인사를 하였다.

"이제 저는 중국으로 돌아갈 때가 되었습니다. 천지의 운행을 보니, 저의 죄가 누명임이 밝혀졌습니다. 역적의 누명이 깨끗이 씻겼으니 이제 떠나야 겠습니다. 거듭 부탁드리는데, 광중에 펑퍼짐한 돌이 나타나거든 더 이상 파 내려가지 마시고 그 위에 그냥 하관하시기 바랍니다. 안녕히 계십시오."

말을 마친 지관은 훌쩍 길을 떠나 중국으로 돌아가 버렸다.

드디어 장례를 치를 날이 되었다. 산역을 하고, 상여를 모시느라 온 집안이 떠들썩하였다. 산소 자리까지 상여를 모시고 가 광중이 다 마련되기를 기다리고 있을 때였다. 일하던 사람들이 웅성거리기 시작하였다. 광중을 파는 주위에서 구부리고 있던 사람들도 한몫 거들고 있었다.

"더 파야지. 너무 얕지 않아?"

"아냐, 그만 파라고 했어. 여기 봐. 돌이 놓였지 않아?"

"그렇지만 이렇게 광중이 얕아서야…."

"상관없어, 더 파지 마!"

"이럴 게 아니라, 상주喪主에게 직접 보이고 결정하세."

사람들은 결국 상주인 김씨에게 사실을 말하고 처분을 바랐다. 김씨는 이야기를 듣고 직접 가 보았다. 분명히 중국 지관이 말한 대로였다. 그러나 광중으로는 너무 얕아 보였다. 그도 혼자 결정하기가 망설여졌다. 일단 작업을 중단시킨 김씨는 급히 가족회의를 열기로 마음을 먹었다. 그래서 산소 가까운 곳에 대기중인 상여 앞으로 가서 문중의 어른들과 구수회의를 가졌다.

광중을 파던 산역꾼들도 한동안 쉬기 위하여 멀리 나무 그늘로 갔다. 다만 김씨네 막내아우만이 홀로 광중을 지키고 있었다. 원래 광중을 파게 되면 반드시 누군가가 지키고 있게 마련이다. 혼자 광중을 지키고 있던 막내는 지금 말썽이 되고 있는 펑퍼짐한 돌을 내려다보았다. 그리고는 슬며시 광중으로 들어섰다. 다시 펑퍼짐한 돌 위에 올라 서 봤다. 그런데 밑에 무슨 돌이 있는지 어떤지, 펑퍼짐한 돌이 기우뚱거렸다. 그는 무심코 돌 한쪽 끝을 들어 올렸다. 그런데 이게 웬일인가? 펑퍼짐한, 흡사 구들장 같은 돌을 들어 올리고 고개를 숙여 내려다보자마자, 그는 '윽!' 하면서 다시 돌을 놓아 버렸다. 순간, 무엇인가 둔탁한 소리를 내며 부러지는 소리가 났다. 그러자 넓적한 돌은 제자리를 잡았다. 막내는 놀란 가슴을 어루만지며 눈을 지그시 감았다. 그러나 눈앞에는 돌 아래 펼쳐졌던 광경이 생생하게 떠올랐다. 돌 밑에는 돌로 된 옥동자 다섯이 앉아 있었고, 그들을 향하여 그들보다 조금 더 큰 옥동자 하나가 서 있었다. 흡사 다섯 옥동자에게 무엇인가 일러주고 있는 듯한 광경이었다.

막내는 너무 놀라 쳐들었던 돌을 놓는 순간 무엇인가 부러지는 듯한 소리를 생각해 냈다. 그래서 돌 위에 올라서서 이 구석, 저 구석을 밟아 보았다. 그런데 또 놀라운 일이 벌어졌다. 돌을 쳐들기 전까지 기우뚱거리던 넓적한 돌이 이젠 조금도 흔들리지 않고 꽉 제자리에 끼어, 이가 맞은 듯이 꼼짝도 하지 않았다. 그제야 아까 무엇인가 부러지는 듯한 소리는 바로 다섯 옥동자 앞에 서 있던 큰 옥동자의 머리가 부러질 때 난 소리로 여겨졌다. 머리가 부러지기 전에 펑퍼짐한 돌이 걸려서 기우뚱거렸을 것임이 분명하였다.

이윽고 상여 앞에서 벌어진 긴급회의가 끝났다. 그들은 광중의 펑퍼짐한 돌을 제거할 것인가, 말 것인가를 의논하였으나, 끝내는 중국 지관의 말을 따르기로 하였다. 그래서 돌 위에 그냥 하관을 하고서 묘를 만들었다.

산소가 다 치성되고 나서도, 막내는 자신이 보았던 광경이 너무나 무서워 아무에게도 이야기하지 않았다. 그러니까 이 산소에 관한 비밀은 막내만이 알고 그냥 지켜져 온 것이다.

한편 중국으로 돌아간 지관은 자기 아버지에게서 꾸중을 듣게 되었다. 갖은 고생을 겨우 마치고 집에 돌아온 아들에게 아버지는 이렇게 나무라는 것이었다.

"보아 하니, 너는 너의 목숨을 아껴 주고 구해 준 조선 땅의 청풍 김씨 댁에 은혜는 못 갚을지언정, 역적의 집안으로 인도하였구나. 어찌 그럴 수가 있느냐? 어서 빨리 되돌아가서 그 산소를 옮기도록 하여라!"

아들은 연유를 물었다.

"그게 무슨 말씀입니까? 저는 조선 땅에서 가장 좋은 길지로 은혜를 갚았다고 생각하는데요."

"아직 멀었다! 너는 아직 모르는 것이 있다. 그 자리에는 다섯 정승을 거느리고 역적모의를 하는 또 하나의 옥동자가 있느니라. 그가 바로 김씨 집안을 역적의 집안으로 만들 후손이니라."

지관은 새삼 아버지의 지혜에 탄복하고 그 길로 다시 조선으로 건너와 김씨 댁을 찾았다. 뜻하지 않게 지관을 다시 만난 김씨 댁에서는 이만저만 반가운 것이 아니었다. 그런데 중국의 지관은 들어서자마자, 자기가 잡아준 산소를 다른 곳으로 옮기자고 제의하면서 서둘렀다.

마침 김씨네 막내도 한자리에 있었다. 이제는 더 숨길 수 있는 처지가 아니었다. 아니, 숨겨서는 안 되겠다고 판단을 하였다. 그래서 여러 사람들 즉 집안 식구와 중국 지관 앞에서 장례식날 광중에서 겪었던 일을 모조리 차근차근 이야기하였다.

자초지종을 듣고 난 중국 지관은 그제야 한숨을 푹 쉬면서,

"그럼 되었소! 그날 부러진 것이 바로 다섯 옥동자 앞에 서 있던 큰 옥동자의 목이 틀림없소. 그렇다면 이제 역적은 사라지고 그 대신 정승이, 그것도 여섯 정승이 나올 것입니다."

하면서 저으기 마음을 놓는 듯하였다.

그 후에 정말로 김씨 집안에는 여섯 정승이 계속 쏟아져 나왔다는 것이다. 그리고 그것은 저 오봉산 봉우리가 그 산 이름처럼 다섯 개이지만 사실은 가만히 바라보면 한쪽 끝에 또 하나의 작은 봉우리가

있음을 발견하게 되는데, 이것이야말로 모두 여섯 개의 봉우리, 즉 여섯 정
승을 암시하는 것이란다.

아무튼 김인백의 처 안동 권씨가 이곳에 묻힌 뒤, 청풍 김씨 집안에 발복이 시작
되었다. 화순 현감을 지낸 극형(1605~1663)의 아들 징澄이 전라관찰사를 지냈고, 징
의 아들 구構(1649~1704)는 육조의 판서를 두루 거쳐 우의정에 올랐다. 그는 당시
치열했던 노론과 소론의 당쟁 완화에 진력한 당대의 명신이 되었는데, 글씨와 문장
에도 뛰어났다.

김구의 아들 재로在魯(1682~1759)는 영조 때 40년간 관직에 있으면서 20년 동안
정승 자리를 지켰는데, 영의정만 네 차례 역임하였다. 그는 영의정 재임 기간 동안
세조의 왕위 찬탈 과정에서 억울하게 숨진 황보인皇甫仁, 김종서金宗瑞 등의 명예를
회복시키기도 했다.

김재로의 아들 치인致仁(1716~1790)도 영조 때 영의정에 올랐다. 따라서 아버지
와 아들이 연이어 영의정을 지냈고, 할아버지 김구까지 3대에 걸쳐 정승이 연달아
나온 것이다. 역사상 3대 정승을 낸 집안은 청송 심씨沈氏와 달성 서씨徐氏 그리고
청풍 김씨 세 가문밖에 없다.

징의 차남이자, 구의 동생 유楺는 숙종 때 대제학을 지냈다. 그리고 유의 아들 취
로取魯(1682~1740)는 영조 때 판서를 지냈다. 약로若魯(1694~1753)는 영조 때 좌의정
을, 상로尙魯(1702~1766)는 영조 때 영의정을 지냈다. 이렇듯 거의 같은 시기에 한
가문에서 4대에 걸쳐 여섯 명의 정승을 배출하였으니, 이들은 '사대육상四代六相'
이라 불리며 장안의 화제가 되었다.

이후에도 수많은 인재가 이 가문에서 나왔다. 근세의 인물로는 구한말 이름 높
았던 학자이자 독립운동가였던 김윤식金允植과 김규식金奎植이 있고, 소설 「동백
꽃」의 작가 김유정金裕貞도 이 집안의 후손이다.

청풍은 지금의 충청북도 제천시 청풍면이다. 청풍 김씨의 시조는 고려말에 생원
으로 벼슬길에 올라 뒷날 문하시중에 이르러 청풍부원군淸風府院君에 추봉된 김대
유金大猷이다. 이전의 선계先系는 신라 경순왕의 아들 김은설金殷說로부터 이어지
는데, 기록을 잃어 버려 정확히 알 수 없다고 한다. 청풍 김씨는 조선 효종에서 정

조 연간에 정승 8명, 대제학 3명, 왕비 2명을 배출하였다. 조선조의 문과 급제자 수는 총 110명에 이르렀다.

고천사거리를 지나자마자, 버스가 길가의 밭 옆에 선다. 산자락에 연분홍 진달래가 환하다. 위쪽이 묘역이라고 한다. 묘역의 내명당에 해당하는 자리는 꽃밭이 되어 우리를 반긴다.

먼저 신도비 앞에 서서 살펴보니, 정승을 지낸 현손들의 솜씨 일색이다. 재로가 비문을 짓고, 상로가 썼다. 전액篆額은 약로의 손길이다. 세 정승이 이렇게 비를 세워 모셨으니, 저기 누운 현조모께서는 얼마나 자랑스러울까?

이곳의 혈은 마치 새둥지 같은 와혈窩穴이다. 오봉산五鳳山이란 이름으로 상징되는 다섯 마리의 봉황이 둥지에 알을 품고 있는 형상이라 하여, 혈 이름을 **오봉포란혈**五鳳胞卵穴이라고 한다. 또는 다섯 마리의 봉황이 서로 집을 차지하려고 싸우는 형국이라고 해서, **오봉쟁소형**五鳳爭巢形이라고도 부른다. 여기서 알과 집은 혈을 가리킨다.

밝고 환한 묘역이다. 전방을 내다보니, 주변의 야산들도 이곳을 바라보고 감도는 형용이다. 따지고 보면, 주변에 커다란 산이 없다. 대간룡인 오봉산 역시 주산이면서도 그렇게 험하거나 높은 산이 아니다. 야산과 들판을 주변에 두른 아름다운 산이다. 따라서 주변 일대의 산천 정기가 집중되는 자리이다.

오봉포란혈(五鳳胞卵穴) : 다섯 마리의 봉황이 둥지에 알을 품고 있는 형상의 혈.

오봉쟁소형(五鳳爭巢形) : 다섯 마리의 봉황이 서로 집을 차지하려고 싸우는 형국의 혈.

정승과 대학자를 배출한다는 일자문성一字文星이 먼저 안산으로 앉았다. 그리고 삼길육수三吉六秀 방위를 비롯해서 모든 방위마다 귀인봉貴人峰들이 중첩으로 감싸고 있다. 어느 산 하나도 이 자리를 배신하질 않았다. 조선의 팔대 명당다운 사격砂格이다.

입수도두처에서 무덤까지는 아주 가파른 기울기이다. 급急이면 완緩이요, 완이면 급이라고 이렇게 뚝 떨어진 것을 보면, 묘소의 뒤쪽으로 필시 경사가 완만한 용맥이 미루어진다. 입수도두처 뒤로는 느긋한 기울기이다. 그러나 용은 대단히 활기가 넘치는 용이다. 2~3m의 짧은 거리도 그냥 반듯하게 나아가기가 답답했는지, 좌우로 계속 몸을 비튼 용이다. 생기가 발랄한 용이다. 모두 감탄을 자아내는 장엄한 행보를 하는 용이다. 능선을 따라 얼마를 올랐을까? 동쪽으로는 시청 청사 뒤쪽에 조성된 농구 코트가 보이고, 서쪽으로는 과수원이 보이는 곳에 결인속기처가 나타난다. 결인속기처는 해당하는 용과 혈이 지니고 있는 특징을 가장 잘 보여주는 곳이다. 오봉산 봉우리의 험한 살기를 털고 내려온 용이 혈을 토해 내기 직전에 마지막으로 허물을 벗는 곳이다. 그래서 곱고 고운 혈토를 만들어 미리 내보이는 곳이다.

이곳의 결인속기처는 마치 미인의 목처럼 생겼다. 상당히 가늘고도 긴 아름다운 형상이다. 너무 긴 탓에 중앙 즈음에서 좌우로 가는 지맥을 뻗어 버팀목을 삼았다. 꼭 열 십(十)자 모양이니, 이는 **십자협**十字峽에 속한다. 십자협은 임금 왕(王)자처럼 생긴 **왕자협**王字峽과 함께 항용 지극히 귀한 혈을 낳는다.

좌우에는 예의 영송사가 모습을 보인다. 결인속기처는 용맥이 가늘어진 만큼 바람과 물에 가장 취약한 부분이기도 하다. 따라서 영송사나 공협사가 반드시 있어서 연약해진 목을 보호해 주어야 좋다.

결인속기를 마친 용은 앞에서 다시 약간 볼록하게 솟았다가, 좌우로 각각 능선을 뻗어내려 내청룡과 내백호를 만들었다. 내청룡과 내백호의 품안에 이루어진 내명당이 꽃밭 자리이다. 그것도 바짝 품었으니, 이는 속발을 시사한다.

내백호를 따라 내려가던 용은 잠시 몸을 세웠다가, 다시 왼쪽으로 입수맥入首脈을 뻗었다. **횡룡입수혈**橫龍入首穴이 되었다. 횡룡입수혈은 반드시 뒤를 받쳐 주는 **귀성**鬼星이나 **낙산**樂山이 있어야 한다. 그래야만 몸을 꺾은 반대쪽에 드는 차가운

바람을 막아 줄 수 있기 때문이다. 이곳에는 귀성만 있지만, 귀성 중에서도 가장 좋다는 효순귀孝順鬼이다. 효순귀는 귀성이 마치 소의 뿔처럼 두 개가 나란히 솟은 모양인데, 혈은 두 귀 사이의 반대편에 맺히기 마련이다. 효순귀 바로 위에, 오봉산 등산로의 첫 안내판이 서 있다.

정상 쪽으로 조금 더 올라가면서 용맥의 좌우를 보니, 극히 짧은 지각들이 계속해서 몸통을 받치고 있다. 긴 지각들은 어느 정도 거리를 두면서 용맥을 감싸고 있다. 이 용은 복룡福龍이자, 순룡順龍이며, 귀룡貴龍이다.

용맥의 좌우 도처에는 암벽들이 늘어서서 용이 지닌 굳센 힘을 보여준다. 그런데 이곳의 암벽이나 바위들은 하나같이 검은 바탕에 하얀 반점 문양이다. 그것도 도드라진 문양이니, 용비늘을 연상시킨다.

오르락내리락하면서 구불구불 올라 보니, 앞쪽으로 작은 봉우리가 나타난다. 이를 넘자, 또 하나의 봉우리가 앞을 막는다. 갈수록 태산이라더니, 마치 그 꼴이다. 능선을 따라 대여섯 봉우리가 연잇는 탓이다. 아울러 개장과 천심의 변화가 계속되고 있다는 증거이다.

약바위가 있는 제일봉이 바짝 다가든다. 정상 주변에는 바위들이 마치 따개비처럼 빙 둘러 달라붙었다. 작아도 대간룡인 오봉산의 힘찬 기운이 엿보인다.

≋ **십자협**(十字峽) : 열 십(十)자처럼 생긴 과협.

≋ **왕자협**(王字峽) : 임금 왕(王)자 모양의 과협.

≋ **횡룡입수혈**(橫龍入首穴) : 행룡하는 주룡의 측면에서 입수룡이 나와 혈을 결지하는 형태.

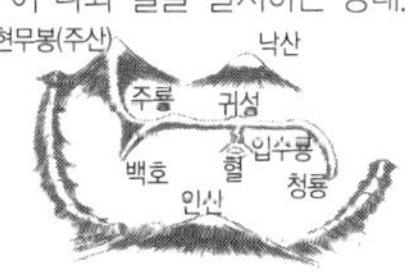

≋ **귀성**(鬼星) : 입수룡의 반대 측면에 붙어 있는 작은 지각으로, 용과 혈을 지탱하고 기운을 밀어줌.

≋ **낙산**(樂山) : 횡룡입수하는 용의 뒤를 받쳐 주면서 서 있는 산.

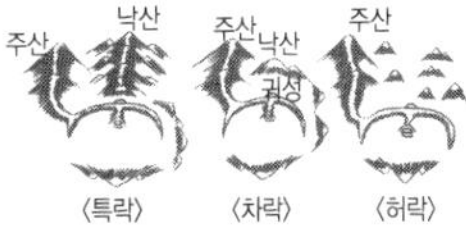

다시 되짚어 내려와 묘역 앞에 섰다. 향을 재기 위해서이다. 이곳은 내청룡이 내백호보다 길다. 산 따라 흐르는 물 역시 내청룡 끝으로 빠져나가니, 파구는 손파巽破다. 물은 좌수도우左水到右하고, 우측에 작은 물이 협출陜出하였다. 좌향은 술좌진향戌坐辰向으로 썼다. 이를 88향법에 비추어 보니, 발부발귀發富發貴하고 복수쌍전福壽雙全한다는 정묘향正墓向이다.

정묘향은 좌수도우하고 우측에서 또 작은 물이 나와 양수협출兩水陜出해야 한다. 곤신파坤申破에 정미향丁未向, 건해파乾亥破에 신술향辛戌向, 간인파艮寅破에 계축향癸丑向, 손사파巽巳破에 을진향乙辰向이 이에 속한다. 정묘향은 부귀를 함께 불러오며, 자손들이 번창해서 건강하게 장수를 한다는 향이다 ■

안동 권씨 부인 묘의 산맥도

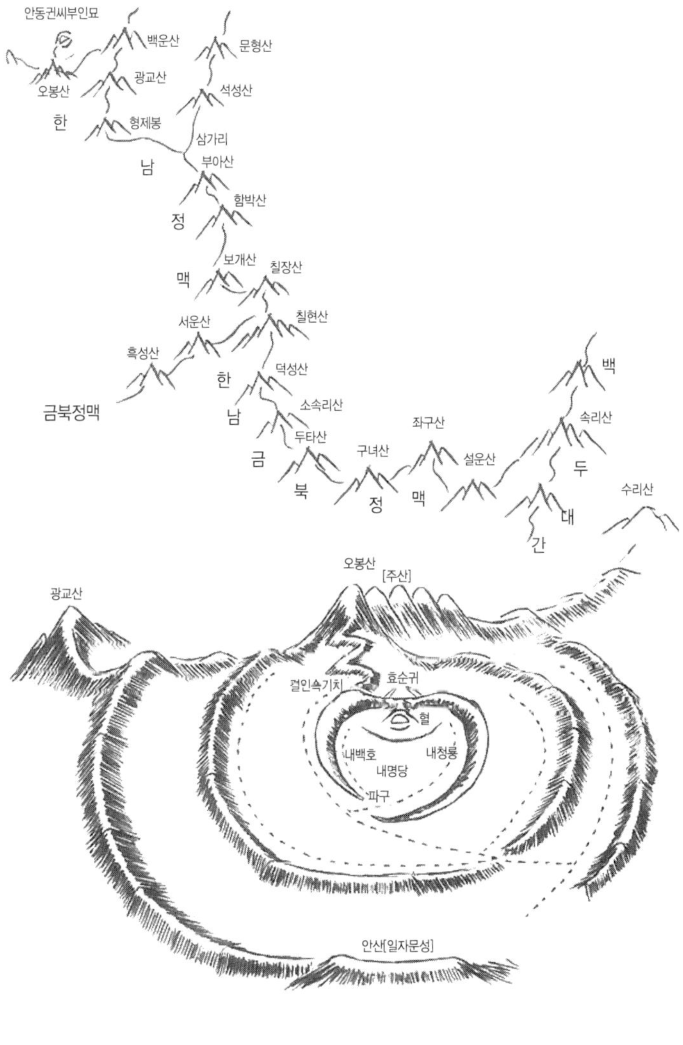

3. 모락산 자락의 임영대군 묘소

다음 방문지는 세종대왕의 넷째 아들 임영대군臨瀛大君(1418~1469)의 묘소이다. 버스가 의왕시를 벗어나, 백운호수를 가리키는 안내 표지판을 따라 달린다. 과천과 의왕을 잇는 312번 유료도로를 따라 백운호수로 가는 길은 상당히 빠르긴 하지만, 재미가 적다. 이를 아는 사람들이 꽃구경 삼아 더디더라도 구 도로를 타자고 한다.

구불구불 험한 길을 따라 버스가 모락산 자락을 넘는다. 연분홍 진달래가 산그늘에서 타오른다. 길가에는 개나리가 시나브로 시드느라, 연두색 이파리가 노란 꽃더미 아래에 돋아났다. 노란 저고리에 연두색 치마를 차려입은 시골 색시의 수줍은 자태이다. 그런데 곳곳마다 전원 식당과 카페들이 질서 없이 들어서 눈살이 찌푸려진다.

모락산이란 이름에 관해서는 두 개의 전설이 전해 온다.

옛날 세조가 어린 조카 단종의 자리를 빼앗고 왕위에 올랐을 때의 일이다. 사육신과 생육신으로 불리는 일군의 충신들이 단종의 복위 계획을 꾸몄다. 그러나 계획이 사전에 누설되어, 여파가 세종의 넷째 아들이자, 세조와는 형제간인 임영대군에게까지 미치게 되었다. 이에 대군은 장님을 가장하여 모락산 기슭에 와 숨어살면서, 못내 서울을 그리워하였다고 한다. 일설에는, 대군이 마침 눈이 멀었기에 세조가 차마 죽이지 못하고 대신 이곳으로 귀양을 보냈다고 한다. 이때부터 이 산은 '모락산' 이란 이름을 얻었다.

모락산은 한자로 '사모할 모(慕)'에 '낙수 락(洛)'을 쓴다. 낙洛은 중국의 당나라는 물론이오, 이전부터 수많은 나라들이 도읍했던 낙양洛陽을 가리킨다. 따라서 서울을 가리키는 글자로 널리 쓰인다. 모락산이란 이름에는 '서울을 그리는 산'이란 뜻이 담겨 있다는 전설이다.

임진왜란 때의 일이다. 왜군이 물밀듯이 쳐들어와 이곳에까지 들이닥쳤다. 온 마을 사람들은 난리를 피하여 모락산의 어느 굴로 숨어들었다. 그때 어린아이 하나가 미처 굴 속으로 들어가지 못하고 굴 밖에서 울고 있었다. 여기까지 좇아온 왜군들은 아이를 발견하였다. 마을에는 사람이라곤 그림자도 없었거늘, 아이 하나가 산중의 굴 앞에 서서 울고 있는 것을 보고 그들은 의심을 품었다. 그리고는 마을 사람들이 모두 굴 속으로 피신한 것이라 여겨, 굴 입구에 불을 지폈다. 이 바람에 동네 사람들은 전부 굴 속에서 질식해 죽었다.

이때 많은 사람들을 굴 속에 '몰아서' 죽였다고 하여 '모락산'이란 이름을 얻었다는 것이다. 순 우리말로 산의 이름이 지어졌다는 전설이다.

고개를 넘자, 시야가 탁 터진다. 앞쪽으로 해발 500m가 넘는 광교산과 백운산 자락이 출렁이며 이어진다. 바라산 쪽으로 슬쩍 내려앉다가 다시 국사봉으로 불끈 솟았다. 왼쪽 끝으로 청계산 자락이 희미하게 보인다. 청룡이 승천했던 곳이라 해서 일찍이 '청룡산'으로 불려졌던 청계산이다. 산세가 수려하고 숲이 울창하며, 계곡 또한 깊고 아늑한 곳이다. 특히 옛골에서 시작되는 계곡은 강원도의 어느 계곡과 견주어도 손색이 없을 정도로 맑고 깨끗하며 시원하다.

그래서일까? 예로부터 많은 은자들이나 수행자들은 이곳을 즐겨 찾았다. 연산군 때의 유학자 정여창鄭汝昌 선생은 자신의 스승 김종직金宗直과 벗 김굉필金宏弼이 연루된 무오사화를 미리 내다보고 청계산에 은거하였다. 이 과정에서, 생명의 위기를 두 번이나 넘겼다는 뜻의 '이수봉二壽峰'과 피를 토하며 울었다는 '혈읍치血泣峙', 그리고 '하오고개' 등의 이름을 남겼다.

그리고 산자락 고즈넉한 곳에 고찰 청계사가 정갈하게 자리 잡았다. 일제 강점기의 고승 경허鏡虛 대선사가 행자 시절을 보낸 사찰이다.

대군의 묘와 사당은 의왕시 내손동에 있다. 이곳을 능안말(陵內洞)이라고도 한다. 대군의 묘가 이곳에 쓰였을 때부터, 능안말에는 후손들이 세거하여 취락이 형성되었다고 한다. 그래서 지금도 대부분의 주민들은 대군의 후손이라고 한다.

전하는 말에 의하면, 조선 17대 임금인 효종이 돌아가셨을 때의 일이다. 지금의 임영대군 자리가 장지葬地의 하나로 선정되었다고 한다. 그러나 따져보면, 대군은 효종의 먼 선조이다. 그래서 마침내 효종의 묘소는 여주로 정해졌다. 그 후로 마을은 왕릉의 후보지였다고 하여, 능안말로 불리게 되었다고 한다.

대군의 묘역은 크게 보아 3단으로 조성되어 있다.

상단에는 봉분과 비석이 있는데, 봉분은 둘레가 1,650cm, 높이가 210cm로 대형이다. 봉분 주변의 호석護石은 1981년에 새로 축조한 것이다. 동서남북의 모서리에 대나무, 꽃, 새 등의 무늬를 새겨 놓았다. 봉분의 동쪽에는 높이 200cm, 너비 50cm의 비석이 있다. 앞면에 '朝鮮國王子臨瀛大君貞簡公之墓(조선국왕자임영대군 정간공지묘)'라고 쓰여 있고, 뒷면에는 서기로 환산하여 1924년에 세웠다는 기록이 남았다.

중단의 중앙에는 상석과 장명등이 자리를 잡았고, 좌우로 망주석이 하나씩 벌려 있다. 그런데 원래의 상석은 없어져 1981년 새로 만들었는데, 중간에 문고리 모양이 양각되어 있다. 장명등은 숙종 때 세웠다고 한다.

하단에는 동서 양쪽에 높이 250cm의 문인석이 있다. 얼굴에 새겨진 이목구비가

뚜렷하다. 두 손을 모아 쥐고 있는 홀笏도 선명하다.

대군의 신위를 모신 사당은 묘역에서 동쪽으로 약 200m 떨어진 곳이다. 원래 사당의 위치는 마을이었으나, 지금부터 약 180년 전에 현재의 위치로 옮겼다고 한다. 사당은 그다지 크지 않지만, 건물의 짜임새나 전체적인 균형이 잘 맞추어져 있다. 경기도에서 2000년 4월에 문화재자료 98호로 지정하였다.

묘역 뒤로 오르자, 얼마 후 과협처가 나타난다. 서쪽 과수원에 복숭아꽃이 화사하게 만발하였다. 과협처에는 오래된 묘가 봉분의 모양도 잃은 채 스러지고 있다. 3대 내에 절손絕孫을 면치 못한다는 과룡처에 쓴 봉분이다.

오르면서 미리 내다봤지만, 과협처는 밝고 단정한 맛이 떨어진다. 과수원 쪽에서 바람이 조금씩 든다. 과수원 건너로 백호 자락이 감싸 주기는 하였지만, 안온한 맛이 떨어진다. 왠지 허전하다.

사실 이곳의 용맥은 앞서 김인백의 처 안동 권씨 묘소에서 본 용맥보다 밝고 환한 느낌이 다소 떨어진다. 상대적으로 용맥의 크기도 좀 작고, 야무진 느낌도 좀 적다. 그러기에 과협처도 단단한 맛이 떨어지는 것이다. 그러나 절대적으로 보아 상당히 큰 용맥임은 분명하다.

다시 내려오며 보니, 백호 자락이 길게 늘어섰다. 마을을 싸고 앞으로 내려가 안산을 솟아 올린 뒤, 다시 동으로 흘러내려 일자문성이 되었다. 청룡 자락은 묘역을 감싸고 내려가다 이내 멈추어 섰다. 아들보다는 딸이, 장손보다는 지손이 길한 형국이다.

입수도두처도 제법 솟았다. 선익사도 살며시 모양을 드러낸다. 순전은 이제 원래 모습을 찾기가 힘들다. 그런데 입수의 형상이 장입수長入首에 곡입수曲入首다. 입수도두처를 지난 용이 몸을 길게 뻗어가면서 좌우로 변화를 보이느라 굽은 형상이다. 힘 좋은 용이 보여주는 활기 넘치는 움직임이다.

'어라, 제법인데!' 하는 느낌이 지긋하더니만, 이곳에는 혈이 하나 더 있었다. 바로 장명등 주변이 또 한 자리가 된다. 이유는 세 가지로 들 수가 있다.

먼저 사방의 높은 산을 중심으로 동서와 남북을 잇는 두 선을 그어 보면, 교차점이 장명등 자리이다. 이렇게 천심십도가 지나는 곳은 대부분 혈이다. 그것도 발복이 크고 빠른 혈이다. 사방으로 솟은 높은 산들의 빼어난 정기가 집중되는 자리이기 때문이다.

혈판을 보아도 그렇다. 대군의 자리를 만들기 위해 좌우로 펼쳤다가 움츠린 혈판은 장명등을 중앙으로 다시 펼쳐졌다. 두 개의 구슬이 실에 꿰인 연주혈連珠穴의 형상이다.

그리고 하수사가 문인석 아래쪽으로 빗기고 있다. 이는 장명등 자리가 또 다른 혈처라는 명백한 증거이다. 아래쪽에 있는 이언정李彦鼎의 묘 주변으로 물기가 축축하다. 봉분에는 잔디 대신 이끼가 푸른빛을 띠고 있다. 하수사를 따라 내린 물기 때문이리라.

의왕시 내손동 능안마을(陵內洞)에 있다.

① 과천에서 의왕 쪽으로 뻗은 의왕고속도로 곧 312번 유료도로에서 의왕 방면으로 4.3km 즈음에 난 백운호수 쪽으로 내려가는 길을 택하면, 바로 앞의 오른쪽으로 '헤븐'이란 카페가 보인다. 카페 오른쪽의 312번 도로 아래쪽에 난 지하차도를 지나자 마자 능안말이란 동네가 나타나는데, 오른쪽에 보이는 큰 봉분이 임영대군 묘소이다.

② 지방에서 출발하여 영동고속도로를 이용할 때는 북수원나들목으로 나가 안양 쪽으로 3.8km 가량 직진하면 오른쪽에 312번 유료도로 진입로가 나온다. 여기에서 5km 정도 직진하면, 의왕터널을 지나서 백운호수로 나가는 길이 오른쪽으로 나 있다.

전방에는 널찍한 명당이 펼쳐졌다. 명당 가운데로 312번 도로가 가로질러 명당을 쪼갰다. 특히 오른쪽 백호 자락은 도로 때문에 끊어져 아깝다. 큰 부와 귀가 엿보이는 명당인데 안타깝다. 게다가 백호가 만들어 낸 안산에도 철탑이 지난다. 모두가 이곳에 뭉치는 기를 흩트려 놓는 형상이다.

멀리 하늘 아래 좌우로는 국사봉과 백운산이 해발 500m가 넘는 산세를 자랑한다. 중앙의 안산 뒤로는 바라산이 주저앉았다. 오르락내리락하는 산세가 장엄하다. 바라산은 귀인의 형상이다.

우리는 장명등 주변에서 도시락을 풀었다. 모두들 망설임 없이 잔디 위에 그냥 앉는다. 아침까지 비가 왔는데도, 이곳은 어느새 말랐다. 이로 미루어도 장명등 주변 역시 혈이다. 물기가 쉬 차지 않고 빨리 빠지는 뽀송뽀송한 혈이다.

향은 신좌을향辛坐乙向으로, 간인파艮寅破이다. 이는 정양향正養向에 속하는 향법이다. 정양향은 우수도좌右水到左하고 곤신파坤申破에 신술향辛戌向이거나, 건해파乾亥破에 계축향癸丑向, 간인파艮寅破에 을진향乙辰向, 손사파巽巳破에 정미향丁未向이 이에 속한다. 정양향은 자손과 재물이 왕성하게 번창하고, 이름을 날리며 출세하는 자손이 나오는 길한 향이다 ■

4. '동방의 문사' 오산 차천로 선생의 묘소

　과천 시내로 들어온 버스가 다시 동쪽으로 방향을 잡고 달린다. 최근에 그린벨트가 해제되어 전원주택 붐이 일고 있는 문원동으로 향하는 길이다. 시내를 벗어나자, 이내 포근하고 한가로운 마을이 나타난다. 문원동 1단지이다.

　버스는 '숲속자연어린이집' 앞의 주차장에 선다. 문원동 2단지로 들어가는 입구이다. 수로 옆에는 늙은 소나무 몇 그루가 서서 이곳의 역사를 이야기한다. 위쪽으로는 뾰족한 모습을 내민 응봉鷹峰이 보인다.

　어린이집 뒤쪽으로 오르자, 묘역이 나타난다. 상당히 너른 묘역인데도, 봉분은 두 기뿐이다. 아래쪽 초입에 오래된 장방형 묘가 나타나고, 위쪽으로 오산五山 차천로車天輅 선생을 모신 둥근 묘가 서 있다. 가운데가 텅 비어 균형을 잃은 묘역이다.

　모두들 위쪽 봉분으로 오른다. 나는 뒤처진 채로 장방형의 고총 앞에 섰다. 장방형의 봉분은 여말선초麗末鮮初의 양식이다. 고총 앞에 초라한 비문 하나가 섰다. 단기 4281년에, 서기로 환산하면 1948년에 세워진 비이다. 비는 14세손 종량宗亮이 세웠는데, 앞부분은 다음과 같은 내용이다.

果川治之東文院里 惟我五山先子文肅公衣履之藏也
과 천 치 지 동 문 원 리　유 아 오 산 선 자 문 숙 공 의 리 지 장 야

　과천의 치소治所 동쪽 문원리는 삼가 우리 오산 선생의 선조 문숙공의 옷과 신발을 묻어 둔 곳이다.

　오산 선생의 묘 앞에 올라 살펴보니, 이곳의 비 또한 아래쪽의 비와 같은 해인 1948년에 세워진 것이다. 송재성宋在晟이 찬하고, 10세 방손傍孫인 동일東日이 썼으며, 13세 손의 사위인 손경환孫庚煥이 입비立碑를 하였다. 전면에는 '五山延安車公天輅之墓(오산연안차공천로지묘)' 라고 쓰여 있다.

　그런데 비문의 뒷면을 훑어보니, 부인의 묘가 선생 묘의 계단 아래에 있다고 한다. 그런데 지금은 부인 묘가 보이질 않고, 터만 널찍하게 남았다. 1948년 이후 언제쯤인가 어떤 연유에서 다른 곳으로 옮겨갔나 보다. 궁금하지만, 지금으로서는 어떻게 알아볼 도리가 없다.

　차씨車氏는 기원전 2704년 황제黃帝 이래로 시작되었는데, 단군시대에 신갑辛甲이란 분이 평양의 일토산一土山 아래에서 왕씨王氏로 성을 삼았다. 그 후 5세손 왕몽王蒙이 일곱번째 아들 림林을 데리고 지리산에 들어가 10여 년을 수도할 때의 일이다.

　어느 날 신인神人이 나타나 '너희는 성姓을 세 번 바꿔야 크게 일어날 것이다' 하였다. 이에 왕王자의 좌우로 두

획을 더하여 전씨田氏로 하고, 그 뒤에는 위아래로 관통하는 획을 하나 더 그어 신씨申氏로 하였다. 그리고 마침내는 하늘과 땅을 가리키는 두 획을 또 더해서, 차씨車氏로 하였다. 그리고 이름은 무일無一이라 하니, 이분이 바로 차씨의 시조이다. 그리고 신라시대에는 32세 가운데 14명의 승상丞相이 나와, 삼한의 갑족甲族이 되었다.

차씨의 32세는 건갑建甲으로, 승상 벼슬을 하였다. 신라 39대 소성왕이 임종할 무렵 승상 건갑을 불렀다. 그리고는 12살의 어린 태자에게 왕위를 전하면서, '아마도 서숙庶叔인 언승彦昇이 왕위를 찬탈할 염려가 많으니, 연소한 왕을 잘 보필하여 사직을 굳건히 해 달라'는 유언을 남겼다. 건갑은 소성왕의 유지를 받들어 선정을 베풀다가 큰 공을 세우고 세상을 떴다. 이에 애장왕은 왕의 장례에 준하는 예법으로 그를 안장하였다. 이에 세상 사람들은 건갑의 묘를 '차릉車陵'이라 일컬었으며, 소성왕의 묘당에 배향하였다. 그리고 42대 흥덕왕은 건갑이 살았던 고을 기장현機張縣 만화동萬化洞을 높여, '차성車城'이라고 부르도록 하였다.

그런데 뒷날 과연 언승이 애장왕을 살해하고 스스로 41대 헌덕왕이 되어, 사냥을 일삼았다. 승상 차승색車承穡은 아들 공숙恭淑과 함께 전왕前王의 원수를 갚고자, 헌덕왕이 수렵을 마치고 돌아오는 길에 복병으로 하여금 괴멸시키고자 하였다. 그러나 계획이 사전에 탄로가 났다.

이에 생질인 요동백遼東伯 김반전金盤傳의 집에 피신하고 있던 중, '이들 부자를 체포한 자에게는 금 천 근과 식읍 만 호를 상으로 준다'는 방이 나붙었다. 김반전은 욕심이 생겨 밀고하려 하였다. 미리 눈치를 챈 두 부자는 그날 밤 다시 유주儒州의 구월산九月山 묵방동墨坊洞으로 들어갔다. 그리고 조모의 성씨인 양씨楊氏와 뜻이 같은 류씨柳氏로 성을 바꾼 다음, 이름은 승承자를 빼고 색穡이라 하였다. 아들 공숙恭淑도 공恭자를 빼고 숙淑이라 하여 목숨을 보전하며 숨어살았다.

그 후 신라 경명왕 2년에 고려 태조 왕건이 남정南征할 때이다. 승색의 6세손 차달車達은 사재를 들어 수레 천 대와 군량을 보급하여 전공을 세웠고, 왕건은 마침내 삼한을 통합하였다. 그 공으로 차달은 통합삼한익찬벽상이등공신統合三韓翊贊壁上二等功臣이 되어 대승大丞 벼슬에 올랐다. 그런데 그의 이름 차달은 왕건이 내려준 것이었다. 왕건은 '차車로써 목적을 달성하였다(以車爲達)'라는 뜻에서 차달이란 이름을 하사한 것이다. 차달의 본래 이름은 해海였다고 한다.

그리고 차달의 두 아들 중 맏아들 효전孝全에게는 대광백大匡伯 연안군延安君을 봉하고, 연안延安을 식읍으로 하사하여 차씨 성을 계승케 하였다. 둘째 효금孝金에게는 좌윤左尹 문화군文化君을 봉하고, 유씨 성을 따로 계승케 하였다. 이런 연유에서 오늘날까지 차씨와 유씨 두 집안은 형제간이라 하여, 서로 혼인을 하지 않는다.

효전의 5세손 백소伯䚟는 고려 조정에서 예부상서를 지냈고, 6세손 무강茂鋼은 평장사를 지냈다. 9세손 유개幼壃는 간의대부로 평장사에 올랐으며, 12세손 약춘若春은 병부시랑에 올랐다. 그리고 약송若松은 신종 때 수사공과 참지정사를 거쳐, 중서평장사를 역임하면서 가문을 중흥시켰다. 약춘의 손자 척偶은 전군병마사로 김취려金就礪 등과 함께 거란군의 침입을 격퇴하는 데 공을 세워 참지정사에 올랐다. 척의 손자 송우松祐는 원종 때 위사벽상공신衛社壁上公臣에 책록되었다. 그 후 송우의 후손에서 문학공파文學公派·전서공파典書公派·월파공파月波公派·송림백공파松林伯公派 등 4파로 크게 나뉘었는데, 그 중에서도 월파공파를 주축으로 다시 17파로 나뉘었다.

월파공파의 파조派祖인 종로宗老의 아들로써, 두문동 72인 중 한 사람이었던 고려 말의 명유 원부原敷는 공민왕 때 문과에 급제하여, 벼슬이 간의대부에 이르렀다. 그는 당대의 정몽주鄭夢周·이색李穡 등과 함께 명성을 떨친 학자였다.

조선조에 들어와서는, 1467년 세조 때 길주吉州에서 일어난 이시애李施愛의 난을 토벌하는 데 공을 세운 차운혁車云革이 있다. 선조 때는 평해군수를 지낸 식軾의 아들 천로天輅가 문명文名을 떨쳤다. 그의 7세손 좌일佐一도 시문가詩文家로 명성을 날렸다.

또한 차씨 가문에서는 임진왜란 때에도 많은 의사와 열사가 배출되었다. 함경도 일대에서 의병으로 활약하였던 득도得道·응린應麟·덕홍德弘과 평안도와 호남 일대에서 싸워 전공을 세운 은진殷軫·은로殷輅 그리고 광해군 때 요동 출병에서 순절한 재중載重 등을 '육절사六節士'라 하여 높이 추앙하였다.

병자호란 때 의병을 일으켜 싸우다 순절한 충량忠亮·예량禮亮 형제와 종제從弟 원철元轍·충량忠亮의 아들 맹윤孟胤은 문학공파의 인물들로 '차문사의사車門四義士'라고 불렸다.

근대의 인물로는 항일단체 포우단砲牛團을 조직하여 독립운동에 몸을 바친 도선道善과 언론을 통해 독립 정신의 고취와 앙양에 기여한 『대동공보大東共報』의 창간자 석보錫甫, 역시 독립운동가로 상해上海 임시정부의 국무위원을 지낸 이석利錫 등이 차씨 가문을 빛냈다.

전방을 바라보니, 잘 짜여진 모습이다. 청룡과 백호가 두 팔이 되어 묘역을 싸안았다. 오른쪽을 바라보고 감아든 청룡의 끝자락에 어린이집이 자리를 잡았다. 바깥 백호는 아주 유장하게 흘러내렸다. 묘역의 전방 한가운데 즈음에서는 왼쪽이 살짝 들린 일자문성이 얼굴을 내민다. 그리고는 다시 더 뻗어나갔다. 백호안산의 형국인데, 정확한 안산은 능선 앞쪽에서 동그랗게 몸매를 다듬은 동산이다. 스카이라인은 다소 출렁이는 선의 연속이다. 오른쪽 가에는 응봉이 귀인봉으로 솟구쳤다.

그런데 오산 선생의 자리는 혈처라고 보기 어렵다. 전방의 사격들에 비해 우선 높다는 기분이 든다. 게다가 봉분에는 봄 햇살을 받은 이끼가 새파랗게 자라고 있

다. 묘 주변의 지면도 날씨가 풀린 탓에 축축하다. 임영대군의 봉분 주변에서는 그냥 앉아서 점심을 먹었는데, 여기는 그럴 엄두가 나질 않는 곳이다. 필시 3대 내에 절손을 한다는 과룡처이다.

묘는 신좌인향申坐寅向으로 앉았다. 곤좌간향坤坐艮向으로 보기 쉬운데, 자생향自生向을 취하려고 신좌인향 쪽으로 약간 꺾어 쓴 솜씨이다. 물은 우수도좌右水到左에 계파癸破이다.

자생향은 물이 우수도좌히여야 하며, 정미파丁未破에 곤신향坤申向이거나, 신술파辛戌破에 건해향乾亥向, 계축파癸丑破에 간인향艮寅向, 을진파乙辰破에 손사향巽巳向이 이에 해당한다. 아침에는 가난해도 저녁이면 곧 부를 이룰 정도로 발복이 매우 빠르고, 자손이 번창하며 부귀를 이룬다는 향이다.

차천로(1556~1615)의 자는 복원復元, 호는 오산五山・난우蘭嵎・굴실橘室・청묘거사淸妙居士, 본관은 물론 연안, 식軾의 아들로 송도松都에서 태어났다. 서경덕徐敬德의 문인으로, 1577년(선조 10) 알성문과에 병과丙科로 급제, 개성교수를 지내다가 1583년 문과중시에서 을과乙科로 급제했다. 1586년 정자正字 벼슬을 하던 중, 고향 사람 여계선呂繼先에게 표문表文을 대신 지어 주어 장원으로 급제시킨 일이 탄로나 명천明川에 유배되었다.

1588년 탁월한 문재文才가 있다 하여 귀양에서 풀려난 뒤, 이듬해 통신사 황윤길黃允吉을 따라 일본에 다녀왔다. 명나라에 보내는 대부분의 외교문서를 담당하여, 문명이 명나라에까지 떨쳐 '동방문사東方文士'라는 칭호를 받았다. 봉상시판관을 거쳐 1601년 교리가 되어 교정청校正廳의 관직을 겸임했고, 광해군 때는 봉상시첨정을 지냈다. 특히 한시漢詩에 뛰어나 한호韓濩의 글씨, 최립崔岦의 문장과 함께 '송도삼절松都三絕'로 일컬어졌다. 가사歌辭에 조예가 깊었고, 글씨에도 뛰어났다.

부인의 묘소가 있었음직한 곳을 보니, 장방형 묘소의 뒤쪽으로 용의 몸통이 뚜렷하게 보인다. 오른쪽으로 몸을 꺾어 살아 내려간 용이다. 그렇다면 저 고총이 혈이 아닐까? 모두들 아래쪽 고총으로 내려왔다. 용맥의 흐름으로 보아, 오른쪽에서 왼쪽으로 감돌아 행보를 마무리한 우선룡이다. 청룡도 한 가닥 바짝 다가들었고, 백호는 세 가닥으로 고총을 감싼다. 안쪽 능선에서 바깥쪽 능선으로 차츰 높아지는 형세이다. 그러나 이곳을 혈처라고 단정하기에는 다소 어려움이 따른다 ■

이중환의 『택리지』에서

　이중환李重煥이 남긴 『택리지擇里誌』를 보면, 삶의 터전을 고르는 중요한 네 가지 요소를 다음과 같이 요약하고 있다.

　살만한 곳을 고르려 한다면, 먼저 지리地理를 살펴야 한다. 다음에는 경제적인 기반과 여건(生利)을 살펴야 하며, 그곳의 인심人心과 주변 산천의 경관(山水)을 돌아볼 일이다. 이 네 가지 가운데 하나라도 없다면 좋은 곳이 되지 못한다. 지리가 아름다우나 생리가 좋지 못하면, 오래 살 곳이 되지 못한다. 생리가 좋다 하더라도 지리가 좋지 못하면, 역시 살 만한 곳이 되지 못한다. 지리는 물론이오, 생리가 좋다 해도 인심이 사나우면 반드시 후회하게 된다. 그리고 주변에 아름다운 산수가 없으면, 맑은 정서를 기를 수 없게 된다.

5. 연주대와 강득룡 선생의 묘소

관악산은 서울의 관악구와 경기도 과천시, 안양시의 경계를 이루며 동서로 길게 뻗은 산이다. 기반은 화강암으로, 심하게 풍화를 받아 험한 암벽에 기묘한 형상을 한 바위들이 많다. 그래서 곳곳에 절묘한 풍광을 그려 내는데, 일찍이 개성의 송악산, 가평의 화악산, 파주의 감악산, 포천의 운악산과 함께 '경기오악京畿五岳'으로 불렸다. 수려하고 웅장하다 해서 '소금강' 또는 '경기금강'이라고도 불렸다.

봄철에는 암벽들 틈을 비집고 흐드러지게 피어나는 철쭉이 눈부시게 아름답고, 여름에는 짙은 녹음을 따라 흐르는 계곡의 폭포 소리가 고막을 찢는다. 가을에는 선명한 빛깔로 물든 단풍이 암벽을 수놓고, 겨울에는 기묘한 능선의 흐름을 뒤덮은 설경에 감탄이 절로 나온다. 사계절 참으로 명산다운 자태를 뽐내는 산이다.

관악산의 주봉인 연주봉에 오르면, 시원스런 풍경이 눈 아래 펼쳐진다. 아련히 이랑 되어 펼쳐지는 첩첩의 산들과 타는 듯이 찬란한 서해의 낙조는 휘황찬란한 빛이다. 우뚝 솟은 바위벽 연주대戀主臺의 이름은 본래 의상대義湘臺였다고 한다. 그리고 그 위에 있는 암자의 이름은 본래 관악사冠岳寺였는데, 뒷날 연주암戀主庵으로 바뀌었다고 한다. 이렇게 의상대와 관악사가 연주대와 연주암란 이름으로 바뀌게 된 배경에는, 서글픈 전설 두 토막이 남아 있다.

공민왕 때 삼사우사 벼슬을 지냈던 강득룡康得龍은 이 태조의 왕비 신덕왕후信德王后 강씨康氏의 오라버니였다. 마음먹기에 따라 새 왕조의 권세와

부귀영화를 마음껏 누릴 수 있는 그
런 신분이었다.

　그러나 그는 관악산에 은거하며
날마다 산정에 올랐다. 그리고는 멀
리 고려의 수도였던 송악을 바라보
며, 옛 임금을 그려 눈물을 흘리면서
통곡하였다고 한다. 그래서 의상대
라 부르던 이름이 어느 틈엔가 옛 임
금을 그리워한다는 뜻의 연주대로
바뀌었다는 것이다. 그는 결국 연주
암 아래쪽 산자락에 영원한 터를 잡
았다.

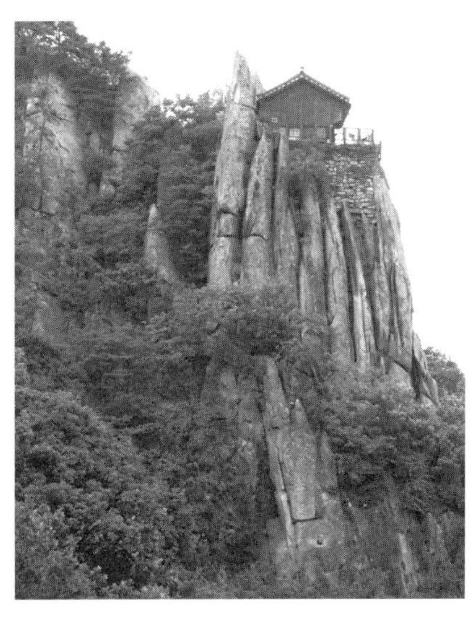

○ 연주대와 연주암

　연주대 위에 아슬아슬 위치한 연주암의 역사는
지금으로부터 1300여 년 전인 신라 문무왕文武王 17
년(677)으로 거슬러 올라간다. 연주암은 당시 의상義
湘 대사가 창건한 암자로써, 본래는 관악사란 이름
이었다고 한다. 그리고 현재의 자리가 아니었다는
것이다. 현재의 자리로 절을 옮긴 사람은 조선 태종
의 첫째와 둘째 왕자였던 양녕대군讓寧大君과 효령
대군孝寧大君이었다고 한다. 특히 효령대군이 절을
옮기도록 주도하였는데, 여기에는 남모르는 슬픔이
배어 있다.

　태종은 첫째와 둘째인 양녕대군과 효령대군을 제
쳐 놓고, 뒷날 세종으로 등극하는 충녕대군忠寧大君
에게 왕위를 전할 뜻을 가지고 있었다. 이를 눈치
챈 두 대군은 서로 손을 잡고 눈물을 머금으면서 왕
궁을 벗어났다. 그리고 발길 닿는 대로 방랑의 길을

떠났다.

상심한 두 왕자는 민가에서 이슬을 피하거나, 혹은 산정에서 날을 밝히며 산에서 산으로 헤맸다. 그러던 그들이 몇 달 후 문득 발을 멈춘 곳은 관악산 꼭대기였다. 두 왕자는 생각을 모아 관악사로 들어갔다. 왕실을 보지 않고 생각하지 않기 위해, 왕궁이 바로 내려다보이는 산정보다 왕궁이 보이지 않는 관악사를 택한 것이다. 그리고 조용히 수도나 하면서 남은 생애를 마치리라 생각했다.

그러나 끊임없이 일어나는 왕좌에 대한 미련과 동경을 누를 길 없어, 마침내 지금의 자리로 절을 옮기도록 하였다. 그리하여 세상 사람들은 두 왕자의 마음을 헤아려 의상대를 연주대라 고쳐 불렀으며, 암자 이름도 어느덧 연주암으로 바뀌게 되었다.

세월이 흐르자, 첫째 왕자 양녕대군은 왕위를 깨끗이 단념했다. 반면에 효령대군은 왕위에 대한 미련을 끝내 버리지 못했다. 그래서 관악산을 떠나기까지 하였다. 그러다가 마침내 효령대군 역시 강득룡처럼 한 맺힌 관악산 기슭에 묻히고 말았다. 효령대군이 쌓았다는 5층 석탑과 대군의 영정은 지금도 연주암에 남아 있다.

연주대, 연주암과는 뗄래야 뗄 수 없는 인물의 하나인 강득룡 선생의 묘소는 과천시 중앙동의 정부제2종합청사 뒤에 있다. 버스가 청사 뒤쪽의 과천시 보건소 정문 앞에 섰다. 버스에서 내리자, '연주각戀主閣'이 우리를 반긴다. 안정공安靖公 강득룡을 모신 제실이다. 보건소 마당을 지나 시의회 건물 뒤로 들어서자, 철조망이

>> 가는 길

경기도 과천시 중앙동 정부제2종합청사 뒤에 있다. 과천시 보건소 정문 앞에 서면 강득룡을 모신 제실 연주각이 나온다. 다시 보건소 마당을 지나 시의회 건물 뒤로 들어서면 철조망이 나타나고, 한켠에 쪽문이 나 있다. 쪽문으로 들어서면 중시조 강지연을 모신 단이 나타난다. 이 단을 지나 보도블럭을 따라가면, 왼쪽으로 신도비가 보이고 묘역으로 올라가는 계단 오른쪽에는 노송 서너 그루가 있다.

나타난다. 한켠에 쪽문이 나 있다. 묘역으로 가기 위해 만들어진 문이다. 쪽문에 들어서니, 이내 중시조 강지연康之淵을 모신 단이 우뚝하다. '高麗門下侍中信城府院君諱之淵神壇(고려문하시중신성부원군휘지연신단)' 이라고 쓰여 있다. 강득룡을 모시기에 앞서, 중시조 지연을 먼저 모신 단이다. 이 또한 남북 분단의 산물이다. 황해도 신천에 계신 중시조를 직접 모시지 못하는 현실 속에서, 고육책으로 설치한 단이다. 망향의 한이 살풋하다.

단을 지나 보도블럭을 따라가면, 왼쪽으로 1981년에 세운 신도비가 보인다. 국한문을 혼용해서 현실에 맞춘 비문이다. 묘역으로 올라가는 계단 오른쪽에는 노송 서너 그루가 그림 같다.

묘역 앞에서 잠시 예를 표한 뒤, 묘역을 훑어보았다. 서쪽 끝에 안정공유지사업회기념비가 서 있다. 그래서일까? 묘역을 매우 깨끗하고 단정하게 다듬어 놓았다. 강득룡의 묘는 전방을 바라보며 오른쪽에, 부인 연안延安 이씨李氏의 묘는 왼쪽에 따로 조성되었다. 묘소는 둥근 곡장曲墻이 둘리었다.

묘소의 앞쪽은 장명등이 중심이 되었다. 장명등 바로 좌우에는 문인석이 한 쌍씩 벌려 있다. 그리고 각각의 문인석 뒤에는 석양石羊이 따로 서 있는데, 도합 네 마리이다. 석양의 뒤쪽이자, 묘역의 좌우 가장 끝자리에는 망주석이 네 군데 섰다. 아주 공을 들여 다듬은 묘역이다.

그런데 난데없이 발을 구르는 소리와 함께 구령과 함성이 들린다. 시의회 건물 뒤쪽에서 경찰 20여 명이 이른바 폭동진압 훈련을 하는 모양이다. 무얼 잘못했는지, 훈련보다는 기합에 가까운 광경이다. 그리고 어느 틈에, 꽹과리 소리를 필두로 북과 장구를 치는 소리가 들려온다. 아마 청사 앞에서 시위가 벌어진 모양이다. 한쪽은 시위를 벌리고 한쪽은 막고, 사람이 살아가는 서글픈 현실의 한 단면이다. 일행들 모두가 혀를 끌끌 찬다.

우리는 용맥을 보기 위해 곡장 뒤쪽으로 돌아, 산기슭으로 올라갔다. 곡장에서 한 길 남짓 떨어진 곳에 소나무 한 그루가 푸르다. 소나무 아래쪽에 용맥이 보인다. 아주 선명한 모습을 지니고 곡장으로 들어간 용이다. 그런데 소나무 뒤쪽으로는 용맥이 뚜렷하지 않다.

소나무와 잡목이 우거진 오솔길을 따라 오르는데, 제법 가파르다. 그러다가 다시 평탄해지는데, 어름에서 두 기의 묘가 나타난다. 과룡처에 자리 잡은 묘소로 앞쪽에 강서康書란 분이 자리를 잡았다. 비의 생긴 모습이나 풍화의 정도로 미루어, 조선 전기를 살다 간 분이 아닌가 여겨진다. 상석과 문인석 한 쌍이 서 있다.

뒤쪽은 강서란 분의 부인이 아닐까 싶은 정부인貞夫人 김씨金氏의 자리이다. 김씨의 묘는 봉분이 흘러내려 거의 평평하다시피 되었다. 과룡처에 자리 잡은 묘소의 폐해가 한눈에 보인다.

다시 묘역으로 내려왔다. 전방을 바라보니, 왼쪽으로 응봉이 불끈 솟았다. 그리고 서너 겹의 능선이 묘역을 포근하게 둘렀다. 삼길육수방三吉六秀方에 다소곳한 산들이 늘어섰다. 청룡은 긴 팔이 되어 바깥으로 넉넉하게 둘렀고, 백호는 짧은 팔이 되어 안쪽으로 묘역을 바짝 품었다.

경찰들이 훈련을 받던 곳이 내명당이다. 청룡 너머로는 바깥 명당이다. 모두 옛 모습을 잃었지만, 밝은 곳이었음은 분명하다. 평탄하고 원만했으리라 추측이 된다.

여기는 주산인 관악산의 남쪽 줄기가 뻗어내려 온 건해룡乾亥龍인데, 우선룡으로 진행을 마감한 형국이다. 임방壬方에서 용맥이 들어온 임입수壬入首로, 묘는 해좌사향亥座巳向을 하였다. 물은 우수도좌右水到左하고, 을진파乙辰破이다. 따라서 자생향

自生向에 드는 좋은 향법이다.

강씨康氏들은 모두 같은 조상의 후손으로 알려진다. 강씨의 득성조得姓祖는 주周나라 왕족인 숙叔이라고 전해지며, 시조는 그의 후손 호경虎景이라고 한다. 그러나 실질적으로는 중시조 충렬공忠烈公 지연之淵을 1세조로 삼는다.

강씨들은 신천信川 · 곡산谷山 · 재령載寧 · 충원忠原 · 진주晉州 등의 10여 본으로 나뉜다. 그러나 오늘날 현존하는 대부분의 강씨들은 신천과 곡산 그리고 재령의 3본이 대종을 이루고 있다.

『신천강씨대동보信川康氏大同譜』에 의하면, 중시조 지연은 고려 명종 때 문하시중을 지냈다. 고종 연간에 몽고의 난이 일어나 강화도로 천도遷都할 때 왕을 호종한 공로로, 호성공신扈聖公臣에 녹훈되어 신성부원군信城府院君에 봉해졌다. 신성은 신천의 옛 이름이다. 이에 후손들은 본관을 신천으로 하였다.

6세손 윤성允成은 고려 충혜왕 때 무과에 급제하여 한림학사와 이부시랑 등을 지낸 후, 문하찬성사에 올랐다. 뒷날 그의 딸이 신덕왕후가 되어 상산부원군象山府院君에 봉해짐에, 후손들은 본관을 곡산으로 삼았다. 상산은 곡산의 옛 이름이다.

윤성의 아들 득룡은 고려가 멸망한 뒤에도 지조를 굽히지 않았는데, 이성계가 그를 안릉부원군安陵府院君에 봉했다. 그리고 안정공安靖公이란 시호를 내렸다. 후손들은 재령으로 낙향해서, 재령을 본관으로 삼았다. 안릉은 재령의 옛 이름이다.

전라감사를 지낸 영永은 신덕왕후의 사촌 오라버니이다. 그는 왕자의 난이 일어나자 제주도로 피신하였다. 그리고 그곳에서 일생을 마쳐, 제주 강씨의 입도시조入島始祖가 되었다.

고려시대에 이 집안의 대표적인 인물로는, 목종 때 무신으로 도통사를 지낸 조兆와 예종 때 평장사를 역임하고 강령康翎 강씨로 분적分籍한 증拯이 유명하였다. 공민왕 때 판전교시사를 지내고 시문詩文에 능했던 호문好文과 공민왕 때 찬성사를 역임한 순룡舜龍이 뛰어났다.

조선조에 들어서는, 먼저 상산부원군 윤성의 증손 순純이 있다. 그는 무관으로 등용되어 1460년(세조 6) 도호부사에 올라 여진족 정벌에 공을 세웠다. 1467년에는 이시애李施愛의 난을 평정하여 적개일등공신으로 신천부원군信川府院君에 봉해졌다. 예종이 즉위하자 우의정을 거쳐 영의정에 올랐으나, 남이南怡의 옥사에 연루되어 죽임을 당했다.

무신으로 이름난 곤袞은 계유정난에 가담하여 정난삼등공신으로 신천군信川君에 봉해지고, 성종 때는 좌리삼등공신이 되었다. 김종직의 생질이기도 한 중진仲珍은 어려서 김종직에게 학문을 배우고, 연산군 때 증광문과에 급제한 후 여러 청환직淸宦職을 거쳐 성주목사를 지냈다.

그 밖의 인물로는, 중진의 손자 유선惟善이 명종 때 학자로 문명을 떨쳤고, 그의 아들 복성復城은 당대에 이름난 학자 노사신盧思愼의 문하에서 글을 배워 인조 때 벼슬이 지중추부사에 올랐다.

의병장 응철應哲은 임진왜란 때 의병을 모집하여 각지에서 왜적과 싸워 공을 세웠다. 그러나 광해군의 폭정을 개탄하여 벼슬을 버리고 고향 상주尙州로 내려가 독서와 저술로 일생을 보냈다.

근대에 들어서는 의사義士 원상元相이 을사5적을 암살하려다가 체포되었다. 공모자를 밝히라는 일본 경찰의 혹독한 심문에도 굴하지 않고, 오히려 스스로 혀를 잘라 기밀을 지켰다. 독립운동가로 이름난 기덕基德은 독립선언서를 각 학교에 배부하고 학생간의 연락책임을 맡았으며, 규묵奎默은 유격대를 이끌고 항일 투쟁에 몸을 바쳤다

다시 신단 앞을 지나칠 때이다. 정 선생이 단 주변의 바위들을 보라고 한다. 눈을 돌려보니, 도처에 험상궂은 표정을 한 바위들이 수풀 사이로 끼어 있다. 정 선생이 다시 입을 열었다.

"참 신기하지요? 관악산이 바위산이라 이렇게 곳곳마다 흉석凶石 투성이인데, 유독 강득룡 선생 자리만 탈살脫煞을 해서 고운 혈토가 나오는 자리가 되었으니 말입니다."

과천시를 빠져나올 때, 멀리 관악산의 산세를 훑어보았다. 아니나 다를까? 연주대에서 뻗어 나온 관악산의 중출맥 한 줄기가 여러 번 기복을 하면시 강득룡 선생의 묘소로 내려가는 것이 보인다. 그리고 행룡히는 도중에, 좌우로 겹겹의 지맥을 뻗어내려 용맥을 감싸는 형국이 보인다. 개장과 천심이 반복되는 형상이다.

이곳 사람들의 말에 따르면, 강득룡의 자리는 **금계포란형**金鷄抱卵形이라고 한다. 마치 금닭이 알을 품고 있는 형상이라는 뜻으로, 수긍이 가는 설명이다. 그리고 이곳의 지형이 올챙이 허리처럼 생겼다고도 하고, 임금 왕(王)자처럼 생겼다고도 한다. 그리고 이곳의 옛 이름은 '능허리'라고 한다. 옛날 여기에다 왕릉을 잡으려고 하였는데, 지역이 너무 좁아서 잡지 않았다고 한다 ■

≋**금계포란형**(金鷄抱卵形) : 금닭이 알을 품고 있는 형상의 혈.

춘천은 크게 세 줄기의 산맥과 두 줄기의 물길이 흘러, 나뉘고 만나는 지역이다.

따라서 산세도 볼 만하고, 강물의 흐름도 유장한 곳이다.

1. 경춘가도와 춘천

달리는 차창에 파란 한강 물이 출렁인다. 봄을 맞아 더욱 불어난 수량이다. 미사리 앞쪽의 너른 강폭에 마음은 차라리 후련하다. 그러나 강물 구경도 잠깐이다. 몸을 꺾은 버스가 구리와 남양주를 관통한다.

오늘의 답사 대상 지역은 춘천과 남양주 일원이다. 그래서 먼저 호반의 도시 춘천으로 가는 길이다. 춘천으로 가는 길, 교통만 원활하다면 서울 주변에 이처럼 아름다운 길이 또 어디 있을까? '봄내'라는 이름의 춘천春川으로 봄날의 우리가 간다.

춘천으로 가는 길은 기차 편이 훨씬 좋다. 더구나 비 오는 날이면 말할 나위 없다. 비에 젖는 물길 따라, 물안개를 헤치며 달리는 경춘선이 어느 순간에 꿈결로 바뀌는 탓이다.

이윽고 버스가 이름도 정다운 강촌을 지난다. 이제는 자전거 하이킹의 대명사로 떠오른 곳이란다. 몇몇 하이킹 코스가 개발되어 역사 주변으로 자전거 대여점이 즐비하다고 한다.

그런데 추억의 구름다리가 사라지고 없다. 대신에 차량들이 드나들 수 있도록 철교가 섰다. 참으로 낭만 넘치는 구름다리였는데…. 그냥 남겨두었더라면 지금도 운치 나는 명물이 될 수 있는 구름다리였는데…. 추억 한 자락이 찢겨 나간다.

강촌 하면 빼놓을 수 없는 곳이 봉화산이다. 아홉 구비로 쏟아진다고 해서 이름 붙은 '구곡폭포'가 그곳에 있다. 낙차 15m의 폭포가 보여주는 경치도 소문난 장관이지만, 사실 더욱 정겨운 곳은 문배마을이다. 구곡폭포에서 얼마쯤 올라가면 나타나는 마을인데, 우리가 마음속에 그리는 고향의 모습이 현실로 나타나는 곳이다. 옛 정취를 지닌 아늑한 시골 마을이었는데, 지금은 어떻게 변했을까?

강촌을 지나면, 바로 나타나는 산이 삼악산이다. 옛날에는 육로를 통해 춘천으로 진입하기 위해서 반드시 거쳐야 했던 산이다. 강촌 쪽에서 오르다 보면, 빼어난 경치로 등선폭포登仙瀑布가 먼저 나타난다. 아래에서 위쪽을 올려다보면, 툭 트인 창공으로 신선이 되어 날아갈 듯한 느낌을 주는 등선폭포이다.

폭포를 따라 올라가면, 정상 부분에 삼악산성이 나온다. 산성은 등선계곡 좌측에 자리한 삼악산의 제2봉 정상을 따라 쌓여 있다. 성곽에는 잡목이 무성하게 자라고, 성돌은 허물어져 잡초에 묻혀 옛 자취를 잃어 가는 곳이다.

산성은 삼악산 등산로 옆에 있는 절 흥국사興國寺 뒤쪽 고개인 북문재(北門嶺)에서 시작된다. 동쪽에서 남서쪽으로 진행되어, 강촌 방향으로 마치 용이 꿈틀대는 모습이다. 자연 지형에 따라 쌓은 것으로, 높이가 1~3m를 넘나든다. 윗부분의 폭은 0.8~1.8m의 규모로, 약 2.5㎞가 이어진다.

산성은 절벽에 쌓은 천혜의 난공불락 요새이다. 가파른 정상의 능선을 따라 산상에 널려 있는 깨진 산돌을 다듬지 않고 이용해 쌓았다. 바위가 돌출된 부분과 절벽 부분은 성벽을 쌓지 않고 자연 지형을 그대로 이용하기도 하였다.

이 성의 축조 배경으로는 신라 경명왕 2년(918)에 태봉국泰封國을 세운 궁예弓裔가 철원에서 왕건에게 쫓겨나 쌓았다는 설과 삼국시대 이전에 춘천 지역에 있던 부족국가인 맥국貊國 사람들이 쌓은 성이라는 설이 있다. 성 주변에서 옛 그릇 조각과 기와 조각이 많이 발견된다. 또 '흥국사 ', '망국대望國臺', '대궐 터', 기와를 굽던 '와대기' 등의 의미 있는 옛 지명이 전해 내려온다.

석파령席破嶺은 삼악산의 가장 낮은 고개 이름이다. 지금은 북한강을 따라 4차선 도로가 시원스럽게 뚫려 있지만, 예전에는 서울 쪽으로 가기 위해 힘들어도 넘어야만 했던 고개이다. 산과 길이 험해, 고개 입구에는 주막거리가 형성되어 있었다고 한다. 산을 넘는 길손들이 이곳에서 하루를 유숙하고 이른 아침에 길을 재촉하던 곳이다.

석파령이란 이름은 이 고개를 넘는 신임 부사와 전임 부사 간의 만남에서 유래한다. 춘천에 새로 부임하는 부사와 발령을 받고 한양으로 떠나는 전임 부사가 고개 마루에서 우연히 만나 돗자리를 찢어 건네주었다는 전설에 의해 석파령이라 불리게 되었다고 한다.

석파령에서 유래한 '석파령 주막놀이'는 바로 산 아래 주막거리에서 길손들을 상대로 술을 빼앗아 먹는 건달들의 짓궂은 행패와 고개 마루에서 만나 한쪽에서는 이렇게 험한 곳에서 어떻게 살까 걱정하고, 한쪽에서는 정들었던 임지를 떠나는 섭섭한 마음에 눈물을 흘리는 신임과 전임 부사 간의 이야기가 주된 내용이다. 우리 조상들의 애환과 해학을 물씬 느낄 수 있는 민속이다

버스가 의암터널을 지난다. 새로 난 춘천 진입로에 새로 뚫린 터널이다. 도심으로 접어들자, 멀리 춘천의 주산인 봉의산鳳儀山이 눈에 들어온다. 도로 주변에는 춘천의 명물 닭갈비와 막국수를 간판으로 내건 식당들이 줄을 잇는다. 닭갈비와 막국수도 맛있지만, 메밀 반죽에다 팥 앙금이나 쫑쫑 썬 김치를 말아 지져 낸 메밀총병 생각에 입맛이 다셔진다.

춘천은 크게 세 줄기의 산맥과 두 줄기의 물길이 흘러, 나뉘고 만나는 지역이다. 따라서 산세도 볼 만하고, 강물의 흐름도 유장한 곳이다. 이 과정에서 만들어진 소양강 다목적댐과 춘천댐, 의암댐으로 인해, 춘천은 '호반의 도시'라는 아름다운 이름을 얻었다.

먼저 산맥의 흐름을 보면, 우선 백두대간의 용맥이 저 멀리 두류산에서 내려와 마실령을 지나 백암산을 세우고 다시 추가령을 지난다. 추가령에서 잠시 흐름을 늦춘 백두대간은 남으로 한북정맥을 흘려보낸다. 그리고 몸을 곧추세운 백두대간은

철령을 지난 뒤, 오봉산과 금암산을 솟아 올린다. 그 후 향로봉을 거쳐 대관령을 지나 두타산으로 내려가는데, 이 백두대간의 흐름이 춘천의 동쪽을 멀리서 싸고 돈다.

향로봉에서 몸을 빼낸 용맥 하나는 제일 먼저 도솔산을 세운 뒤, 죽엽산을 거쳐 오봉산을 지나, 수리봉을 세운다. 그리고 여우 고개에 다다라 느슨한 진행을 보이다가 앞쪽에서 소양강을 만나게 된다. 마침내 끝단에다 얼른 우두산을 세우고 진행을 멈추었다.

추가령에서 몸을 빼낸 한북정맥은 백암산과 대성산, 광덕산을 지나 백운산을 세운다. 그리고 서울 쪽으로 향하는데, 백운산에서 내려온 산맥 하나가 춘천을 향해 몸을 꺾는다. 그리고는 화악산과 북배산을 세운 뒤, 세관산을 지나 삼악산에서 멈추고 만다. 이 자락이 춘천의 서쪽 병풍이 되었다.

백두대간의 서쪽으로는 소양강昭陽江이 흐른다. 소양강은 강원도 중부 지역을 남서류하여, 춘천 북쪽에서 북한강과 합류하는 강이다. 길이 169.8km로, 인제군 서화면 무산巫山에서 발원한다. 중간중간에 설악산의 북천北川과 방천芳川, 그리고 계방산의 내린천內麟川 등의 지류와 합류하는데, 유역에는 평지가 적다. 흐름은 굴곡이 심하여 육로의 소통에 지장을 주기도 하는데, 의암댐에 이르러 북한강에 합류된다.

우두산을 만드는 지맥의 서쪽이자, 한북정맥의 동쪽으로는 북한강 상류가 흐른다. 북한강은 금강산 아랫자락에서 발원하여 남쪽으로 흐르다가, 금강천金剛川과 금성천金城川 등을 합류한다. 화천군에 이르러서는 양구 쪽에서 흘러오는 서천西川과 수입천水入川 등을 만나, 저수량 약 10억t의 파로호破虜湖를 이룬다. 다시 남하해서는 화천군의 지류들을 모아 춘천호春川湖에서 잠시 멈추었다가 흘러, 춘천의 의암호에서 소양강과 만난다.

봉의산을 바라보고 달리던 버스가 공지천을 지난다. 공지천은 대룡산에서 시작하여 공지천교를 거쳐 의암호로 흐르는 작은 하천이다. 본래 '곰짓내'라고 불렸다. 곰짓내에는 퇴계退溪 이황李滉 선생과 관련된 전설이 얽혀 있다.

언젠가 선생이 퇴계동 외가에 은거하고 있을 때이다. 하루는 선생이 상노 아이에게 소여물을 썰라고 시켰다. 아이는 해도 기울지 않은 한낮에 여물을 썰라는 명이 이상스럽게 생각되었다. 그러나 선생의 말씀대로 썰어 놓았다. 그러자 선생은 다시 삼태기에 담아 앞 내에 내다버리라고 일렀다. 아이는 가까스로 공들여 썰어 넣은 여물을 까닭 없이 버리라고 하는 선생의 말에 혹시 앞 냇가에 소가 매여 있는 줄 아시나 싶어
"소는 뒷골짜기에 매어 놓았습니다"
하고 아뢰었다. 그러나 선생은 상노 아이의 얘기는 들은 체도 않고, 다시 썰은 여물을 앞 냇가에 가서 축여 보라고 가볍게 말씀하였다. 그리고는 손수 썰은 여물을 삼태기에 담아 들고 나가 냇물에 버렸다. 그러자 이게 웬일일까? 여물이 모두 물고기로 변하는 것이었다. 마을 사람들은 이 물고기를 진귀한 물고기라는 뜻에서 '진어珍魚'라고 부르기도 하고, 또 공자孔子 이래의 대유大儒 퇴계 선생이 만든 물고기라고 하여 '공지어孔之魚'라고 부르기도 하였다고 한다.

퇴계 선생의 어머니는 춘천 박씨朴氏로서, 선생의 외가가 오늘날의 퇴계동에 있었다고 한다. 퇴계동은 의암터널을 지나 춘천으로 들어오는 초입에 있는데, 공지천의 상류에 해당한다. 퇴계동이란 동네 이름 역시 선생의 아호에서 비롯되었다고

한다.

중도를 지난 버스가 계속해서 소양댐이란 표지판을 바라보고 달린다. 봉의산을 중심으로 빙 두르는 셈인데, 봉의산이 점점 모양을 바꾼다. 처음만 못하니, 바라보는 각도가 차츰 달라지는 탓이다.

춘천의 주산인 봉의산은 백두대간에서 나온 한 자락에 솟은 산이다. 백두대간 가운데를 차지한 오대산은 서쪽으로 지맥 하나를 흘린다. 이 지맥이 서진하다가 홍천 어름에서 북진해서, 춘천에 다다라 끄트머리에 봉의산을 세운다. 봉의산 자락에는 춘천 시청과 한림대학교가 자리를 잡았다.

봉의산은 이름이 말해 주듯이, 머리를 세운 봉황이 좌우로 날개를 펼친 형상이다. 그러나 자세하게 살펴보면, 대체로 평평하게 늘어선 능선 앞쪽에 봉긋하게 생긴 귀인봉이 솟은 형상이다. 풍수지리학에서는 이런 형상을 **장하귀인**帳下貴人이라고 부른다. 평평한 능선이 장막을 상징하기 때문이다. 장하귀인은 장막 안에 자리 잡은 귀인을 뜻한다. 시청의 맞은편에서 볼 때 더욱 분명하다 ▪

≋**장하귀인**(帳下貴人) : 장막을 친 것 같은 수성체의 장막사 아래에 목성체의 귀인봉이 있는 것.

2. 신기해라, 우두산의 '소슬묘'

　　버스가 우두동牛頭洞을 지난다. 곧게 뻗은 길을 바라보며 달리는데, 앞쪽으로 둥그스름한 야산 하나가 나타난다. 정상에 기념탑이 서 있는 우두산牛頭山이다. 도로 우측에 선 '충렬탑'이란 안내에 따라 버스가 몸을 꺾는다. 그리고는 정상 부근까지 내처 올라간다. 오르막 입구에는 '선산김씨종산善山金氏宗山'이란 작은 표지가 있다.

　　버스에서 내리자, 충렬탑이 보인다. 이곳은 6·25 개전 초기에 치열한 전투가 벌어진 곳이다. 남하하는 인민군들을 저지하기 위해 국군에다 시민들과 학생들은 물론이요, 인근에 있던 제사 공장의 여공들까지 힘을 합쳐 싸운 곳이다. 안내문의 표현에 의하면, '시산혈해屍山血海'의 큰 싸움이었다고 한다. 시산혈해는, 시신이 산을 이루고 흘린 피가 바다를 이루었다는 말이다. 우두산 전투가 얼마나 치열한 동족간의 애통한 싸움이었는지, 이렇게 충렬탑으로 솟았다.

　　탑 앞에서 잠시 묵념을 올린 일행들은 바로 아래의 '소슬묘'로 내려갔다. 조양루朝陽樓 앞에 흙무덤처럼 생긴 묘가 그것이다. 옛날부터 주인 없는 이 묘는 돌보는 사람이 전연 없어도 언제나 그 자리에 항상 자리 잡고 있단다. 묘 둘레에는 향불을 피운 듯 향 조각들이 어지럽게 꽂혀 있다. 소문에 의하면, 이 묘에 제사를 올리고 소원을 빌면, 소원이 이루어진다고 한다. 그래서 지금도 많은 사람들이 이렇게 제사를 올리는 모양이다.

　　우두산은 오늘날 공원으로 꾸며져 있지만, 옛날에는 소를 놓아 먹였던 곳이라고 한다. 그런데 소들이 묘를 마구 밟고 헤집어 엉망이 되어도, 다음날이면 신기하게도 다시 솟아나 원래의 모습 그대로 남아 있기 때문에, '소슬묘'라고 부르게 되었다는 것이다. '소슬묘'란 솟아나는 묘란 말이다.

'소슬묘'는 일찌감치 '무자손천년향화지지無子孫千年香火之地'로 일컬어졌다. 비록 돌보는 자손이 없어도, 항상 향을 피워 놓고 제사를 지내 주면서 소원을 비는 사람이 이어지기 때문이다. 전설에 의하면, '소슬묘'의 주인은 명나라를 세운 주원장朱元璋의 조부 묘소라고 한다.

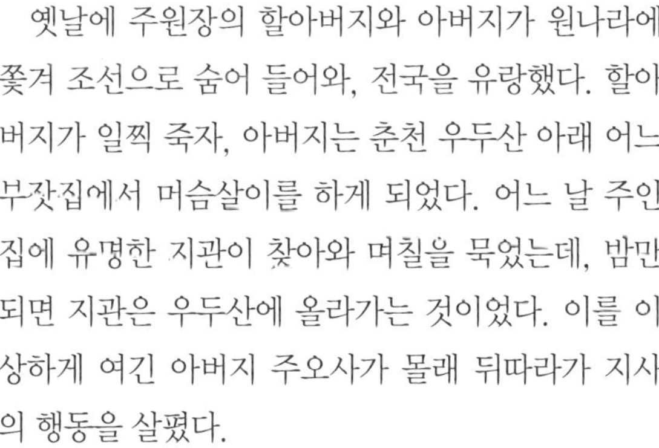

○ 소슬묘

옛날에 주원장의 할아버지와 아버지가 원나라에 쫓겨 조선으로 숨어 들어와, 전국을 유랑했다. 할아버지가 일찍 죽자, 아버지는 춘천 우두산 아래 어느 부잣집에서 머슴살이를 하게 되었다. 어느 날 주인집에 유명한 지관이 찾아와 며칠을 묵었는데, 밤만 되면 지관은 우두산에 올라가는 것이었다. 이를 이상하게 여긴 아버지 주오사가 몰래 뒤따라가 지사의 행동을 살폈다.

지관은 한곳에 땅을 파더니 계란을 묻고, 혼잣말처럼 중얼거렸다.

"이곳이 명당이니, 20일이 지나면 병아리가 부화되어 울음소리가 들릴 것이다."

이를 엿들은 주오사는 다음날 밤 삶은 계란을 가지고 가 땅을 파고 지관이 묻은 계란과 바꾸어 놓았다. 20일 후 사실을 모르는 지관은 땅을 파고 계란의 상태를 살폈다. 그런데 병아리는 고사하고, 계란은 모두 썩어 있었다. 이 상하다는 듯이 고개를 갸우뚱거리던 지관은 산을 내려와 그날로 멀리 떠나가 버렸다.

　주오사는 아버지 유골을 이곳에 이장하고, 중국으로 건너가 결혼을 해서 아들을 낳았다. 그 아이가 바로 명나라를 세우고 태조 황제가 된 주원장(1328~1398)이다. 그런데 이 묘가 명당이라는 소문이 퍼지자, 세도가나 지방 토호들이 자신들의 조상 유골을 모시고자 파묘를 하려고 들었다. 그러면 갑자기 하늘에서 뇌성벽력이 일어나 벼락을 때리므로, 어느 누구도 감히 건드리지 못했다.

다음은 또 다른 전설이다.

　우두산에 고총이 있는데, 짓궂은 이웃 사람이 고총 곁에 소를 매면 무덤이 풀풀 들어가 소 발자국에 엉망이 되었다. 그러나 하룻밤만 자고 나면, 묘가 도로 솟아나 소를 맨 흔적이 전혀 없다고 한다. 그래서 사람들은 우두산의 무덤을 '솟을 모이', '솟을 뫼'라고 불렀다. 근년에 이웃 사람들이 이를 시험해 보고자 소를 매었다. 소가 뿔로써 봉분을 파헤쳐 놓았는데, 다음날 무덤에 가 보았더니, 아무런 흔적이 남아 있지 않았다. 그래서 신비로운 '솟을 뫼'라고 널리 알려졌다 한다.

그리고 이 무덤에 아들이 없는 여인이 와서 남몰래 정성껏 벌초를 하면, 틀림없이 득남을 하게 된다고 알려졌다. 그래서 아들 없는 부인들이 밤새 벌초하고 간다는 얘기도 있다.

　'소슬묘'의 기이한 사연에 대하여, 이곳 사람들은 재미있는 주석을 달기도 한다. 이 '소슬묘'의 주인 내외는 애당초 자손이 없는 비둘기 내외로 살다가 갔는데, 그 방계 자손이 생각해 보니 아무래도 무덤을 돌볼 길이 없을 것 같았다. 그래서 무덤을 오랜 뒷날까지 보존하기 위해 한 꾀를 생각해 냈다는 것이다.

　그것은 무덤이 솟아난다는 '소슬묘'의 전설을 퍼뜨리고, 아울러 아들 없는 부인이 몰래 와서 정중히 벌초를 하면 아들을 낳을 수 있다는 소문도 입심 좋게 퍼뜨렸다고 한다. 아무튼 문제의 '소슬묘'는 동리의 야산에 자리하고 있어, 인근의 사람들이 자주 와서 소를 매던가, 아니면 이리들이 짓밟아 놓던가 하여 훼손이 잦았다고 한다.

　이렇게 낮 동안 무덤이 훼손될 때마다 '소슬묘'의 방계 자손은 밤사이에 무덤을 원상대로 손질해 놓고 더욱 '소슬묘'에 대한 전설을 퍼뜨리면서 신비스러운 무덤이라고 일깨웠다. 아울러 아들 없는 사람이 이 무덤에 와 몰래 벌초를 해서 틀림없이 아들을 낳았다는 얘기도 곁들였다.

　세월이 지나 꾀 많은 방계 자손은 어디로 이사를 갔는데도, 아들이 없는 사람들이 밤마다 와서 몰래 무덤을 고쳐 놓고 가는 바람에, '소슬묘'의 전설은 점점 빛을 보게 되었다고 한다. 그리고 '소슬묘'의 봉분은 후사가 없이도 건재하게 되었다는 것이다.

　이러한 전설은 마침내 '소슬묘 놀이'로 이어져, 1992년 강릉에서 실시된 제10회 강원도 민속예술경연대회 민속놀이 부문에 참가한 바 있다.

　우두산은 이름 그대로 소머리의 형상을 하고 있다. 우두산 정상의 충렬탑이 있는 곳은 앉아 있는 소의 머리에 해당되고, '소슬묘'가 있는 곳은 코에 해당된다. 소는 젖과 코에 기가 가장 많이 집중된다. 때문에 코에 해당하는 이곳은 혈이 된다.

　소의 귀에 해당되는 작은 능선이 좌우에서 청룡 백호가

되어 혈을 감싸 주고 있다. 특히 내백호는 작고 얕아도 세 겹이나 된다. 청룡은 명당을 감싸고 둥글게 흘러내렸다. 작은 상석이 있는 폐묘 앞쪽으로 펼쳐진 명당은 산 정상에 있는 명당 치고는 상당히 너른 축에 속한다. 밝고 깨끗한데, 곳곳에서 참나무가 자란다. 이곳의 명당은 더구나 우묵한 모습이어서, 소의 구유통에 해당한다.

상석도 없는 둥근 봉분이라 정확한 향은 알 수 없지만, 안산은 강 건너의 봉의산이라고 여겨진다. 이를 기준으로 향을 재 보니, 자좌오향子坐午向이다. 물은 내당수로 보아 정미파丁未破이고, 좌수도우左水到右의 흐름이다. 이는 88향법 가운데 자왕향自旺向에 속한다.

자왕향은 좌수도우하고, 정미파에 병오향丙午向이거나 신술파辛戌破에 경유향庚酉向, 계축파癸丑破에 임자향壬子向, 을진파乙辰破에 갑묘향甲卯向이 여기에 속한다. 자손들이 번창해서 남자는 총명하고 여자는 수려하며, 부귀와 장수를 불러온다는 훌륭한 향이다.

비록 초라한 모습이지만, 소슬묘는 풍수지리적으로 대명당이라고 할 수 있다. 왜냐면 한 산맥이 수백 리를 달려와 소양강을 만나 멈춘 용진처로써, 사방의 모든 기운이 모인 곳이기 때문이다. 또한 좌측에서 흘러내린 소양강 물이 혈장을 완벽하게 끌어안고 앞으로 흘러, 혈이 품고 있는 생기를 샐 틈 없이 보호해 주기 때문이다.

용맥을 살펴보아도, 매우 힘이 넘치는 모습이다. 충렬탑에서 내려온 용은 좌우로 이리저리 몸을 흔들며 기운 좋게 내려왔다. 묘역 뒤쪽이 과룡처인데, 서쪽으로 흙을 쌓아올려 지금은 굵은 허리가 되었다.

'소슬묘'가 있는 야트막한 봉우리에 올라온 용은 횡룡입수를 하였다. 묘 바로 뒤에 있는 참나무 부근에서 넘치는 힘으로 90도가 되도록 몸을 홱 꺾었다. 두 개의 가지가 지면 위에서 곧장 V자로 나뉜 참나무이다. 그 뒤에는 귀성貴星이 있어 꺾어진

 **》가는 길**

춘천시 우두동에 있다. 서울에서 46번 국도로 청평, 가평을 거쳐 춘천 시내를 관통하여 소양대교를 건너면 소양댐 쪽으로 가는 길 우측에 충렬탑 표지판이 있다. 이 표지판을 따라 우두산 정상에 올라가면 충렬탑과 조양루가 나온다. 소슬묘는 조양루 앞에 있는 흙무덤을 가리킨다.

몸통의 균형을 잡아 주고 있다. 용의 크기나 힘으로 보아 황제를 위한 자리일 듯도 싶다. 그런데 또 신기하기도 하다. 아직은 이른 탓에 참나무들이 작은 잎을 달고 있는데, '소슬묘'만 그늘이 되었다. 주변의 참나무들이 일제히 봉분을 향해 가지를 뻗었기에 일어나는 현상이다. 마치 일산 역할을 하는 탓이다.

소원을 들어준다는 전설 때문이었을까? 꼭 봉분 자리만 그늘을 이룬 신비한 현상 때문일까? 묘소 둘레에서 감탄을 하던 몇몇 일행들이 어느 틈에 슬금슬금 봉분 위의 잡초를 뽑는다. 이때, 답사에 처음 참석한 영감님 한 분이 감탄을 한다.

"이상도 하지요? 내가 삼사년 전에 왔을 때보다 묘가 훨씬 더 커졌어요. 그때는 작은 무덤이었는데, 어떻게 이리 커졌는지 모르겠네요?"

다른 영감님 한 분이 얼른 농으로 받는다.

"그래요? 이 묘도 저렇게 만지면 커지는 모양이지요?"

일순에 웃음이 터진다. 묘역 곁의 조양루는 2층 다락의 형식으로, 소박한 구조와 자태이다. 본래는 인조 24년 (1646)에 춘천부사 엄황嚴愰이 문소각聞詔閣의 문루로 건립했던 것 가운데 하나로, 순종 2년(1908)에 지금의 위치로 옮겨왔다고 한다.

버스에 오르자, 옆에 앉은 정 선생이 내게 말을 건넨다.

"옛날부터 명나라 태조 주원장이 우리나라 사람이라는 말이 일각에서 있었지요? 그래서 임란 때 우리를 도왔다는 얘기도 있고. 아마 이 묘 때문에 생겨난 이야기인지, 아니면 이 묘에 관련된 전설이 사실이 아닌가도 싶고 그러네요. 아무튼 올 때마다 감탄이 저절로 나오는 묘임은 확실한데…."

주원장은 중국 변방의 빈농 출신인데, 일찍이 17세의 나이에 고아가 되어 탁발승으로 천하를 떠돈 인물이다. 그러다가 원나라 말기의 혼란한 시국을 틈타 일어난 홍건적紅巾賊의 부장이 되어, 뒷날 명나라를 세웠다고 역사는 전한다. 그의 혈통에 관한 기록은 분명치 않다.

5번 도로를 타고 나오는 버스 앞쪽으로, 다시 의암호 안에 누운 중도가 보인다. 맑은 물속에서 하반신을 담그고 길게 엎드린 형세이다. 지난날 캠핑 장소로 유명하던 곳인데, 지금도 여름이면 캠핑 족들이 변함없이 찾아드는지 어떤지 궁금하다.

버스가 춘천인형극장 앞에서 좌회전을 한다. 70번 도로로 잠시 갈아탔다. 그리고는 다리를 지나자마자, 다시 서울 표지판을 바라보며 403번 도로로 갈아탄다. 의암호를 따라 도는 행로이다 앞쪽에 다시 야트막한 책상처럼 아주 길게 늘어진 산자락 하나가 보인다. 수풀이 우거져 시원한 느낌을 주는데, 들판의 중앙으로 내려왔다. 이름도 고와라, 금산錦山이다.

금산 자락 아래 도로 주변의 마을 이름은 금산리이다. 이른바 '박사마을' 로 널리 알려진 곳이다. 금산의 정기 때문일까? 이곳 마을에서 박사가 무더기로 쏟아져 나와 '박사마을' 로 불리는 곳이다. 조그만 동네인데, 배출된 박사가 지금은 60명도 넘게 헤아려질 것이라는 이곳 사람들의 설명이다.

그리고 길가의 간판들을 보면, 옥호에 '장군봉' 이 들어 있는 것을 종종 볼 수가 있다. 마을 뒤쪽에 장군봉이 있는데, 다음과 같은 전설이 있다.

금병산 뒤에 장수골이라는 조그만 마을이 있었다. 어떤 집에 두 양주가 마음씨는 착했지만, 자식이 없어 슬픈 나날을 보냈다. 어느 날 부인이 꿈을 꾸었다. 청룡 한 마리가 천장으로 빠져나가려고 하지만, 밑에 있는 화롯불 때문에 빠져나가지 못하는 그런 꿈이었다.

꿈을 꾼 다음, 태기가 있어 아기를 낳았다. 아기는 자라면서 무척 힘이 세었다. 그러자 아기장수가 태어났다는 소문이 마을에 퍼졌다. 마을 사람들은 장수가 나오면 역적이 된다는 생각에서 아기장수를 체포하려 하였다. 그런데 마침 마을에는 밤마다 괴상한 불이 일어났다. 소문은 아기장수의 짓이라고 퍼져 나갔다. 그러나 마을 사람들은 힘이 센 아기장수를 잡을 수가 없었다. 마을 사람들은 꾀를 내었다. 아기장수가 잠잘 때 겨드랑이에 있는 비늘을 떼어 내면 힘을 쓰지 못할 터이니, 잠자는 틈을 엿보다가 비늘을 자르기로 했다.

봄날이었다. 금병산 뒤편에서 무예를 단련하던 아기장수가 잠이 들었다. 그때 마을 사람들이 달려들어 급히 비늘을 잘라 버렸다. 아기장수는 힘이 사라져 보통 아이처럼 되었다. 아기장수는 시름시름 앓다가 죽었다. 아기장수는 나라를 위해 힘 한번 써 보지도 못하고 죽어 버렸다.

우리나라에 흔한 아기장수 전설의 한 유형이다. 이 마을에서는, 뜻을 펴지 못하고 죽은 아기장수를 기리기 위해, 봉우리 하나를 장군봉으로 부른다고 한다 ■

3. 웅장한 신숭겸 장군 묘소

버스가 서면 방동리를 바라보며 우측으로 몸을 꺾는다. 장절공壯節公 신숭겸申崇謙 장군의 묘역 안내판이 대제학 홍일동洪逸童 묘역의 안내판과 함께 서 있는 곳이다. 다시 홍일동 묘역의 안내판이 나타나는 곳에서, 버스는 좌회전을 해서 작은 물길을 거슬러 오른다. 계속 직진이다. 멀리 앞쪽으로 묘역이 보이기 시작한다.

사방을 둘러보니, 엄청나게 큰 국세이다. 평평하고 아늑한 명당은 넓은 들이 되었다. 주변의 산들도 제각각 멋들어진 모습으로 솟아 명당을 포근하게 감싸고 있다. 주산인 북배산도 귀인봉으로 우람하게 솟았다. 여러 가지로 미루어 보건데, 장군의 묘는 좋은 자리임에 틀림이 없다.

표지판을 따라 달리던 버스가 주차장에 섰다. 몇 대의 관광버스가 먼저 자리를 차지하고 있다. 후손들이 묘역의 방문을 위해 타고 온 버스이다.

평산 신씨들의 단결력은 대단하다. 대종회를 구심점으로 하는 그들의 단결된 힘은 대학의 평산신씨장학금에서 여실히 볼 수 있다. 대학에 입학한 평산 신씨의 후손들이 평균 B학점 이상만 되면, 바로 대종회에서 평산신씨장학금을 지급한다. 다른 집안에서 부러워하지 않을 수 없다.

잘 정돈된 묘역이다. 왕릉도 이만할까? 수려한 경관에 정성껏 손을 본 커다란 묘역이다. 먼저 주차장에서 묘역으로 향하는 곧은 진입로가 나온다. 그 위에 널찍한 연못이 자리를 잡았다. 곡선의 미를 한껏 살린 연못으로, 수면에 연잎이 떠 있다. 다섯 그루의 버드나무는 연못 주변에 띄엄띄엄 서서, 고개를 숙이고 머리를 감고

있다. 새롭게 봄물이 오른 가녀린 연둣빛 머리칼이다. 진입로의 한쪽 길가에는 키를 맞춘 향나무들이 일정한 간격으로 도열하였다. 장군의 묘역을 지키는 병사들의 모습처럼….

연못가 주변은 온통 꽃과 잔디로 덮여 있다. 자연스럽게 잘 꾸민 화단이다. 붉거나 하얀 영산홍 빛이 제일 강렬하다. 밥테기나무도 짙은 분홍빛 꽃을 다닥다닥 달았다. 하얀 싸리꽃도 참 곱다. 돌 틈에는 노란 민들레, 보라색 제비꽃, 노란 솜양지꽃, 잎무늬 고운 범의 귀, 노란 꽃을 앙증맞게 단 돌나물이 고개를 내밀었다.

봄이다. 싱그러운 봄이다. 산하가 연두로, 초록으로 물드는 봄이다. 나는 문득 하종오 시인의 「산에 들에 초록 잎새」란 작품을 떠올렸다.

우리들이 보지 못하는 길섶에
먼저 움튼 잎새가 나중 움트는 잎새에게
초록빛을 건네주어 풀꽃은 파릇해집니다.
이리 먼저 피어난 풀꽃 한 송이는 그 옆에
갓 돋아난 풀꽃들에게 초록빛을 뿜어 주어
풀꽃 무더기를 이룹니다.
이리 이뤄진 풀꽃 무더기가 퍼져서
산으로 들로 초록빛을 펼치며 신록을 만들어
바라보기만 하면 우리들도 초록빛으로 아름디워지는

누리누리 온 누리 꿈꾸는 자연이 됩니다.
이리 우리들이 마음 탁 놓고 맑아지는 사이에
풀꽃들은 우리들을 봐서 어여쁜 꽃을 피우겠지요.

화단 위쪽에는 세 채의 한옥 건물이 섰다. 왼쪽의 두 채는 근래에 지어진 듯 이름이 없다. 오른쪽 건물 머리에는 광인문光仁門이란 현판이 내걸렸다. 묘역의 입구에 홍살문이 우뚝하고, 동쪽으로 기념관이 세워졌다. 기념관 주변도 온통 화려한 꽃밭이다.

광인문 옆이자 안내문 뒤쪽이 제실이다. 사방을 담장으로 둘렀는데, 입구가 충렬문忠烈門이다. 충렬문을 지나면, 오른쪽에 장군을 위한 신도비가 나타난다. 비각 안에 잘 모셔진 비이다. 김조순金祖淳이 찬한 비문으로, 후손 자하紫霞 신위申緯가 썼다. 전액은 서매수徐邁修의 붓에서 나왔다. 안쪽이 제실 장절사壯節祠이다.

제실 우측에서 시작된 장군의 묘역은 제실 뒤쪽으로 슬쩍 굽었다. 웬만한 왕릉보다 너른 묘역이다. 길쭉한 잔디밭 위쪽으로 멀리 봉분 세 기가 머리를 빠끔 내밀었다. 중앙에 서 있는 비문도 하단부가 보이질 않는다.

정면만 빼 놓고 묘역의 삼면은 송림이다. 까마득히 하늘로 치솟은 푸른 소나무이다. 쏴아아! 시원한 솔바람 소리가 귓전을 스친다. 얼마나 오랜 세월 묘역을 지키고 서 있었는지, 보기에도 싱그런 솔숲이다.

묘역을 오르다 보니, 곳곳에 요석이 박혔다. 혈을 맺고 멈춘 용맥을 단단하게 받쳐주는 귀석貴石이다. 요석 하나에 정승이나 판서가 한 명이라고 해서 귀하게 여기는 돌이다. 헤아릴 수 없이 많은 요석들이 도처에 깔리다시피 하였다. 기슭의 오른편으로 더욱 많다.

하수사도 보인다. 원진수元辰水를 거두어 주는 하수사는 청룡 쪽에서 백호 쪽으로 빗긴다. 하수사를 따라 잔디들이 볼록볼록 솟아 흐른다. 이따금은 일부러 만든 물길이 묘역 하단을 가로지른다. 물이 잘 빠지라고 뒷날 만든 것으로, 쉽게 눈에 뜨인다.

흉살凶煞을 찾을 수 없는 묘역이다. 깨끗하고 단단한 혈판이다. 백두대간의 정기가 고스란히 모이는 혈 가운데 하나이다.

평산은 황해도 남동쪽에 있는 고을의 이름으로, 본래 고구려 때 대곡군大谷郡 또는 다화홀多和忽이었다. 신라 경덕왕이 영풍永豐으로 이름을 고쳤으며, 고려 초에 평주平州로 바뀌었다. 1272년(원종 13) 복흥군復興郡에 합쳐졌다가, 충렬왕 때 다시 복구되었다. 조선시대에 들어와 1413년(태종 13)에 평산으로 바뀐 뒤, 도호부로 승격되었다. 고종 32년(1895)에 군으로 다시 격하되었다.

평산 신씨의 시조는 고려의 개국공신으로 벽상공신삼중대광태사壁上功臣三重大匡太師에 오른 신숭겸(?~927)이다. 그의 초명은 능산能山이었다고 한다.

그런데 『신증동국여지승람』에 의하면, 신숭겸은 본래 전라도 곡성현 출신으로 태조가 평산에서 사성賜姓하였다고 한다. 또 『고려사』 열전에는 그를 지금의 춘천 지방인 광해주光海州 사람이라고 하였다. 그런데 『신증동국여지승람』 춘천도호부 인물조에 신숭겸의 이름이 실려 있고, 또한 그의 묘가 춘천에 있다고 소개되어 있다. 이로 미루어 보면, 그는 본래 곡성 출신으로 뒤에 춘천에 옮겨와 살게 되어, 묘도 춘천에 쓰게 된 것으로 보인다.

신숭겸은 몸집이 장대하고 무용武勇이 뛰어났는데, 처음에는 궁예가 세운 태봉의 기장騎將으로 있었다. 고려 태조 원년이던 918년에 배현경裵玄慶·홍유洪儒·복지겸卜智謙 등과 더불어 궁예를 폐하고 왕건을 추대해 고려가 창업하는 데 결정적인 역할을 하였다. 이에 고려개국원훈高麗開國元勳으로 대장군大將軍에 올랐다.

묘역 입구
장절사

어느 날 왕건이 평산으로 사냥을 나가 삼탄三灘을 지날 때이다. 마침 높은 하늘을 날으는 세 마리의 기러기를 보고, 왕건이 수행하는 여러 장수들에게 물었다.

"누가 저 기러기를 쏘아 맞추겠는가?"

신숭겸이 맞추겠다고 아뢰었다. 왕건이 그에게 궁시弓矢와 안마鞍馬를 내리며 쏘라고 하였다. 그는,

"몇 번째 기러기를 쏘리까?"

하고 물었다. 왕건이 웃으며 말했다.

"세번째 기러기 왼쪽 날개를 쏘라!"

신숭겸이 과연 세번째 기러기의 왼쪽 날개를 명중시켜 떨어뜨리자, 왕건이 탄복을 하였다. 그리고 기러기가 날던 땅 3백 결을 하사하고, 본관을 평산으로 삼도록 하였다.

927년 후백제는 군사를 이끌고 경주를 침범했다. 그러자 왕건은 신라를 도와 후백제과 싸우게 되었다. 왕건은 신숭겸과 정예병 5천 명을 거느리고 후백제를 공격하였다. 드디어 고려와 후백제 군이 오늘날의 팔공산인 공산의 미리사 부근에서 부딪쳤다. 병력이 열세였던 고려 군은 대패하고 말았다. 왕건과 휘하의 장수들은 후백제 군의 포위망을 뚫기 위해 필사적으로 싸웠다. 그러나 허사였다. 마침내 신숭겸은 국가의 장래를 위해, 태조 왕건과 자신의 외양이 닮은 점을 이용했다. 그래서 서로 갑옷을 바꿔 입고 태조를 탈출시킨 뒤, 스스로 적진을 향해 돌격했다. 후백제 군은 신숭겸을 태조로 오인해 집중 공격을 가했다. 원보元甫 · 김락金樂과 같이 힘을 합쳐 싸우다가 신숭겸이 장렬히 전사하자, 후백제 군은 그의 목을 베어 갔다.

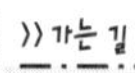

》》가는 길

강원도 춘천시 서면 방동리에 있다. 의암댐에서 춘천댐 방면으로 7.6km 지점에서 방동리 방면으로 좌회전하여 약 3km 들어가면 나온다. 방동리로 가다 보면 장절공 신숭겸 장군의 묘역 안내판이 대제학 홍일동 묘역의 안내판과 함께 서 있다. 다시 홍일동 묘역의 안내판이 나타나는 곳에서, 좌회전해서 작은 물길을 거슬러올라 계속 직진하면 앞쪽으로 묘역이 보인다.

평소 아우로 아끼던 신숭겸의 죽음을 슬퍼한 태조는 시신을 잘 보살펴 춘천에 예장하고, 벽상호기위태사개국공삼중대광의경대광위이보지절저정공신壁上虎騎衛太師開國公三重大匡毅景戴匡衛怡輔砥節底定功臣에 추봉하였다. 그리고 그의 아들 능길能吉과 보甫를 원윤元尹으로 삼고, 지금의 경북 달성군 공산면 지묘동에 지묘사智妙寺를 세워 명복을 빌었다.

이때 태조 왕건은 신숭겸의 공을 기려 후백제 군이 베어 간 그의 머리 대신에 순금으로 시신의 머리를 만들어 후하게 장례를 지냈다. 그리고 금으로 만들어진 그의 머리가 도굴될 것이 염려스러워 춘천, 구월산, 팔공산에 똑같은 묘를 만들게 했다고 전해진다.

특히 춘천의 서면 방동리의 묘역은 도선道詵 국사가 왕건을 위해 잡아 준 자리였다고 한다. 그러나 왕건은 자신을 위해 기꺼이 죽음을 택한 신숭겸의 절의에 감동하여 그 자리를 선뜻 내주었다는 것이다. 특히 여기에는 똑같은 봉분을 세 기나 나란히 만들어, 어느 것이 진짜 무덤인지 알 수 없도록 하였다.

신숭겸의 충절은 고려는 물론 조선시대까지 높이 기려졌다. 1120년에는 고려의 예종이 서경西京에 행차해 팔관회를 주도하는 과정에서 「도이장가悼二將歌」를 지어, 김락과 신숭겸의 공을 노래한 일이 있다.

평산 신씨는 조선시대 후반기에 세를 떨친 명문으로 상신相臣 8명, 대제학 2명, 공신 11명, 문과 급제자 186명을 배출하였다. 파계는 시조의 14대손에서 20개 파로 나뉘었는데, 그 가운데 문희공파文僖公派, 정언공파正言公派, 사간공파思簡公派에서 많은 인물이 나왔다. 문희공파의 파조

派祖는 신개이고, 정언공파와 사간공파의 파조는 신효申曉와 신호申浩이다.

가문을 빛낸 대표적인 인맥을 살펴보면, 시조 신숭겸의 11세손 연衍의 아들 중명仲明은 도관都官을 지내고 병조참판에 추증되었다. 자명自明은 봉익대부로 춘천부사를 역임하였으며, 헌주憲周는 상호군을 역임하였다. 3형제의 출현으로, 평산 신씨의 가세가 크게 융성하여 명문의 기틀이 마련되었다.

중명의 아들 집평執平은 고려조에서 전리판서와 수문전대제학을 지냈다. 그의 아우 군평君平은 공민왕 때 좌대언과 어사대부에 올라, 당대에 대학자로 추앙되었던 막내 현賢과 함께 명성을 떨쳤다.

집평의 셋째 아들 안晏은 고려 말에 봉선고판관을 거쳐 종부시령에 이르렀으나, 고려가 망하자 평산의 황의산에 들어가 불사이군不事二君의 충절을 지켰다. 그의 아들 개槩가 뛰어났다.

개는 국초 이래 명간관名諫官이라고 태종이 극찬했다. 태조 때 문과에 급제하여 검열을 지내고, 태종 때 이조정랑 · 이조참의 · 충청도관찰사 등을 거쳤다. 세종 때는 이조판서가 되어 북변을 자주 침입하던 오랑캐 토벌에 공을 세웠다. 그 뒤 우참찬으로 『고려사』의 수찬에 참여했으며, 좌찬성과 우의정을 거쳐 궤장을 하사받고 기로소에 들어갔다. 1447년(세종 29) 좌의정에 올랐다.

본래 왕조의 기록인 실록은 왕이 보는 것을 금하였다. 객관성이 흐려지고 왕의 세력에 좌우되지 않도록 하기 위해서이다. 그런데 어느 날 태조가 자신에 관한 기록이 궁금하여 실록을 보여줄 것을 하명하였다. 이에 개는 완강히 거부하였다. 이 일은 뒷날 실록 열람을 원하는 임금들의 명을 거부하는 좋은 전례가 되었다. 그의 아들 자준自準은 관찰사를 역임하였고, 자승自繩은 대사성을 역임하였으며, 자형自衡은 집의를 역임하였다. 이들 3형제는 후대에 훌륭한 인재를 많이 두어, 평산 신씨의 중추적인 인물이 되었다.

개의 아우로 태종 때 문과에 장원급제한 효曉는 사간원우정언을 거쳐, 세종 때 교수관을 지냈다. 그의 아들 영瑛은 김식金湜의 문하에서 글을 배웠는데, 중종 때 수원부사로 나가 선정을 베풀어 백성들의 추앙을 받았다.

군평君平의 손자로, 공양왕 때 지신사를 역임한 호浩는 고려의 국운이 기울자 옥새를 부둥켜안고 이성계 일당에 항거했으나 역부족이었다. 그래서 고향인 평산으로 내려가 은거하였다. 태조가 전리판사의 벼슬을 내려주면서 수차에 걸쳐 조정으로 불렀으나, 응하지 않았다.

기묘사화 때 성균관 유생 1천여 명을 이끌고 대궐에 들어가 조광조趙光祖의 구명을 상소했던 명인命仁은 항상 울분을 품고 '풍류광객風流狂客'이라 자칭하며, 전국을 방랑하였다. 거창에 은거하던 스승 김식이 자결했다는 소식을 듣고는, 달려가 시신을 거두어 충주에 장례를 지냈다. 당시에는 김식이란 이름을 입에만 올려도 역적으로 몰리던 때였는데, 그의 시신을 운반했던 명인의 용기에 세상 사람들은 칭송을 아끼지 않았다. 장례 도중에는 「조송옥사弔宋玉辭」라는 애도시를 지어 자기의 뜻을 밝히고, 다시는 벼슬길에 나가지 않은 채 시주詩酒로 일생을 마쳤다.

명인의 아들 익翊은 명종 때 무과에 급제하여 함평현감으로 나가 치적을 쌓았다. 선조 때 제주목사·전라도병마절도사·순천부사 등을 역임하였다.

익은 본래 남대문 밖 청파의 배다리 근처에 살았다. 하루는 그의 아버지 명인이 집 근처에서 실 건너 사람과 이야기를 하다가 당시 병조판서 유전柳㙉의 행차를 범하여 길잡이하는 하인에게 끌려가 곤욕을 당했다. 익은 모르고서 범한 일인데 너무 지나치게 욕을 보였다고 하여, 하인을 번쩍 들어 도랑에 내던졌다. 소란을 보고 있던 유전은 익을 장하게 보고는, 임금에게 대장부 하나를 발견했다고 아뢰었다. 이에 선전관에 특채되었는데, 명종이 서교西郊에 나갔을 때이다. 거센 돌풍으로 어막御幕의 끈이 끊어졌는데, 익은 그 끈을 붙잡아 어막이 넘어지지 않도록 혼자 버티고 있었다고 한다.

개의 증손인 상필(尙弼)은 어려서부터 성리학을 연구하여 조광조·이자李耔와 뜻을 같이했으나, 그들의 과도한 혁신 정치에 저항을 느껴 중도 사상을 지녔다. 중후한 인격으로 추앙을 받았다. 일찍이 평안감사가 되었는데, 평산부平山府의 관아를 지날 때는 본관 마을이라 하여 수레에서 내려 걸어갔다고 한다.

선조 때 명장으로 유명했던 입砬은 상의 손자이다. 1583년(선조 16) 온성부사가 되어 북면에 침입해 온 이탕개尼湯介를 격퇴시키고, 두만강을 건너 야인들의 소굴을 소탕하고 개선하였다. 선조 임금은 교외에까지 직접 마중을 나가, 전포에 핏자국이 나 있는 것을 보고 어의를 벗어 주었다. 그리고 장군에게 혼기에 닥친 딸이 있는 것을 알고는, 자신의 넷째 아들 신성군信城君의 아내로 삼아 주는 등 극진히 대해 주었다. 임진왜란이 일어나자, 선조는 손수 입을 불러 보검을 내리며 왜군의 토벌을 당부하였다. 빈약한 병력으로 출전한 그는 충주의 탄금대彈琴臺에 배수진을 치고 적군과 대결하다 참패하자, 부하장 김여물金汝昒과 함께 강물에 투신해 스스로 목숨을 끊었다.

입의 아들 3형제 중 장남 경진景禛은 혼탁한 광해군의 난정을 개탄하고 인조반정을 주도해 공을 세웠다. 정사일등공신에 책록되었다. 나중에는 공조참의와 병조참판을 거쳐 병조판서에 올라, 훈련訓鍊·호위扈衛·포도捕盜의 3대장을 겸했다. 병자호란 때에는 남한산성의 수비를 담당하였다. 특히 그는 '아버지가 투신해서 죽은 강의 물고기를 어찌 먹을 수 있겠느냐?' 하면서, 평생 동안 물고기를 먹지 않았다고 한다. 우의정·좌의정을 거쳐 평성부원군平城府院君에 봉해지고, 영의정에 이르렀다. 정사이등공신에 봉해진 아우 경유景裕, 동성군東城君 경인景禋과 함께 의리와 절개의 무맥武脈을 이었다.

19세손인 개성도사 승서承緖의 아들 흠欽은 인조 때 영의정에 올라 정주학자程朱學者로 문명을 떨쳤다. 오늘날에도 이정구李廷龜, 장유張維, 이식李植과 더불어 조선 전기 4대 고문가古文家로 제일 먼저 꼽힌다. 글씨에도 일가를 이루어, 아우 감鑑과 함께 가문을 빛냈다.

인조로부터 '신하가 모두 이 사람 같으면 걱정이 없겠다!' 고 칭찬을 받았던 감은 용양위부사직 겸 춘추관기주관이 되어, 앞서 임진왜란에 불타 없어진 『왕조실록』의 재간再刊에 참여했다. 남원부사와 강화부유수를 역임했다.

흠의 아들 21세손 익성翊聖은 선조의 딸 정숙옹주貞淑翁主와 혼인하여 동양위東陽尉에 봉해지고, 광해군 때 폐모론을 반대하다가 초야로 쫓겨났다. 인조반정 후에 재등용되어, 병자호란 때 남한산성으로 왕을 호종하여 청나라 군대와 계속 싸울 것을 강력하게 주장하였다. 화의가 성립된 후에도 계속 척화를 주장한 '척화5신斥和五臣' 중의 한 사람으로, 심양瀋陽에 붙잡혀 갔다.

흠의 손자이자, 익성의 아들인 최最는 효종 때 봉교로 춘추관기사관을 겸하여 『인조실록』 편찬에 참여했다. 문장에 능하여, 『해동사부海東辭賦』에 시부詩賦가 전한다.

흠의 손자이자, 참판 익전翊全의 아들인 정晸은 현종 때 춘당대문과에 급제하여, 대사간을 거쳐 대사성을 역임했다. 숙종 때 좌·우참찬과 예조판서·한성부판윤 등을 지냈다. 시문에 능하고 글씨에 뛰어났다.

흠의 손자이자, 익륭翊隆의 아들인 만曼은 17세 때 병자호란을 당하여 부모와 처를 데리고 강화도에 피난을 갔다. 그곳에서 어머니와 처 홍씨洪氏가 해를 입고 죽자 그 울분과 치욕을 가눌 길 없이 자결하고자 하였다. 그러나 아버지가 살아 계신 까닭에 차마 죽지 못하고 있었는데, 난이 평정되었다. 그는 치욕을 몸에 입고는 한양의 성문 안으로 들어설 수 없다고 하면서, 회덕懷德의 송촌宋村으로 송시열宋時烈을 찾아가 학업을 닦았다. 그리고는 부안扶安의 백연동白蓮洞과 진잠鎭岑의 구봉산九峰山에서 야인 생활을 지속하였다. 뒷날 송시열이 입조入朝하여 나라의 중요한 기획에 만의 지혜를 참작하고자 여러 번 불렀으나, 도성 안에는 발을 들여 놓지 않으면서 서신으로 정사에 참여했다. 전국 각처에 흩어진 학자들을 찾아 방랑하고 명소마다 찾아가 놀면서도 국정에 참여했으므로, '야인판서野人判

書'로 불렸다. 그는 임종 때도 '왜놈과 한 하늘에 살다 죽으니 지하에 가서 선친에게 고할 말이 없다'고 원통해 하며 숨졌다고 한다.

철저한 배청숭명주의자인 민일敏一의 아들 상尙은 병자호란 때 왕족의 호위직을 맡아 강화도에 피난을 갔다. 적이 임박해 오자 호위하던 신하들이 모두 도망갔는데도, 그는 혼자 세자빈을 지키고 있었다. 이때 청병이 세자빈에게 접근하여 그들의 장군에게 배례시킴으로써 굴복의 예를 갖추도록 강요하였다. 표정 하나 흐트러지지 않고 서 있던 그는 세자빈의 시종에게 화구를 달구어 오라고 시켰다. 그리고 그것을 세자빈이 타고 있던 가마 속에 넣어 주며 자결을 권하였다. 세자빈의 죽음을 확인한 다음, 자신도 뒤따라 자결할 작정이었다. 이 땅의 많은 부녀자들의 자결을 보아 온 청병은 이에 겁을 먹고 굴욕 배례를 단념하였다. 그리고는 그저 신변만을 보호토록 하였다. 전쟁이 끝난 뒤, 정적들은 세자빈을 구해 낸 상에게 세자빈에게 죽음을 강요했다는 모략까지 곁들여 죄를 뒤집어씌우려 하였다. 상은 스스로 유배길을 택하여 원주로 내려가 초가 두 칸을 짓고 사람의 내왕을 사절했다. 그는 원주에서 『부음록』 3권과 『휘언』 두 편을 저술하여 후손에게 전했다고 한다.

상의 아들 명규命圭는 현종 때 집의를 역임하였는데, 직간直諫으로 당대 백성들의 속을 후련하게 했다고 한다.

그리고 예학의 거두였던 석학 박세채朴世采에게 학문을 연마하여 서인으로서 숙종 때 대사헌에 올랐던 완玩이 있다. 그는 이조판서를 거친 뒤, 우의정에 올랐다. 희빈 장씨張氏의 처벌을 주장했고 북한산성의 축조를 건의하여 왕의 승낙을 받았으나, 일부의 반대로 뜻을 이루지 못했다. 영의정에 올라 평천군平川君에 봉해졌다.

영조 때 알성문과에 급제했던 만만晩은 정자正字를 거쳐 실록청도청낭청實錄廳都廳郎廳이 되었다가, 정미환국丁未換局으로 소론이 득세하자 파직을 당했다. 다시 등용되어 이조와 호조의 판서를 역임하면서, 편수당상編修堂上으로 『천의소감』을 편찬했다. 좌의정을 거쳐 영의정을 지내고, 영중추부사에 이르렀다. 역시 영의정을 역임하고 기로소에 들어간 아우 회晦와 함께 가문을 대표했다.

그 밖의 인물로는, 숙종 때 봉상시첨정을 지내고 문장과 시문에 탁월했던 유한維翰과 영조 때 대사헌을 역임한 위暐가 유명했다. 어영대장을 거쳐 공조참판을 지낸 대겸大謙과 청아한 문장과 서예로 명망이 높았던 작綽은 시ㆍ서ㆍ화에 능하여, 지금까지도 시서화 삼절三絕로 추앙받는 위緯와 함께 이름을 날렸다.

판관 광온光蘊의 아들 재식在植은 헌종 때 대제학을 역임하였다. 고종 때 지중추원사에 오른 명순命淳, 좌의정 응조應祖, 판삼군부사 헌櫶, 판소리 대가 재효在孝, 임오군란의 책임을 지고 임자도에 위리안치 되었던 정희正熙, 비서원승과 동지돈령원사를 지낸 두선斗善, 대동학회장과 수학원장을 역임한 기선箕善, 영남 지방의 의병장으로 활약한 돌석乭錫, 경북 의용단장 태식泰植 등이 명문의 가통을 지켰다.

○ 신숭겸 장군 묘비

한말에 와서 특히 가문을 빛낸 인물로 독립군 양성에 전력했던 팔균八均이 있는데, 토비의 습격을 받고 순절했다. 3 · 1절 기념방송 사건과 반동비밀결사의 고문으로 추대되었다는 혐의로 체포되어 복역중 6 · 25 때 총살당한 석구錫九 이외에도, 곡성 출신의 의병 정백正栢, 내장사에서 재기를 도모하다가 사형 당한 덕균德均, 광복회 초대회장 덕영德永, 『심경』이란 잡지를 발간하여 독립운동에 앞장섰던 현구鉉九, 광복군 참리부 내무사랑 우현禹鉉이 근대의 대표적인 인물들이다.

그리고 제헌국회의원에 당선되어 초대 부의장을 지내고 민주국민당 최고위원과 민주당 대표최고위원으로 야당을 영도했던 익희翼熙가 있다. 그는 자유당 독재치하에 민주당 공천으로 대통령에 출마하여 명문 평산 신씨의 가문을 더욱 빛냈다.

묘역의 상단에는 봉분 세 기가 가지런하다. 뒤로는 곡장이 크게 둘렸다. 비의 전면에는 '고려태사장절공신숭겸지묘' 라고 쓰였다. 묘역은 1976년에 강원도 지방문화재

제29호로 등록되었다.

묘역의 전방은 통쾌하달 만큼 시원하다. 상쾌한 솔바람이 불어온다. 묘역 뒤편의 곡장 아래가 입수도두처이다. 두두룩하게 솟아서 용이 지닌 힘과 크기를 자랑하고 있다.

삼각봉인 북배산에서 내려온 용이니, 이곳의 혈은 유두혈로 분류된다. 곡장 뒤로 넘겨보면, 경사 40도가 넘을 정도로 몹시 급하게 서둘러 내려온 용이다. 그러나 곡장에서부터는 여유만만하게 흘러내렸다. 그리고는 젖가슴 같은 묘역을 펼쳤다.

청룡과 백호는 모두 본신에서 나온 것으로 보인다. 청룡은 조금 거리를 둔 채 묘역을 감싸면서 전방의 논에까지 내려왔다. 백호는 바짝 붙어 급히 내려와 제각 즈음에 머물렀다.

지금도 무지하게 큰 명당이다. 좌우의 시야를 가리는 송림이 없다고 간주하면, 이를 데 없이 큰 명당이다. 그런데도 평탄하고 아늑한 모습이다. 논으로 이루어진 명당의 오른편이 마을이다. 태평스런 농촌의 모습이다.

명당 끝으로는, 바깥 청룡과 백호가 만나는 수구처가 보인다. 두 산자락이 겹쳐서 꼭꼭 막은 교쇄의 형국이다. 명당 안에 그득 담긴 상서로운 기운이 전혀 빠져나갈 수 없다.

수구처 너머에 춘천 시가지가 보인다. 얼마나 큰 외명당인지, 춘천 시가지를 품에 안았다. 왼쪽으로 봉의산이 보인다. 시가지 뒤로는 오대산에서 봉의산으로 내려오는 장엄한 산세의 흐름이 보인다.

돌아보면, 주변의 산세들 역시 다소곳한 모습으로 묘역을 향해 다가들고 있다. 재상을 낳는다는 일자문성의 형상을 한 산들이 많다. 그런데 자세히 살피면 다섯 종류의 산세가 모두 보인다. 파도로 출렁이는 수성체水星體, 불길로 타오르는 화성체火星體, 뾰족한 목성체木星體, 둥그스름한 금성체金星體, 밋밋한 토성체土星體 등 오성체五星體가 골고루 찾아진다.

제왕의 자리가 되기 위해서, 오성체의 완비는 중요한 요건이다. 따라서 사격이나 여러 가지 입지 조건으로 보아, 태조 왕건이 자신의 신후지지身後之地로 찍어 둔 이곳을 신숭겸 장군에게 사패지賜牌地로 내려주었다는 이야기는 상당한 신빙성을 지닌다.

이곳의 정확한 안산은 찾기가 힘들다. 도굴 방지책으로 세 봉분 중에 어느 곳이 진혈인지 알아낼 수 없도록 교묘하게 묘역을 꾸몄기 때문이다.

하나씩 살펴보면, 동쪽의 봉분은 바깥 백호의 끝단에 솟은 귀인봉을 안산으로 삼았다. 가운데 봉분은 봉의산 뒤쪽 멀리에 솟은 귀인봉이 안산이다. 서쪽 봉분은 봉의산이 안산이다.

향은 세 봉분이 대체로 술좌진향戌坐辰向이다. 물은 좌수도우左水到右해서 손사방巽巳方으로 빠진다. 88향법 가운데 정묘향正墓向에 속하는 향법이다.

정묘향은 좌수도우하고 우측에서 작은 물이 나와 양수협출兩水陜出해야 하며, 곤신파坤申破에 정미향丁未向, 건해파乾亥破에 신술향辛戌向, 간인파艮寅破에 계축향癸丑向, 손사파巽巳破에 을진향乙辰向이 이에 속한다. 정묘향은 부귀를 불러오며, 자손들이 번창하고 건강 장수를 한다는 향이다 ▪

4. 청풍부원군 김우명 선생의 묘소

묘역을 나온 버스가 의암 호반을 따라 댐을 바라보고 달린다. 잔잔한 수면 저쪽으로 절묘한 모양을 한 바위산들이 물가에서, 물속에서 솟았다. 절리絕離 현상으로 생겨난 기이한 모습이다. 나르시스처럼, 물에 비친 자신의 고혹적인 자태를 바라보고 서 있는 산들이다.

물에 비친 모습 또한 장관이다. 물결의 일렁임 때문에, 더욱 고와진 그림자가 수면 위에 흔들리는 대칭이 되었다. 역시 춘천은 호반의 도시이다. 물의 도시이다. 내 경험으로 미루어, 비가 오면 더욱 매력적으로 변하는 도시이다.

삼악산을 끼고 돌아서면, 얼마 후 우측에 '경춘공원' 이란 입석 표지판이 보인다. 거기에서 100m 가량을 직진하면, 길가에서 조금 떨어진 곳에 하얀 신도비가 서 있는 것을 볼 수 있다. 김우명金佑明 묘소의 입구이다. 김우명의 묘소는 행정구역으로 서면 안보1리 27번지이다. 북배산에서 갈라져 나온 한북정맥의 한 자락이 계관산을 지난 뒤, 북한강을 만나 삼악산으로 주저앉은 산록의 한켠이다.

김우명(1619~1675)의 자는 이정以定, 본관은 청풍淸風이다. 대동법의 실시로 유명한 김육金堉의 아들인데, 1642년(인조 20) 진사시에 급제하여 강릉참봉과 세마洗馬 등을 지냈다. 그의 딸이 태자빈이 되었는데, 1659년(효종 10) 현종이 즉위하자 청풍부원군에 봉해졌다. 1661년에는 영돈녕부사가 되었다.

송시열과 함께 서인西人에 속했으나, 민신閔愼의 대부복상代父服喪 문제를

계기로 남인 허적許積에 동조하여 송시열과 사이가
벌어졌다. 숙종 초에는 복창군福昌君 · 복평군福平君
형제의 행패를 탄핵하였다. 그 뒤 반대파들의 질투
가 더욱 심해지자 두문불출하였다. 당시 그를 가리
켜 외서내남外西內南이라는 평판이 있었다고 전해지
는데, 이는 겉으로는 서인에 속하지만 속으로는 남
인이라는 뜻이다. 시호는 충익忠翼이다.

신도비는 윤심尹深이 짓고, 이민서李民書가 썼다. 전액
은 김만중金萬重의 솜씨이다. 신도비를 지나 묘역으로 오
르는 길 우측으로, 너와지붕을 얹은 작은 건물이 한 채 나
타난다. 황토와 나무로만 지은 건물이다. 부원군 김우명
의 마지막 길을 모시고 온 상여가 이곳에 보관되어 온다.
다음의 전설에 등장하는 상여이다.

1674년 김우명이 세상을 하직했을 때의 일이다.
숙종은 외할아버지 김우명의 장지로 신동면 증리를
사패지지賜牌之地로 내렸다. 그리하여 김우명을 태
운 상여가 한양을 출발하여 물길을 따라 북한강을
거슬러 올랐다. 춘천까지 오는 길은 물길이 훨씬 수
월할 뿐 아니라, 춘천 초입의 삼악산은 도저히 상여
로 넘을 수 없었기 때문이었다.
상여를 실은 배가 지금의 묘소 부근을 지날 때였

다. 갑자기 어디선가 한 줄기 바람이 불어닥쳤다. 그 통에 펄럭거리던 명정이 훌쩍 날아갔다. 명정을 앞세우지 않은 운구는 상상할 수도 없는 일이다. 사람들은 명정을 따라 뭍으로 내려왔다. 명정은 바람을 타고 지금의 자리에 날아 내렸다.

사람들은 기이한 일이라고 생각하면서, 명정이 날아 내린 자리를 살폈다. 앞쪽으로는 북한강이 시원하게 흐르고 경치가 그럴 듯하였다. 그리하여 마침내 이곳을 장지로 결정하고, 김우명을 모셨다.

기이한 사연을 지닌 상여는 보관 상태가 썩 좋다. 안내문에 보니, 가로 80㎝에 세로가 202㎝, 높이가 176㎝라고 한다. 일반 상여의 크기와 별로 다르지 않다. 그러나 아름다운 문양을 꼼꼼하게 아로새긴 솜씨에, 장식이 호화스럽다. 뛰어났던 당시의 상여 제작 기법이 엿보이는데, 높은 예술성을 지니고 있다고 한다. 상여는 국가유형문화재 민속자료로 지정되었다.

이곳에는 상여만 보관된 것이 아니다. 장례 도구 일체가 고스란히 보관되어, 조선중기 권력 핵심 계층의 장례 양식과 절차 등을 살피는 데 없어서는 안 될 중요한 자료라고 한다.

상여가 보관된 건물 바로 위가 이 묘역의 합수처이다. 눈에 잘 띄지 않는 작은 물길의 흐름과 만남을 볼 수 있다. 발아래가 물컹한 게, 주변으로 물기가 상당하게 모이고 있음을 알 수 있다.

묘역에 오르며 보니, 용맥은 우선룡으로 마감을 하였다. 그리고 하수사가 선명하다. 청룡에서 백호 쪽으로 흐르는 하수사이다. 특히 백호 쪽에는 크고 야무진 요

》가는 길
━━━

강원도 춘천시 서면 안보1리에 있다. 서울에서 46번 도로를 이용해서 춘성대교를 건너면 휴게소 안에 자리 잡은 청룡뿌리주유소가 나타난다. 여기서 100m쯤 직진하면 왼쪽에 민가 몇 채가 있고, 하얀 신도비 하나가 곁에 서 있다. 신도비 아래에 난 좁은 길을 따라 100m 가량 올라가면 김우명의 묘소가 보인다.

석이 박혔다. 단단하게 묘역의 아래쪽을 받치는 형상이
다.

합수처 위는 당연히 내명당에 해당한다. 잡풀이 우거졌
는데, 협소하고 경사까지 졌다. 바람의 전설까지 있어 기
대가 컸는데, 서운하단 생각이 앞선다. 누차 이야기하지
만, 명당은 원만하고 밝으며, 평탄해야 좋다. 명당이 크고
너른 만큼 재물이 보장된다고 보기 때문이다. 명당이 기울
면, 재물이 쉽게 빠져나간다고 여긴다.

묘역에는 어필御筆로 된 비문이 섰다. 숙종이 손수 써서
내린 비문이다. '國舅淸風府院君諡忠翼金公之墓 德恩
府夫人宋氏祔左(국구청풍부원군시충익김공지묘 덕은부부인송
씨부좌)' 라고 쓰였다. 일반적인 비문과는 달리 좌에서 우로
읽어 내려가야 한다. 격을 높이기 위해 그리 쓴 모양이나.

곡장이 둘린 묘역 앞에 상석이 자리를 잡았다. 상석의
좌우에 망주석이 섰다. 상석 앞에는 장명등이 섰다. 묘역
전체에는 하얗게 팬 할미꽃이 꼬부라졌다. 햇빛이 잘 든다
는 증거다.

전방을 향하니, 북한강 너머로 첩첩의 산세이다. 일견
에는 여기저기 아름다운 모습으로 솟은 봉우리들이다. 좋
은 사격인 것 같지만, 훑어보면 산만하다. 그리고 자세히
보면 골이 너무 많다. 그것도 이리저리 어수선하게 흩어지
는 골짝들이다. 골이 어수선하게 많으면, 용맥이 싣고 온
기마저도 흩어지는 법이다. 골짝마다 부는 요풍凹風 때문

이다. 그런데 다행스러운 것은 앞쪽에 큰 강물이 막아 주고 있다는 점이다. 북한강이 완만하게 묘역을 감싸고 있어, 물 건너의 어수선한 분위기가 묘역에 다가들면서 상당히 꺾이고 있다.

그리고 강 이쪽저쪽의 두서너 골짝은 묘역을 향해 찌르는 모습이다. 청룡의 몸통에 박힌 골이 그렇고, 백호 너머에 있는 골이 그렇다. 주변에서 시기하고 질투하는 사람들에게 시달릴 일이 예상된다. 강 건너 산세의 흐름 또한 이 묘역에 그리 우호적인 모습도 아니다. 주변 분위기에 휩쓸리지 않고 분발하는 자세가 요구된다.

북한강을 기준으로 건너편은 외명당에 해당한다. 그런데 외명당이라고 할 만한 평지가 거의 없다. 산자락 아래 두세 군데 자리 잡은 마을이 고작이다. 이로 미루어, 여기는 당대 발복지에 든다. 후대는 그리 기약할 만한 자리라고 하기 어렵다.

왼쪽 끝에 솟은 귀인봉 역시 아쉬운 바가 있다. 정상 부분에 박힌 흉석이 그것이다. 이 또한 바람직하지 않은 주변 여건을 뜻한다.

청룡과 백호는 묘역을 잘 감쌌다. 먼저 백호가 다가들었고, 뒤로 청룡이 뻗어 내렸다. 둘 다 바짝 감싼 형세이니, 이는 속발을 가리킨다. 그리고 이들이 생긴 모양이나 주변의 사격으로 보아, 이 자리는 대체로 부보다 귀를 낳는 자리이다.

용맥은 상당히 빨리 내려왔다. 기가 넘치는 활달한 용은 아니지만, 급히 내려와 혈을 맺었다. 이 또한 속발을 암시한다. 그런데 묘를 조금 올려 쓴 것으로 보인다. 좌우로 펼쳐진 혈판의 중앙에서 봉분이 약간 위로 올라갔다.

물길은 좌수도우左水到右에, 정미파丁未破이다. 향은 자좌오향子坐午向이니, 자왕향自旺向의 향법이다. 그런데 자좌오향을 쓸 때 주의할 점이 있다. 입수일절룡入首一節龍이 건룡乾龍이어서는 안 되는 것이다. 음양이 맞지 않는 탓이다. 이곳은 임방壬方에서 내려온 임룡壬龍이다.

김우명의 딸 명성왕후明聖王后(1642~1683) 김씨金氏는 1651년(효종 2)에 세자빈에 책봉되어 궁궐로 들어왔다. 슬하에 숙종과 명선明善, 명혜明惠, 명안明安 세 공주를 두었다. 1683년(숙종 9)에 42세의 나이로 창경궁에서 세상을 등졌다 ▪

오얏을 심은 사연

　도선국사가 남긴 『유기留記』에 보면,

　"왕씨를 이을 사람은 이씨로써, 한양 땅에 도읍하리라."

하는 대목이 있다. 그래서 고려 왕실은 윤관尹瓘 장군을 시켜 백악산 남쪽 땅을 살펴보고 그곳에 오얏나무(李)를 심도록 하였다. 그 후 오얏이 무성하게 자라면 그때마다 베어 냈으니, 이는 생동하는 이씨의 기운을 억누르고자 함이었다.

　그 후 조선이 들어설 무렵이다. 태조 이성계는 무학無學 대사를 시켜 도읍터를 정하도록 하였다. 무학 대사는 백운대에서부터 맥을 찾아 만경대를 거쳐 서남쪽으로 가다가 비봉에 다다랐다. 그리고는 '무학오심도차無學誤尋到此(무학이 잘못 찾아 이곳에 이르리라)' 라고 여섯 글자가 크게 새겨진 석비 하나를 보게 되었다. 바로 도선 국사가 남긴 비였다. 무학 대사는 마침내 길을 바꿔 만경대에서 정남으로 뻗은 맥을 찾아 곧바로 백악산 아래로 내려와, 세 줄기 맥이 합쳐진 하나의 터를 보게 되었다. 새로운 왕조의 궁전이 들어서기에 매우 적합한 땅이었으니, 바로 고려 때 오얏을 심은 자리이기도 하였다.

5. 인촌 김성수 선생의 묘소

　힘들게 달리던 버스가 마석에 거의 이르렀다. 그리고는 밤골휴게소 근처에서 인촌仁村 김성수金性洙(1891~1955) 선생의 묘역을 알리는 길가 표지판을 보고, 몸을 꺾는다. 금남저수지 쪽으로 향하는 듯싶더니, 버스가 곧바로 선다. 더 이상 진입이 불가능해서이다. 묘역의 진입로는 승용차가 넉넉히 진입할 수 있는 길이다. 길을 따라 고개라고 하기에도 무엇한 야트막한 고개를 넘었다. 우측으로 금남저수지가 보이는데, 앞쪽은 대단위 공사가 벌어졌다. 고가도로를 내는지 높다란 교각이 줄지어 세워지는 중이다.

　왼쪽이 묘역으로 가는 길이다. 공사로 먼지가 일어서인가? 나뭇잎과 풀잎이 뽀얗다. 덩달아 둘레의 경치도 한층 신선미를 잃었다.

　인촌의 집안은 풍수지리를 신봉한 집안이다. 그래서 순창과 정읍 인근은 물론이고, 전라도 일대의 명당은 모두 찾아 쓴 집안이다. 그리고 한 명당에 한 분씩만 모시는 일당일기一堂一基의 원칙을 고수했다. 각각의 명당에 집중되는 산천의 정기를 몽땅 받아 내기 위해서였다. 인촌의 묘소가 오늘의 일정에 잡힌 것은 다름 아니다. 과연 인촌의 집안답게 인촌의 묘도 명당인가 하는 호기심에서 기인한 것이다.

　인촌은 근년에 들어 개량적 민족주의자로 비난을 받기도 하였다. 멀지도 가깝지도 않게 일제와 적당히 거리를 둔 채 가문을 지켰고, 일신의 영달을 챙겼기 때문이란다. 최근 역사바로세우기모임에서는 인촌을 아예 친일 인사로 분류해 놓았다.

　묘역은 많은 단장의 손길이 닿았다. 자못 호화로운 묘역이다. 영산홍이 곳곳에

꽃을 피웠다. 상록수들은 여기저기 규모 있게 배치되었다. 기묘한 형상을 한 천연석이 두어 군데를 장식한다.

○○ 인촌 김성수 선생 묘

봉분은 거대하다고 말할 밖에 없다. 포효하는 형상의 커다란 호랑이 석상이 묘 앞을 자리했다. 등 위에 비문이 우뚝하다.

이 자리는 지창룡池昌龍 씨가 명당이라며 잡은 자리라고 한다. 당대 제일의 지관을 불러다 묘를 쓰던 가풍의 울산 김씨 집안이라 이상할 것도 없다. 그러나 과연 이 자리가 명당인가 하는 점에는 적지 않은 의구심이 든다.

먼저 인촌을 모신 묘역을 보면, 앞쪽으로 잘록해지다가 다시 작은 언덕을 하나 솟아 올렸다. 아들인 일민一民 김상만金相万 부부가 이곳을 차지했다. 따라서 이곳이 혈이 되려면 **장지중요혈**長枝中腰穴을 맺어야 한다.

장지중요혈이란 긴 나뭇가지의 중간인 허리 부근에 혈을 결지한다는 뜻이다. 용의 기세가 너무 왕성하여 혈을 결지하고도 넘치는 기운을 일시에 다 거두어들이지 못해, 남은 기운이 멀리 더 뻗어 나간 자리를 가리킨다.

이와 같은 땅은 역량이 매우 커서 대개가 왕후장상지지王侯將相之地의 대혈을 결지한다. 혹 과룡처로 착각하기가 쉬운데, 혈을 결지하고 남은 기운은 앞으로 더 뻗어 나가 혈을 보호하는 역할을 한다. 남은 기운은 경우에 따라 하수사가 되기도 하고, 안산이 되기도 하며, 수구의 한문이

※**장지중요혈**(長枝中腰穴) : 용의 중간에 맺는 혈. 일반적인 혈은 용맥이 끝나는 지점에 있고 과룡처에는 결지하지 않는데, 장지중요혈은 용의 중간에 혈을 맺어 자칫 과룡처로 착각할 수도 있음.

되기도 한다.

그런데 이곳은 장지중요혈로 보기 힘들다. 과룡처이다. 용맥이 지나가는 곳을 까서 만든 묘소이다. 그런 탓에 봉분에 물기가 모여 눅눅하다.

전방도 편안하고 안온한 맛이 없다. 험한 기운을 지닌 산세들이 툭툭 솟구쳐 정기가 모이는 곳이라고 할 수 없다. 특히 우전방의 마을 뒤쪽은 울퉁불퉁한 바위산으로, 살기를 띄고 있다.

명당도 기울고 좁다. 교각 공사를 하는 곳이 내명당이다. 이곳이 정말 좋은 자리라면 명당이 이렇게 쉽사리 망가질 일도 없다. 공사가 끝난 뒤를 상상해 보면, 참으로 어지럽고 혼란스러운 명당이 아닐 수 없다.

가장 큰 문제는 백호의 형세이다. 백호가 쭉 뻗어내려 묘역의 전방으로 내려갔는데, 마지막에 가서는 묘역을 바라보며 몸통을 홱 꺾었다. 그것도 주먹을 쥔 형상으로, 정면에서 묘소를 친다. 이를 백호추흉白虎搥胸이라고 이르니, 딸자식 문제로 가슴을 칠 일이 생긴다는 흉살이다.

모두들 한심하다는 표정들이다. 그도 그럴 것이 모두들 알게 모르게 기대를 하고 찾은 자리가 아니던가? 그런데 선대의 묘들과는 판이하게 전혀 엉뚱하게 잡은 자리가 아닌가?

"요즈음 동아일보의 사세가 위축되고, 김병관 회장이 구설수에 자주 오르는 것을 보면, 인촌 선생의 자리 영향일 듯싶네요."

한 회원의 말이다. 우리는 일민 선생의 자리로 내려갔다. 앞쪽의 잘록한 곳이 결인속기처라고 볼 수 있는데, 좌우에 영송사나 공협사가 전연 없다. 용맥 또한 별다

》》가는 길

서울에서 46번 도로를 이용해서 춘천 쪽으로 달리면 화도읍이 나타난다. 마석사거리에서 4.7km 정도 직진하면 경춘휴게소가 나타나고, 밤골휴게소에 다다르기 전에 오른쪽으로 인촌의 묘역을 알리는 표지판이 길가에 보인다. 표지판을 따라 금남저수지를 향해 들어가면 저수지 앞산에 장중하게 조성된 묘역이 나온다.

른 변화 없이 길게 쭉 빠진다. 힘이 없는 용이다.

이곳도 인촌 선생의 자리와 크게 다르지 않다. 오히려 앞쪽의 공사판이 훨씬 잘 보인다. 산자락이 벌겋게 깎여 보기에도 흉하다.

모두들 허탈한 심정으로 묘역에서 내려왔다. 그런데 이 묘역을 결코 혈로 볼 수 없는 이유가 하산 길에서 또 하나 발견되었다. 물길이 완전히 등지고 흐르는 것이다. 금남 저수지에서 내려온 물길은 묘역을 등지고 빙 굽어 공사장 아래 논으로 흐른다. 이를 보고, 드디어 많은 사람들이 입을 열었다.

"도대체 지창룡 씨가 이곳에 자리를 잡은 이유를 알 수기 없구만!"

정 선생이 답을 하였다.

"지창룡 씨는 역학易學을 한 분이지, 풍수지리를 전문적으로 공부한 분이 아닙니다. 어떤 감으로 자리를 잡았던 분입니다. 대전 현충원 같은 자리는 들어설 시설물의 큰 규모로 미루어서, 국세를 보고 잘 잡았다고 볼 수 있습니다. 그러나 개인의 묘소로 잡은 자리들을 보면, 풍수지리와는 상당히 거리가 있는 분이라는 걸 느낄 수 있습니다." ■

6. 한숨이 나오는 흥선대원군 묘소

버스가 다시 지루한 걸음을 한다. 마석 사거리에 못 미처, 흥선대원군興宣大院君의 묘소를 가리키는 팻말이 나온다. U턴을 한 버스가 금새 창현리로 들어서서, 몸을 세운다. 묘역을 향해 팻말이 이어진다.

본래 대원군이란 말은, 임금의 아버지 가운데 왕위를 거치지 못한 분을 이르는 칭호이다. 우리 역사에 대원군은 세 분이 있다. 지금 우리가 찾는 흥선대원군 외에도, 덕흥대원군德興大院君과 전계대원군全溪大院君이 따로 있다. 덕흥대원군은 선조의 아버지로, 선조가 즉위한 뒤 추존된 인물이다. 전계대원군은 철종의 아버지로, 그 또한 사후에 대원군에 추존된 인물이다. 이들에 비해, 살아생전에 대원군이 되어 정치적 영향력을 강력하게 행사한 인물이 흥선대원군 이하응李昰應이다. 따라서 우리에게 널리 알려져서, 흔히 '대원군'으로 불리는 분이다.

흥선대원군 이하응(1820~1898)은 영조의 고손자인 남연군南延君 이구李球의 넷째 아들로 태어났다. 아버지에게 학문을 배운 그는 1843년(헌종 9) 흥선군에 봉해졌다.

이하응은 왕족이었지만, 안동 김씨의 세도정치 아래서 불우하게 지냈다. 당시 똑똑한 왕족을 죽이기까지 하는 안동 김씨들의 권세로부터 살아남기 위하여, 이하응은 불량배들과 어울리며 거지처럼 구걸 행세까지 하면서 안동 김씨들의 눈길에서 벗어났다.

이하응은 당시 임금이었던 철종에게 아들이 없자, 대왕대비인 신정왕후神貞王后 조씨趙氏와 만나 둘째 아들인 명복命福을 후계자로 삼겠다는 약속을 받았다. 1863년 철종이 죽고 신정왕후 조씨에 의해 명복이 왕위에 올라 고종이 되자, 이하응은 일약 대원군이 되었다. 이 과정에서 흥선대원군은 천하의 명당이라는 곳에 남연군의 묘를 써서 당대 발복을 꾀하였다.

어린 고종을 대신하여 나라를 다스린 흥선대원군은 먼저 안동 김씨 세력을 몰아내고 당파를 초월하여 인재를 뽑았다. 부패한 관리들을 몰아내었고, 국가 재정을 낭비하고 당쟁의 원인이 되는 많은 서원을 없애 버렸다. 이어 『육전조례六典條例』, 『대전회통大典會通』 등을 펴내 법률 제도를 확립하여, 나라의 기강을 세웠다. 그리고 관리와 백성들의 사치와 낭비를 철저히 막는 한편, 양반과 상민의 구별 없이 세금을 거둬들였다.

흥선대원군은 왕실의 위엄을 나타내기 위해 경복궁을 고쳐 지었다. 그리고 서양 강대국이 우리나라에 들어오는 것을 철저히 막았다. 쇄국정책을 폈던 것이다.

그리하여 1866년 대동강에서 미국 선박 제너럴 셔먼호를 불태웠고, 그해 천주교 탄압을 항의하기 위해 강화도에 들어온 프랑스 함대를 물리쳤다. 병인양요이다. 1871년에는 제너럴 셔먼호 사건에 대한 해명을 요구하며 강화도에 침입한 미국 함대를

❀❀ 흥선대원군
❀ 남연군 묘

물리친 신미양요가 일어났다.

　1873년 고종을 대신해 흥선대원군이 나라를 다스리는 것이 부당하다는 최익현崔益鉉의 탄핵을 받고 물러났다. 이에 성장한 고종이 나라를 직접 돌보았다. 대원군은 이때부터 세력이 커진 며느리 명성황후明成皇后와 점차 사이가 나빠졌다. 흥선대원군은 임오군란으로 다시 정권을 잡았으나, 명성황후의 요청에 의해 청나라에 붙잡혀 갔다가 3년 뒤인 1885년 귀국하였다. 흥선대원군은 1895년 을미사변으로 명성황후가 죽자, 잠시 또 정권을 잡았다.

　흥선대원군은 안동 김씨의 세도로 부패한 정권을 바로잡고 왕실의 위엄을 세우기 위해 많은 개혁을 펼쳤다. 하지만 쇄국정책으로 철저히 외국과의 교류를 막아, 서양의 앞선 문물을 받아들이지 못했다.

　흥선대원군은 문인화 중에서 난을 잘 친 것으로도 유명하다. 그의 난은 흔히 '석파난石坡蘭'이라고 불리는데, 석파는 대원군의 아호이다. 석파난은 가늘고도 여리게 끊어질 듯 이어지는 특징을 지닌다. 그런데도 오히려 다른 화가들이 그린 난들에 비해 난 잎이 더 길다. 아주 힘찬 필력에서 나온 솜씨인데, 그의 일생과 관련하여 결코 꺾이는 일 없는 끈질긴 생명력이 엿보인다. 서구 열강의 틈바구니에서 국운이 아슬아슬하게 이어지는 가운데, 쇄국으로나마 민족의 자아를 지켜 내고자 발버둥쳤던 석파의 내면이 오늘날 검

》가는 길

남양주시 화도읍 창현리에 있다. 46번 국도를 따라 경춘국도를 타고 남양주를 지나 화도읍의 마석사거리에 못 미처, 흥선대원군의 묘소를 가리키는 팻말이 나온다. 묘역을 향해 팻말이 계속 이어므로 이 팻말을 따라가면 된다. 리우빌라의 뒷산이다.

은 먹물 빛 난의 잎으로 남아 있는 것이다.

난을 잘 쳤던 분의 묘소라서 일까? 오르는 산기슭에 붓꽃과 타래붓꽃이 지천이다. 붓꽃은 아직 꽃대도 오르지 않았지만, 타래붓꽃은 벌써 보라색 꽃잎이 지는 중이었다. 뒤늦게 피어난 꽃잎은 가느다란 꽃대 위에서 고결한 자태를 하고 이따금 눈에 띈다.

입구에는 '흥원興園'이라고 쓴 작은 비가 세워져 있다. 글씨를 쓴 후손의 이름은 지워졌다. 흥원은 흥선대원군의 능원이란 뜻이다. 의미意美란 분이 쓴 '국태공원소國太公園所'란 비도 있다. 이 또한 대원군의 능원이란 뜻이다.

흥선대원군의 묘는 1898년에 경기도 고양군 공덕리에 처음 조성되었다. 지금의 마포 공덕동 즈음으로, 풍수지리에 관심 많던 그가 손수 잡은 곳이었다고 한다. 어떤 자리였는지 매우 궁금한데, 지금은 자취를 찾을 수 없다. 조선이 패망한 뒤, 일제는 1906년 파주군 대덕리로 이장하였다가, 1966년 다시 현 위치로 이장하였다. 일제의 손길에 의해 본래의 자리를 잃었으니, 이 자리가 길지일 확률은 희박하다. 우리는 그들의 흉악한 간계를 홍유릉에서 진작 보지 않았던가? 원통하고 절통해서 대원군은 저리도 지천으로 한 맺힌 붓꽃을 솟아 올리고 피우나 보다.

묘역 앞에 섰다. 남아 있는 난 작품으로만 뵈던 대원군의 묘 앞에 섰다. 잠시 묵념을 올리자니, 감회가 깊다.

곡장 안 봉분의 좌우에는 석양石羊이 한 마리씩 섰다. 상석 앞 좌우로는 망주석, 문인석, 석마石馬가 주욱 늘어섰다. 마주보는 문인석 가운데는 장명등이 우뚝하다. 묘역으로 오를 때 본 신도비처럼, 망주석에도 총탄 자국이 동족상잔의 상흔으로 남았다.

묘역은 역시 자리가 아니다. 과룡처를 깎아 그럴듯하게 꾸민 자리이다. 절손絕孫의 흉계 속에 세워진 과룡처 위의 묘역이다. 그래서 물기로 눅눅하고 이끼가 새파랗다. 예상한 바이지만, 한숨이 나온다.

이곳의 용맥은 대원군의 묘소 우전방으로 내려갔다. 바로 아래에는 묵은 묘가 하나 있다. 용맥으로 오솔길이 따라갔다. 힘이 없고 맥이 빠진 용이다. 암울한 표정으로 허탈하게 내려간 용이다. 그래도 자리 하나를 가까스로 만들었다.

영선군永宣君 이준용李埈鎔은 아쉬운 대로 혈을 차지했다. 영선군은 대원군의 손자이다. 묘역은 대원군의 묘역과 흡사한 구조와 배치이다. 다만 석양 뒤로 석호石虎가 두 마리 더 있다. 그런데 이곳의 석조물은 한결같이 왜색이 배어 있다. 홍유릉에서 겪었던 역겨움이 되살아난다. 묘소의 하단으로 내려오자, 아까 보았던 영선군의 신도비가 다시 나타난다.

슬금슬금 땅거미가 내려앉는다. 모두들 우울한 표정으로 버스에 오른다 ▉

이 책에 실린 글들은 2000년 1월부터 2001년 6월까지 답사를 다니며 남긴 기록이다. 말하자면, 21세기의 벽두에 쓴 풍수지리 답사기인 셈이다. 이 가운데 상당수는 인터넷에 올려놓고 방치해 두다시피 한 채, 그럭저럭 벌써 몇 해가 흘렀다. 그러다가 주변 사람들의 계속되는 권고로 마침내 상재上梓를 결심하게 되었다.

그런데 새로운 21세기에 왜 하필 풍수지리 답사기인가?

풍수지리는 현대의 서양지리학에 밀려 미신으로까지 치부되었던 학문이다. 지금 세상에 쉽게 납득되지 않는 발복發福이라는 요소가 지나치게 부각된 탓이다. 그러나 풍수지리는 옛사람들의 터 잡기에 관한 종합적인 안목을 보여주는 전통지리학이다. 좋은 자리를 골라 집을 짓고 묘를 쓰던 바로 그 안목이다.

근래에 들어 일어난 바람직한 풍토 가운데 하나가 우리의 옛 문화 바로 알기이다. 그래서 전국의 유적지를 돌아보면, 수많은 사람들이 열심히 관찰하고 공부하는 모습을 쉬 볼 수 있다. 유홍준 교수의 기념비적인 저작 『나의 문화유산답사기』가 불러일으킨 참신한 바람이다. 게다가 문화유산 답사의 도우미들도 지역마다 생겨나서, 훨씬 진지하고 친절한 답사를 이끌고 있다. 그 결과 사람들은 옛 건물의 미학적인 아름다움은 물론이요, 그곳에 살다간 위인들의 삶의 궤적과 사상, 공로, 작품 등등을 음미하거나 마음에 새기게 되었다.

그런데 문제는 '왜 이곳에 이런 유적이 들어섰을까?' 하는 근본적인 물음에 대한 구체적이고도 적확한 답이 없다는 점이다. 왠지 알맹이가 빠진 듯한 느낌 속에서 답사가 끝나고 마는 것이다. 이에 대한 답은 바로 풍수지리에 담겨 있으니, 이 책이 바로 그 점에 주목하여 쓰여졌다. 발복의 문제는 치지도외하더라도, 옛사람들의 전통지리학은 오늘에도 다시금 새겨 볼 필요가 있어서이다.

본문에서도 두어 군데 언급했지만, 오늘날에 행해지는 문화유적 보존에도 풍수지리에 관한 이해는 반드시 필요하다. 옛사람들이 터를 골라 구조물을 세우거나 묘를 조성할 때 반드시 고려하고 아꼈던 주변의 지형들이 이제 포크레인을 앞세운 무지막지함 속에서 사라지는 때문이다. 최대와 최고만을 지향하는 일부 몰지각한 후손들이나 지방자치단체들의 어리석은 손길 또한 풍수지리에 대한 이해 속에서 앞으로는 분명 사라져야 한다.

이 책은 글이 쓰인 시기에 따라, 1권은 충청 · 전라 · 경상도를 대상으로 하였고, 2권은 서울과 경기 · 강원도를 하나로 묶었다. 두 책 모두 풍수지리에 관련된 민담이나 야화를 가능한 많이 채록코자 하였는데, 이런 이야기들이 이제는 사라질지 모른다는 필자의 조바심에서 나온 결과이다. 특히 2권에서는 각각 관련된 문중들에 대한 소개를 더 자세히 하고자 하였다.

그런데 이 책은 결코 진선 · 진미할 수 없는 답사기라는 양식이 지니는 태생적인 한계가 있음을 미리 밝혀 둔다. 하루에 예닐곱 군데 정도를 강행군하는 짧은 시간의 기억과 메모 속에서, 한 달에 한두 편씩 양산하였던 탓에, 체제나 사실의 확보에 미숙한 점이 많다. 옛 어른들에 대한 경칭도 통일이 되지 않았고, 인터넷을 통해 잘못된 사실을 지적받은 적도 몇 번인가 있었다. 이렇듯이 필자의 미비한 점에 대해서는 독자들이 널리 혜량해 주시리라 굳게 믿어 의심치 않는다.

이제 답사기를 묶어 출판하는 마당에 감사를 드릴 사람들이 숱하다. 풍수지리에 대해 눈을 뜨도록 인도해 준 죽마고우이자, 사단법인 정통풍수지리학회의 김종우 회장에게 먼저 고맙다는 말을 전한다. 그리고 누구보다도 많은 도움을 준 정경연 이사장에게도 깊은 우의를 표한다. 특히 정 이사장은 10년이 넘도록 공부한 내용을 『정통풍수지리』로 쉽게 풀어 세상에 소개하였으며, 지금도 한 달에 두 차례 실시되는 답사의 선두에 서서 풍수지리의 보급에 열과 성을 다하고 있다. 아울러 이

책의 난외에 실린 그림 역시 정 이사장의 솜씨인데, 고맙게도 그 사용을 선뜻 승낙
해 주었다. 그리고 틈틈이 사진을 제공해 준 이채주, 윤해근 두 회원은 물론이요,
편집에 즈음해서 일부 사진을 제공해 주어 책을 더욱 빛나게 해 준 한국문화유산정
책연구소의 황평우 소장께도 두루 감사의 말씀을 전한다. 또한 이순자 부회장과 이
영재 이사를 비롯하여, 우리 회원 여러분들께 일일이 고개 숙여 인사를 드린다. 바
로 회원 여러분들이 성원해 주셔서 이 책이 세상의 햇빛을 볼 수 있게 된 때문이다.
  그리고 필자와는 진작부터 두터운 인연이 있어온 문자향 식구들의 노고 또한 빠
뜨릴 수가 없다. 요즘 같은 불경기에도 선뜻 출판을 약속해 준 조윤숙 사장과 반년
남짓 너저분한 원고를 가다듬어 보기 좋게 편집해 준 남현희 편집장과 편집부 여러
분께도 진심으로 감사의 말씀을 남긴다.

2004년 중추절을 앞두고
보덕의 산자락에서
유영봉은 삼가 쓰다

우리나라 산줄기의 갈래를 알기 쉽도록 만든 지리서는 조선 후기 영조 때 실학자인 여암 신경준 申景濬(1712~1781)의 「산경표山經表」를 비롯해서 고산자 김정호金正浩(?~1864)의 「대동여지도」가 대표적이다. 「산경표」에 의하면 우리나라 산줄기는 1대간, 1정간, 13정맥으로 모두 15개다. 즉 백두 산에서 시작해 지리산 천왕봉까지 한반도를 세로 지르고 있는 백두대간을 기둥으로 여기서 분맥한 장백정간과 낙남정맥, 청북정맥, 청남정맥, 해서정맥, 임진북예성남정맥, 한북정맥, 낙동정맥, 한남금 북정맥, 한남정맥, 금북정맥, 금남호남정맥, 금남정맥, 호남정맥이다. 대간, 정간, 정맥은 모두 주맥 으로 어떤 것도 도중에 끊기지 않고 바다에 이르고, 산맥 양쪽에는 산줄기 따라 흐르는 강을 끼고 있다. 1대간, 1정간, 13정맥에서 분맥한 산줄기를 지맥이라고 하는데, 아무리 크고 긴 산줄기라 할지 라도 바다에 이르지 못하고 강이나 하천을 만나 끝나는 것을 말한다.

1) 백두대간 白頭大幹

백두산에서 시작해 원산 두류산, 마대산, 백봉, 매봉산, 속리산, 영취산을 거쳐 지리산까지 뻗은 한반도를 세로 지르며 뻗은 제일 큰 산줄기이다. 백두산에서 지리산까지 도상거리 1,625km로 한반 도의 모든 물줄기를 동서로 갈라놓는다. 장백정간과 13정맥은 모두 백두대간에서 분맥하여 산맥을 형성한다.

2) 장백정간 長白正幹

백두대간의 원산 두류산에서 궤상봉, 관모봉, 고무산, 백사봉, 송진산 등 함경북도 내륙을 서북향 으로 관통하여 두만강 하구의 섬 녹둔도 앞 서수라에서 멈춘 산줄기이다.

3) 낙남정맥 洛南正脈

백두대간의 끝 지리산(정확히는 지리산 영신봉)에서 시작하여 옥산, 무선산, 봉대산, 천황산, 대곡산, 무량산, 성지산, 영봉산, 대곡산을 거쳐 마산의 무학산, 김해의 분산을 지난 후 낙동강 하구의 분산에서 끝난 산줄기이다. 북으로는 낙동강을 접하고, 서쪽으로는 섬진강을 보내고 진주 남강을 이끌고 끝에서는 낙동강을 접한다.

4) 청북정맥 淸北正脈

백두대간의 마대산에서 서쪽으로 분맥한 산줄기가 낭림산에서 청천강을 사이에 두고 두 줄기로 갈리는데, 청천강 이북의 산세가 서쪽으로 향하여 갑현령, 적유령, 구현, 대암산, 삼봉산, 우현령, 동림산, 단풍덕산, 비래봉, 천마산, 법흥산 등 평안북도 내륙을 관통하고 신의주 앞 바다 압록강구의 미곶산에서 끝나는 산줄기이다.

5) 청남정맥 淸南正脈

낭림산에서 서남쪽으로 흘러 청천강 이남으로 묘향산, 알일령, 용문산, 서래봉, 강룡산, 만덕산, 광동산, 청룡산, 오석산을 거쳐 서해와 접하는 대동강 하류 광량진까지 이어지는 산줄기이다.

6) 해서정맥 海西正脈

백두대간의 원산 두류산에서 한 산맥이 서남쪽으로 뻗어 가다가 화개산에서 예성강을 사이에 두고 두 줄기로 갈리는데 예성강 이북의 산맥이다. 곡산 대각산과 언진산, 오봉산, 천자산, 멸악산, 운봉산, 해주 수양산, 장연 불타산을 거쳐 서해 장산곶까지 뻗은 산줄기이다.

7) 임진북예성남정맥 臨津北禮成南正脈

임진강 북쪽과 예성강 남쪽의 산줄기로 화개산에서 개연산, 학봉산, 수릉산, 성거산을 거쳐 개성의 송악산까지 이어지고, 서해와 접하는 임진강과 한강의 합수처인 개성의 진봉산까지 뻗은 산줄기이다.

8) 한북정맥 漢北正脈

백두대간의 추가령 근처 백봉에서 시작하여 한강 북쪽으로 백암산, 적근산, 대성산, 백운산, 운악산, 축석고개, 도봉산, 북한산, 노고산, 고봉산을 지난 산맥은 서해와 접하는 임진강과 한강의 합수처인 교하의 장명산까지 뻗은 산줄기이다.

9) 낙동정맥 洛東正脈

백두대간의 매봉산에서 백두대간과 헤어져 백병산, 응봉산, 통고산, 백암산, 주왕산, 단석산, 가지산, 취서산, 부산 금정산을 거쳐 부산 앞 바다 다대포의 물운대까지 뻗은 산맥이다. 낙동정맥은 낙동강 동쪽에 있으면서 동해안을 따라 남쪽으로 향했다.

10) 한남금북정맥 漢南錦北正脈

백두대간의 속리산 문장대에서 시작하여 청주의 상당산성을 향하여 동쪽으로 돌아 좌구산, 보현산을 거쳐 죽산의 칠현산까지 이어진 산줄기다. 칠현산에서 북으로 한남정맥, 서남으로는 금북정맥이 갈라진다.

11) 한남정맥 漢南正脈

칠현산에서 서북으로 향하여 칠장산, 백운산, 성륜산, 보개산, 수원의 광교산, 안양의 수리산, 소래산, 성주산, 계양산, 가현산을 거쳐 강화도 앞 문수산까지 뻗은 산줄기이다.

12) 금북정맥 錦北正脈

칠현산에서 서남쪽으로 향하여 뻗은 산맥으로 금강 북쪽에 있다 하여 붙여진 이름이다. 칠현산, 안성 서운산, 천안 흑성산, 국사봉, 광덕산, 차유령, 청양 일월산, 오서산, 보개산, 수덕산, 예산 가야산을 거쳐 서해 태안반도로 건너가 안흥진까지 이어진 산줄기이다.

13) 금남호남정맥 錦南湖南正脈

백두대간이 지리산에 이르기 직전 영취산에서 시작하여 장안산, 수분현, 팔공산, 성수산, 마이산, 부귀산을 거쳐 영취산까지 이어진 산맥이다. 금강과 섬진강의 분수령이며 주화산에서 금남정맥과 곰재(곰치)에서 호남정맥으로 갈린다.

14) 금남정맥 錦南正脈

주화산(모래재 터널 북쪽 0.6km 지점)에서 시작하여 운장산, 왕사봉, 대둔산, 천호산, 계룡산, 널티, 망월산, 부여 부소산, 조룡대로 달려 금강에서 끝나는 산줄기이다. 금강의 남쪽에 있는 산맥이라 하여 붙여진 이름이다.

15) 호남정맥 湖南正脈

전주 동쪽 곰재(곰치)에서 시작하여 만덕산, 경각산, 내장산, 추월산, 무등산, 천운산, 제암산, 사자산, 일림산, 존제산, 송광산, 조계산, 도솔봉을 거쳐 남해의 섬진강 하류 지역인 광양의 백운산과 망덕산에 이르러 멈춘 산줄기이다. 동쪽은 섬진강이 남해로 흐르고, 서쪽은 만경강, 동진강, 영산강, 탐진강이 서해로 흐른다.

| 자료 제공 : 사단법인 정통풍수지리학회(http://www.poongsoojiri.org) |